赣南师范大学教材建设基金资助项目

新媒体技术应用与案例研究

主　编◎廖卫华　戴云武　陈舒娅
副主编◎王清枫　李　洁

江西高校出版社
JIANGXI UNIVERSITIES AND COLLEGES PRESS

图书在版编目(CIP)数据

新媒体技术应用与案例研究/廖卫华,戴云武,陈舒娅主编. --南昌:江西高校出版社,2022.12（2025.1重印）
ISBN 978-7-5762-3432-9

Ⅰ.①新… Ⅱ.①廖… ②戴… ③陈… Ⅲ.①多媒体技术—研究 Ⅳ.①TP37

中国版本图书馆 CIP 数据核字(2022)第 220129 号

出版发行	江西高校出版社
社　　址	江西省南昌市洪都北大道96号
总编室电话	(0791)88504319
销售电话	(0791)88522516
网　　址	www.juacp.com
印　　刷	固安兰星球彩色印刷有限公司
经　　销	全国新华书店
开　　本	787mm×1092mm　1/16
印　　张	14.25
字　　数	320千字
版　　次	2022年12月第1版
	2025年1月第3次印刷
书　　号	ISBN 978-7-5762-3432-9
定　　价	58.00元

赣版权登字 -07-2022-1173

版权所有　侵权必究

图书若有印装问题,请随时向本社印制部(0791-88513257)退换

前　　言

随着人工智能、云计算、大数据区块链、元宇宙等新技术的高速发展和智能终端的迅速普及,新媒体时代来临。新媒体与人们日常生活的联系越来越紧密,成了人们日常生活中不可分割的一部分。因此,新媒体相关专业的学生想要在日新月异的社会中发展得更好,了解并掌握一定的新媒体技术是必要的。本书从基础知识出发对媒体和新媒体的演变历史、特征、主要类型等进行了简单介绍,并结合新媒体常见的表现形态讲解了数字电视、网络媒体、手机媒体等的基础知识,同时对新媒体在发展过程中所带来的影响进行介绍;然后对互联网在发展中衍生出的新媒体技术(如人工智能、元宇宙等)进行讲解;最后介绍新媒体技术的图像、音频、视频及计算机网络处理技术,让读者能够更好地了解、学习和掌握新媒体技术相关的知识。

本书为赣南师范大学教材建设基金资助项目,关注新技术与新媒体的发展。新技术与新媒体的不断发展,给新媒体相关专业带来了无限可能。本书旨在通过阐述新媒体与新技术对文化和行业的影响,促使学习者了解自己必须掌握的新媒体技术应用知识。

参与编写和修改本书的人员有廖卫华、戴云武、陈舒娅、王清枫、李洁、邱晓梅、谢锐莉、曾磊、樊心颖、顾梦玲。

在编写本书的过程中,我们参考了大量相关文献和资料,在此向这些文献和资料的作者表示感谢。此外,由于编写书籍工作量大,书中难免存在错误之处,敬请读者批评指正。

作者

2022 年 8 月 23 日

目 录

第1章 新媒体技术概述 ……………………………………… 1

1.1 媒体的历史演变与技术推动 ………………………… 1
1.1.1 媒体的历史演变 …………………………………… 1
1.1.2 媒体历史演变中的技术推动 …………………… 5

1.2 什么是新媒体 …………………………………………… 7
1.2.1 什么是新媒体 ……………………………………… 7
1.2.2 新媒体的构成要素 ……………………………… 10
1.2.3 传统媒体与新媒体 ……………………………… 11

1.3 新媒体的特征 ………………………………………… 12
1.3.1 传播与更新速度快、成本低 …………………… 12
1.3.2 信息量大、内容丰富 …………………………… 13
1.3.3 低成本全球传播 ………………………………… 13
1.3.4 检索便捷 ………………………………………… 13
1.3.5 多媒体化 ………………………………………… 13
1.3.6 超文本、超链接 ………………………………… 13
1.3.7 互动性强 ………………………………………… 14

1.4 新媒体的影响 ………………………………………… 14
1.4.1 新媒体对经济产业的影响 ……………………… 14
1.4.2 对舆情调控机制的影响 ………………………… 15
1.4.3 印刷媒体正在逐渐消亡 ………………………… 16

1.5 新媒体的发展趋势 …………………………………… 17
1.5.1 新媒体成为主流媒体 …………………………… 17
1.5.2 多元化的新媒体平台和形式 …………………… 17

1.5.3 新媒体舆情管理需要创新管理思维 …………………………… 18

第2章 数字新媒体表现形态 …………………………………………… 20

2.1 数字电视 ……………………………………………………………… 20
    2.1.1 数字电视的基本概念 ………………………………………… 20
    2.1.2 数字电视系统的组成 ………………………………………… 27
    2.1.3 地面数字电视广播的传输系统 ……………………………… 32
    2.1.4 地面数字电视广播的信号接收 ……………………………… 40
    2.1.5 数字移动多媒体电视广播系统 ……………………………… 41

2.2 数字出版 ……………………………………………………………… 44
    2.2.1 数字出版概念界定 …………………………………………… 44
    2.2.2 数字出版的早期发展 ………………………………………… 46
    2.2.3 数字出版物类型 ……………………………………………… 46
    2.2.4 数字出版产业的发展趋势 …………………………………… 50

2.3 网络媒体 ……………………………………………………………… 53
    2.3.1 网络媒体的发展 ……………………………………………… 53
    2.3.2 网络媒体的特征 ……………………………………………… 55
    2.3.3 网络媒体的类型 ……………………………………………… 59

2.4 手机媒体 ……………………………………………………………… 74
    2.4.1 手机媒体的历史 ……………………………………………… 74
    2.4.2 手机媒体的特征 ……………………………………………… 75
    2.4.3 手机媒体的弊端 ……………………………………………… 78
    2.4.4 手机媒体造成的问题 ………………………………………… 78
    2.4.5 手机媒体的管理 ……………………………………………… 80

第3章 数字新媒体的发展与管理 ……………………………………… 85

3.1 数字新媒体的发展 …………………………………………………… 85
    3.1.1 数字新媒体发展对家庭的影响 ……………………………… 85
    3.1.2 数字新媒体发展对音乐的影响 ……………………………… 89

3.1.3　数字新媒体发展对文化传播的影响 ················· 93
　3.2　数字新媒体的管理 ·· 103
　　3.2.1　媒体管理 ··· 103
　　3.2.2　加强公共领域数字媒体管理 ························· 108
　　3.2.3　数字新媒体管理方向 ··································· 114

第4章　新媒体技术的创新与突破 ································ 118
　4.1　互联网的影响 ·· 118
　　4.1.1　互联网的概念 ·· 118
　　4.1.2　互联网对社交媒体的影响 ····························· 119
　　4.1.3　互联网对广告传播的影响 ····························· 121
　　4.1.4　互联网对文化传播的影响 ····························· 122
　　4.1.5　互联网对社会发展的影响 ····························· 128
　4.2　互联网衍生的新技术 ··· 130
　　4.2.1　人工智能 ··· 131
　　4.2.2　云计算 ·· 134
　　4.2.3　大数据 ·· 135
　　4.2.4　区块链 ·· 142
　　4.2.5　元宇宙 ·· 143

第5章　数字媒体信息处理与案例 ································ 145
　5.1　数字图像处理技术 ·· 145
　　5.1.1　数字图像信息处理技术 ································· 145
　　5.1.2　数字图像信息处理设备与工具 ······················ 145
　　5.1.3　数字图像信息处理案例 ································· 146
　5.2　数字音频处理技术 ·· 179
　　5.2.1　数字音频信息处理技术 ································· 180
　　5.2.2　数字音频信息处理设备和工具 ······················ 181
　　5.2.3　数字音频信息处理案例 ································· 182

5.3 数字视频处理技术 …………………………………………………… 192
　　5.3.1 数字视频处理技术 ………………………………………… 192
　　5.3.2 数字视频信息处理设备和工具 …………………………… 193
　　5.3.3 数字视频信息处理案例 …………………………………… 193
5.4 计算机网络处理技术 ………………………………………………… 206
　　5.4.1 网络技术简介 ……………………………………………… 206
　　5.4.2 网络设备和工具 …………………………………………… 207
　　5.4.3 信息处理案例 ……………………………………………… 207

参考文献 ………………………………………………………………… 215

第 1 章 新媒体技术概述

本章学习目标

1. 了解媒体的历史演变与技术发展;
2. 了解新媒体的基本概念、特征和构成要素,知道新媒体与传统媒体的区别;
3. 理解新媒体发展所带来的影响,熟悉新媒体的未来发展趋势。

本章主要对新媒体技术进行概述,包括传统媒体的历史演变、新媒体的相关概念、新媒体的影响及其发展趋势。通过传统媒体与新媒体的对比,了解新媒体的独有特征,如信息量大、检索便捷、互动性强等。提供了多元化平台和形式的新媒体,需要创新管理思维才能在新时代背景中强化其主流媒体的地位。

1.1 媒体的历史演变与技术推动

1.1.1 媒体的历史演变

自古以来,沟通,尤其是有效的沟通,一直是人类活动的基本追求。然而,现实生活中经常出现的"沟通无助"是不可避免的,如意义不被理解、反馈被忽视、话语权被剥夺等。在超越时间和空间的复杂多变的社会交流中,这种交流的不平衡更为明显。同时,新媒体技术和应用不断提高信息传播、接收、传递和反馈的速度。技术的进步也改变了媒体的形式,引发了受众认知结构的转变。此外,多样化的个人心理因素、复杂的社会结构以及经济、文化和政治领域之间的互动影响,创造了一个新颖而独特的媒体环境。

然而,技术发明并不是凭空出现或一夜之间产生的。在人类传播的漫长发展过程中,技术、文化和社会交织在一起,相互作用,产生了只属于那个时间和空间的媒体形式。因此,我们在介绍传播学的知识时,通常会把重点放在媒体技术的形式和特征发生重大变化的历史时期。在人类传播史上每一次引起巨大变化的革命浪潮都受媒介技术的影响。特别是在现代工业革命之后,技术促使学术界对现代性和后现代性的思考越来越多。

弗里德里希·克罗兹(Friedrich Krotz)认为媒介化与全球化、个人化和商业化相互关联,它们被视为人类在社会、文化、政治和民主方面长期生活环境的元过程。媒介化作为一种规律性的存在,是传播学研究中经常讨论的话题,比如它在日常生活、文化和社会仪式中的作用,或者从传播史阶段的角度来看,它如何塑造不同的传播主体、形式、模式和结果。从古代媒体(主要是语言传播)、文字文化、印刷革命、影像技术、无线电广播、数字媒体和互联网到近年来人工智能(artificial intelligence,AI)的出现和发展,这个发展历程显示了在一定的历史、文化和社会进程中媒体和技术之间互动的意义和影响。

历史上无数次各种规模的信息流动,构成了人类传播的整个发展过程,这实际上就是媒介和技术的进化史。从媒介变化的角度考察人类传播史,大致可以分为四个连续的阶段,即口头传播、手写传播、印刷传播和电子传播。尽管有四个阶段,但每个阶段之间没有明显的分界线,事实上,它们相互补充,相互重叠。它们激发了人类认知手段的变化,由不同媒体带来的传播形式、空间概念和传播效果之间的交替演变,正在重塑人类生活的细节和社会现实的整体变化。

语言交流,也被称为口语交流或口头交流,是指交流者(说话者)通过口腔发出声音,辅以特定的单词或短语、语法结构和非语言符号,向接受者(听话者)交流和传递信息的一种交流方式。众所周知,在人类进化的漫长历史中,人类已经走在了其他哺乳动物的前面,学会了使用工具,并利用语言建设社会。人类掌握了语言的工具,创造了一个其他动物所没有的"语义世界"。德国哲学家汉斯·格奥尔格·伽达默尔(Hans Georg Gadamer)认为,语言本身就是一种世界观。可以说,人类因为语言而创造了一个世界,产生了他们与世界的关系,反过来又产生了对世界的独特态度。

语言是一种意义的形式和信息的载体,它的产生与人类对信息交流的需求密切相关。正如马克思所言,语言最初诞生于与他人交流的迫切需求。在原始社会,人类的生产水平很低,个人在自然灾害中的生存能力几乎不存在。口头交流作为交流和接触的主要手段,使人类个体能够走到一起,形成一个强大的、协作的部落和社区。在具有适当条件的历史背景下,口头交流提升了社会成员的凝聚力,并扩大了社会协同作用的属性。从这个意义上说,作为人类传播史上一个关键阶段的起点,语言媒介的出现真正揭开了人类传播文明的序幕。

在人类的交流活动中,言语交流是最古老、最简单、最基本的交流形式。它形式多样,应用广泛,如窃窃私语、朗诵、歌唱、演讲等。口头交流作为两个或更多人之间的对话而存在,并从语言交流中获得意义。人们可以使用非语言学的行为来阐明交流,如眼神接触、身体语言、面部表情、声音元素和空间距离。

然而,语言交流的局限性是显而易见的。首先,作为一种交流的手段和工具,语言无法摆脱交流者和接受者以及主体间性的限制。其次,语言交流更适合在有限的空间内进行信息交流,在没有媒体辅助的情况下,传播范围相对较小。此外,言语符号是短暂的,更难保存。上述限制也意味着口头传播的信息量较小,内容准确性较低,时间和空间限制较大。随着社会和文明的不断进步,人类孜孜不倦地寻找工具(如鼓、火、旗帜等)来传达和保存信息。与此同时,语言机制逐渐成熟,但单调的语言交流还不能满足个人和社会的发展需要。

如果说语言的诞生是我们的祖先与动物之间一个很明显的区别,那么文字的发明则是一个里程碑,它见证了语言诞生数万年后原始人类社会向文明的演变。在这种交流过程中,听觉符号被视觉符号所取代,这在一定程度上使语言摆脱了桎梏,变得相对独立和有形。如果说语言是事物的直接标志,那么文字就是事物的间接标志。文字作为记录人类语言和思维的书面符号,与可自然习得的语言交流不同,其需要人类学习阅读和书写。

原始的文字媒介,如泥板、石头、树叶、甲骨文和羊皮,基本上与图片一起诞生,并与文字一起发展。它们带来了信息交流在时间上和空间上的重大突破,并在很大程度上弥补了言语媒体的局限性。书面交流为信息的储存、积累和传递提供了相对独立的手段,人类的记忆、经验和知识不再需要完全依靠人的大脑来生存,其"寿命"也大大延长。在书面符号的帮助下,语言摆脱了语言交流中距离和环境的桎梏,然后继续不断扩大生活边界和人类交流互动的社会空间。同时,随着书面符号的广泛采用和规范化,传播内容的准确性也大大增加,这在一定程度上抑制了口头传播时代常见的谣言的无节制传播。可以说,书面媒体在时间和空间限制上的突破影响了人类社会的整体发展进程。例如,文字的标准化有效地组织了法律和政治体系,这反过来又使结构化的中央集权统治成为可能。此外,跨地区的经济交流被简化,变得更加有效,带来了商品的发展。

写作除了是一种工具外,还具有独特的文化特征。根据大众传播学权威威尔伯·施拉姆(Wilbur Schramm)的说法,不同文化的兴起和异同在不同的语言家族及其写作中表现得很明显。作为文化系统整体运作中的一个子系统,写作也作为一种符号表达的形式,将各个子系统的特点、属性和内容联系起来。在这种意义上,具有稳定内部结构的写作可以被视为一种文化的专属表达形式,帮助我们不断接近、体验和理解众多复杂的文化。

Explaining "Graphs" and Analyzing "Characters" 的序言中说,文字的发展是经典研究和帝国统治的基础,使先人能够被后人所知,后人能够了解历史。文字的发明和文献的引入是人类交流史上的重大事件。它们改变了人类历史只能通过神话或传说口头流传的事实,引导人类从"野蛮时代"走向"文明时代"。尽管文字或书面媒体无法摆脱传播效率低、传播速度慢、信息量小、传播范围有限、人为错误等隐患,但不可否认的是,文字的出现为多元文明提供了一种更加稳定、持久、合理的表达方式。人类社会文明的进步因此而加快,因为真正意义上的大众传播的初步基础已经诞生。

实际上,人类经历了一个漫长的手抄文本时期,这不仅有较高的媒体成本,而且还巧妙地设置了某种文化门槛,因为传播的主动权客观上仅限于上层社会。直到印刷革命,情况才慢慢改善。在扩大传播范围的理念推动下,在公众对结构化文本的需求和接受程度提高的帮助下,在专业印刷商对文本复印技术的掌握之后,印刷媒体成为继语言和文字之后传播媒体发展史上的第三个重要里程碑,真正标志着大众传播时代的到来。

造纸术,是中国四大发明之一,出现于西汉时期,改进于东汉时期,此后中国陆续出现了雕版印刷、泥活字和木活字,并传播到东亚和西方。它们是引导人类走向印刷文化的灯塔,为世界文明和人类社会的发展做出了不可磨灭的贡献。然而,真正的媒体革命被认为是1450年德国工匠约翰内斯·古腾堡(Johannes Gutenberg)发明的金属活字印刷。这项发明利用了西方文字字母固定的特性,使机器生产和大规模复制书面信息成为可能,从而提高了人类交流的效率。欧洲工业革命之后,在电力和机械动力的帮助下,信息交流的步伐加快了。

印刷机和机械化造纸术的出现,促使了现代报纸和杂志的诞生,推动了文化产品的快速传播。同时,特殊的传播机构和系统也随之产生。媒体传播的系统化和严格化过程将自然的传播行为汇集在一起,大大提高了传播效率。随着识字水平的提高,印刷媒体开始在日常生活甚至社会转型中发挥越来越关键的作用。印刷技术的进步不仅使文字信息的复制成为可能,而且创造了一种不同于口头或书面时代的新的文化形式,在政治、文化和教育等领域产生了深刻的影响。

正如施拉姆(Schramm)所说,教科书使大规模的公共教育成为可能,而报纸和杂志则为人们在对权力划分普遍不满的时期提供了了解和参与政治的渠道。随着印刷媒体的普及以及识字率和文化水平的提高,言论自由和宣传的理念也被唤醒,滋养了西方萌芽中的民主思想。芝加哥学派的代表学者查尔斯·霍顿·库利(Charles Horton Cooley)在他的《社会组织》(*Social Organization*)一书中断言"印刷意味着民主",从媒体决定论的角度强调了传播对社会发展的深远意义。事实上,印刷媒体不仅结束了知识垄断和少数人的独家传播权,为摆脱中世纪的封建桎梏提供有力的思想武器,还鼓励了国家、民族和社会阶层之间的交流和沟通,为人性和道德的发展与延伸提供了空间。马歇尔·麦克卢汉(Marshall McLuhan)认为,作为一种新的媒介,印刷品可以结束心灵与社会之间、空间与时间之间狭隘的地区和部落观点。毋庸置疑,在媒体传播史上,大众传播和印刷媒体几乎是同时起飞和发展的,这又加速了人类社会现代化的发展。

后来,人类传播进入了电子媒体阶段。广义上讲,电子媒体是指所有依靠电流传播信息的媒体,包括手机短信、博客等个人媒体和广播、电视、互联网等公共媒体。在狭义上,电子媒体专指公共媒体。就其发展而言,电子媒体经历了从电报、广播、电视到互联网的过渡,在此期间,人类的交流活动经历了巨大的变化。整个社会信息体系不断改进,甚至形成了一个相对独立的通信系统。

早在1837年,美国人塞缪尔·莫尔斯(Samuel Morse)发明了世界上第一台电报机。七年后,莫尔斯从华盛顿向巴尔的摩发出了第一份电报,并附上《圣经》中的一节。"上帝创造了什么!"这句话完美地反映了人们对电子媒体时代到来的情感。电报的到来解除了与口头、书面和印刷媒体的交流有关的空间限制。同时,信息交流的效率得到了极大的提高,极大地促进了社会的进步。

随着19世纪西方科学技术的革命及帝国主义对外扩张和维护殖民主义的需要,无线电媒体慢慢兴起。它除了可以实际记录、复制和保存人的声音外,还具有信息传播及时、通俗易懂、空间限制少等诸多优点,使信息传播的范围和速度有了质的飞跃。

1906年圣诞节前夕20点左右,当时位于匹兹堡的宾夕法尼亚州西部大学的教授费森登(Fessenden)成功地从马萨诸塞州布兰特岩的国家电力信号公司128米高的天线上发射了世界上第一个无线电广播。

电影和电视媒体是具有声音和动态图像的大众媒体,它们满足了人们的视听感觉,提供了一种存在感。电视媒体经历了半个世纪的试验,才从科学家、发明家和无线电爱好者玩弄的小众产品慢慢转变成大众传播的媒介。在光学、声学和机械工程方面取得了突破性进展后,电影诞生了。电影和电视媒体的出现意味着声音和图像信息系统不再局限于人体。它们不仅可以独立存在并易于储存,而且还为渲染人类的集体记忆提供了更加生动的手段。因此,社会、文化和历史保存有了更丰富的表现形式,同时,知识和文化遗产积累的效率和质量也大大提高了。

电子技术的发展推动了数字媒体时代的到来。经过不断的改进和演变,互联网终于创造了一个前所未有的、乌托邦式的虚拟世界,它对现实世界的影响越来越显著。数字媒体的出现和到来,加强了传播过程的双边性,单边的线性模式升级为多边的嵌套模式,各方可以充分进行实时沟通和互动。数字媒体还整合了多种媒体特征,即文字、声音、框架和图像都被融合到一个有机的相互联系的交流平台。此外,在信息传播全球化的时代,媒体资源的丰富性在一定程度上打破了少数媒体机构对信息资源的垄断。

20世纪70年代,社交媒体从互联网中诞生。20世纪90年代,随着计算机和互联网的发展,社交媒体得到了更广泛的发展。伴随用户生成内容模式的成熟,社交网络服务开始蓬勃发展,并成长为一支不可忽视的媒体力量。传统大众传播受众被动的地位逐渐被颠覆,他们的话语权被重新分配,信息接收者变成了表达的主体。同时,"接受者"一词近年来也慢慢被"使用者"所取代。各种社交媒体和自媒体平台兴起,它们以其草根性、多样性、互动性和原创性唤起了信息时代公众强烈的传播欲望。用户可以自由地获取不同的信息,提出自己的观点,并利用媒体进行有效沟通。随着接触大众传媒的权利成为现实,公众的参与意识不断加强,他们的自我认同感、归属感和社会责任感也逐渐得到加强。因此,维护公共利益和福利的网络公共空间正在建立,导致"微博求教"和"在线求助"等经常出现。

围绕着当前的传播过程,智能媒体传播正广泛而密集地渗透到生产和生活的各个方面。智能媒体包括人工智能、信息技术和大数据。除了了解用户,解构和重塑社会形态和人们的生活方式外,智能媒体还能更好地整合客户群和服务,为用户提供一个具有良好体验的应用环境。智能传播时代不仅发挥了信息资源在数字传播时代举足轻重的作用,而且将信息加载在智能技术上,创造出以人为主体的传播生态环境,具有高度的生命力和创造力,与现实社会的脉搏相通。

加拿大多伦多学派的先驱哈罗德·伊尼斯(Harold Innis)曾经说过,一种新媒体的优势将导致一种新文明的诞生。对技术和传播媒介的演变过程的广泛概述表明,传播媒介的演变涉及社会信息系统的不断整顿、改进和刺激。媒体和技术经历了一个从无到有、从低级到高级、从简单到复杂的过程。新旧媒体的变化和交替不是一次性的、有序的,而是以一种融合、交织的状态出现的。技术进步意味着传播媒介不再分散在人们之间,或者仅仅是一个媒介。相反,传播媒介作为一个完整的有机体渗入社会,将个人对世界的感知和体验结合起来,进而不知不觉地影响和重塑人们的思维、生活乃至社会现实。因此,对媒介形态变化的反思不应仅仅着眼于传播技术,还应该包括对技术、文化和社会的互动和意义的科学认识,这样才能真正把握人类传播的发展规律。

1.1.2 媒体历史演变中的技术推动

近年来,无论是在西方国家还是在中国,传统媒体都面临着一个转折点。由于经营收入的持续下降和盈利预期的降低,旧的商业模式被判处了"死刑"。传统媒体的从业者们相继转向了被认为是朝阳产业的互联网媒体。

在中国,传统媒体正在努力解决人才流失的问题,而且没有停止的迹象。根据《南方报人》(南方报业传媒集团旗下内部报纸)在2015年初发布的一份报告,2014年有202名员工离开南方报业传媒集团。这一数据在2012年和2013年分别是141人和176人。这引发了另一轮关于"平面媒体的死亡"或"传统媒体的死亡"等话题的讨论。因此,中国政府于2014年发布了《关于推动传统媒体和新兴媒体融合发展的指导意见》,以应对传统媒体从业人员收入的下降和传统媒体受众的减少。

互联网技术的快速发展使传统媒体的处境逐步恶化。对于专业的媒体从业者来说,这个令人不安的现实也很难接受。然而,如果我们不是从媒体从业者、媒体产业的角度,甚至不是从新闻传播学科的角度,而是从更广泛的他律角度,即从整体的、动态的、关系的角度来审视这一现象,我们就会知道,媒体或者更具体地说,传统媒体是科学技术发展到一定阶段的产物。

另外,媒体的演变不是一个孤立的现象,而是社会演变全貌的一个组成部分。

美国著名社会学家丹尼尔·贝尔(Daniel Bell)将人类社会分为三个阶段或类型,即前工业社会、工业社会和后工业社会。前工业社会对应的是农业社会,后工业社会指的是信息社会。这种分类方法被称为三分法。自从IBM在20世纪80年代初推出个人电脑以来,个人电脑已经从实验室向社区大步迈进,然后进入家庭、办公室和学校。以电子计算机和各种智能的、基于网络的信息控制系统的广泛使用为标志,人类已经进入了一个信息社会。

随着时代的发展,中国互联网的发展已经超过了西方国家。1956年,在美国第一台现代计算机诞生的11年后,中国进入了个人计算机时代。到20世纪90年代,联想品牌的广泛传播体现了中国民营计算机产业的成熟。

1994年,中国国家计算和网络设施(the national computing and networking facility of China,NCFC)项目成功接入世界互联网,中国成为一个真正的全功能互联网国家。在接下来的几年里,主要的互联网服务提供商(如中国联通)开始提供互联网服务。随着计算机和互联网的普及,互联网的基础设施得到了改善。同时,随着2009年3G和2013年4G的发展,中国进入了移动互联网时代。2016年,中国实现了5G技术的突破。

随着计算机的普及和计算机网络的快速发展,大众传媒正在从传统媒体向数字新媒体转移,这可以简要地分为两个阶段。

其一,从Web 1.0到Web 2.0的过渡。在这个阶段,随着中国个人电脑的普及,传统媒体开始利用网络技术扩大传播渠道;同时,用户越来越多地参与到互联网中,直接从互联网上获取信息。以中国主流媒体为例,《人民日报》作为中国最重要的国营媒体之一,在这一时期已经接入了互联网。同时,它也是中国最早使用网站平台的媒体。在这一时期,互联网技术降低了信息获取的门槛,使受众有可能以个人身份参与到信息传播中。新的数字媒体与传统媒体之间的区别更加清晰。两者最大的区别是少数对多数的交流发展成了点对点的交流,一步到位的交流已经发展为两步到位的交流和多步到位的交流。在新的数字媒体的帮助下,沟通不再受时间和空间的限制。信息流动更快,没有障碍。电子邮件、博客和其他通信工具迅速发展,在它们的帮助下,传统媒体的功能被整合到一个综合通信系统(互联网)中。

其二,从Web 2.0到Web 3.0的过渡。在这个阶段,由于智能设备和移动互联网技术的快速发展,通过移动设备的网络访问往往会超过台式电脑的网络访问。此外,移动设备使人们可以在任何地方、任何时间,以任何方式接收和传输信息。因此,人们越来越容易接触到网络空间,这意味着实体人和数字人更有可能是一样的。因此,中国的网络空间正在发生几个变化。首先,新闻可以通过移动互联网进行传播。2010年被称为"中国微博元年",当时人们深入参与到火车事故的新闻报道中。他们从移动互联网上获取信息,同时在那里发布和传递信息。不仅是大众媒体,政府和民众也越来越重视移动互联网。其次,各种新的移动应用在中国被开发和使用。新闻应用在中国被普遍使用,如今日头条App是现今中国最受欢迎的新闻应用。最后,基于大数据技术的个性化推荐不断扩大,因此,根据人们的喜好、人们的位置、人们的年龄和人们的职业推荐新闻变得越来越流行。在线和离线空间之间的差异越来越小。新媒体可以满足一小部分人的需求,也可以满足某一群人的特殊要求;传统媒体的单一传播渠道和千篇一律的传播模式已经不再适用。这就是为什么传统媒体面临着越来越大的生存危机,而转向与新媒体的融合。

从历史发展的角度看,大众传媒是科学技术发展到一定阶段后的产物。它们是以人类社会对信息的需求为基础的。因此,大众传媒的更新和技术升级是为了满足人们更快捷、更方便地获取信息的需要。马歇尔·麦克卢汉曾经声称,媒体是人体的延伸:印刷媒体是眼睛的延伸;广播是耳朵的延伸;电视是耳朵和眼睛的延伸。按照这个推理,新的数字媒体是人类感觉器官的全面或充分延伸。换句话说,随着数字技术的发展,未来的媒体将在一个综合的多媒体平台上得到延伸,这种延伸将与人类的器官完美匹配。曾经作为"另类"而存在的传统媒体,到那时早就过时了。

1.2 什么是新媒体

1.2.1 什么是新媒体

新媒体一词最早出现在1967年由哥伦比亚广播电视网技术研究所所长P.高尔德马克(P. Goldmark)准备的一项商品开发计划中。后来,美国总统传播特别委员会主席华尔特·惠特曼·罗斯托(Walt Whitman Rostow)在1969年给理查德·米尔豪斯·尼克松(Richard Milhous Nixon)总统的报告中多次提到新媒体。新媒体一词在美国迅速传播开来,并扩展到全世界。

世界各地的专家对新媒体的定义持有不同的意见。在早期阶段,联合国教科文组织将"新媒体"定义为在线媒体。此外,新媒体也被定义为"以数字技术为基础、以网络为载体的信息传播媒体"。

上海交通大学的蒋宏和徐剑从内涵和外延的角度对新媒体进行了定义。他们认为,在内涵上,"新媒体"是指20世纪末随着科学技术的巨大进步,在社会信息传播领域出现的以数字技术为基础建立起来的新型媒体,它使信息传播的范围更广,速度更快,方式更多样,与传统媒体有很大的不同。在名称上,新媒体包括光缆通信网、有线电视网、电报、计算机通信网、大型计算机数据库通信系统、直播卫星系统、互联网、短信服务、多媒体信息交互平台、多媒体技术广播网等等。

中国传媒大学的黄升民教授认为互联网协议电视、地面移动电视和移动电视是新媒体的三个主要部分。

中国传媒大学的宫承波教授认为，门户网站、搜索引擎、虚拟社区、电子邮件、网络文学和在线游戏都属于新媒体。

因此，我们认为，新媒体定义的最大问题在于范围太广，逻辑混乱。

有些人认为，新媒体还包括近十年来由于技术改进而出现的一些新的通信方式，或者一些已经存在了很长时间而没有被发现其通信价值的渠道和载体。它们包括移动电视、网络广播、博客、播客、写字楼电视、车载移动电视、光缆通信网、城市双向传输有线电视网、高清电视、互联网、短信、数字杂志、数字报纸、数字广播、数字电视、数字电影等。除了范围太广之外，这个定义还暴露出逻辑上的混乱，因为子类的总和应等于父类，并且根据分类逻辑，子类应相互排斥。目前，许多人在定义新媒体的内涵和外延时犯了逻辑上的错误。

1.2.1.1 互动是新媒体的本质特征

虽然通常被称为"新媒体"，但完整的表述应该是"数字互动新媒体"。也就是说，"新媒体"在技术上是数字化的，从传播特性的角度看是高度互动的。"数字化"和"互动"构成了新媒体的基本特征。作为一种非线性的传播方式，新媒体的信息发送可能与信息接收同步或异步。例如，写字楼媒体和车载移动电视就不属于"新媒体"的范畴。

作为一个相对的概念，"新媒体"的内涵总是随着传播技术的进步而发展。但是，从人类传播史的角度来看，它应该是囿于某个时代，表示"今天的新"，而不是"昨天的新"或"明天的新"。新媒体不应该以"昨天的新"为标准来定义，就像20世纪初出现的广播和电视，虽然在当时是新的，但在现在是传统媒体。它也不应以"明天的新"来定义，否则现在就没有新媒体了。

此外，"新媒体"中的"新"应以国际标准为准绳。一些在中国人看来是"新"的媒体形式，实际上在发达国家已经存在多年，因此不被认为是新媒体，如车载移动电视。

"新媒体"不建议使用"数字媒体"的概念，因为这里的"数字"可能是指数字生产过程。如果是这样的话，还有很多媒体会被列为数字媒体。

与传统媒体相比，新媒体具有即时性、开放性、个性化、受众细分化、海量信息、低成本的全球传播、快速搜索、整合性等特点。然而，新媒体的基本特征在于其数字技术和互动传播。

在传统媒体中，传播者和受众有明确的定位，传播者传播信息，受众被动接受信息，没有办法表达自己的观点。相比之下，新媒体在传播者和受众之间创造了一个模糊的界限，受众不再被动地消费信息，而是参与到与传播者的信息交流中，甚至可以扮演传播者的角色。

杂志《线上》（Online）曾将"新媒体"定义为"所有人的传播"。传统媒体将世界分为两大阵营，即传播者和受众。当时人们是作家或读者，广播者或观众，表演者或欣赏者。而新媒体则相反，它为每个人提供了倾听和交谈的机会，实现了前所未有的互动。因此，在新媒体研究中，现在不使用"受众"的概念，建议用"用户"取代"受众"。

从互动的角度来判断当前各种形式的媒体，我们可以看到一些所谓的"新媒体"实际上是"传统的新媒体"，典型的代表是车载移动电视、户外媒体和写字楼电视。

车载移动电视和户外媒体只是最近在中国出现的传统媒体,但它们没有互动,而这正是新媒体的基本特征。车载移动电视与用户完全没有互动。相反,它存在于一个封闭的空间里,用户没有选择,只能接受信息,而不能选择换台或屏蔽广告;用户不得不在移动中观看,不以自己的意志为转移。

办公楼的电视通过电缆传输。与传统的广播电视一样,它具有受众广泛、时效性强、内容丰富直观、自愿接受、顺序接受、快速传播等特点。根据传输方式,办公楼电视也应该被认为是有线广播或闭路广播,主要用来播放广告。因此,写字楼电视的信息传播表现出强烈的受众被动性,违背了新媒体的两个本质特征——用户的主动性和互动性。

1.2.1.2 哪些媒体不应该属于新媒体的范畴

学术界已经达成共识,认为印刷媒体和传统的模拟广播和电视是传统媒体。然而,这是否意味着所有其他媒体形式都可以被视为"新媒体"?

笔者认为,并非所有新出现的媒体形式都是新媒体。例如,自行车甚至人们的额头都被用作广告媒体,这些都不能被视为新媒体,只能被称为新的传统媒体。

那么,数字电视如何呢?数字电视是一种将数字电视信号应用于从演播室到发射和接收的每一个环节的电视,或者说,系统的所有信号都通过由0和1的数字串组成的二进制数据流来传输。与模拟电视相比,它的特点是信号损耗小,接收效果好。然而,目前在中国流行的数字电视只是增加了电视频道的数量,提高了清晰度,但仍然缺乏互动。例如,视频点播服务还没有得到普及。因此,目前数字电视不是一种新媒体。然而,就像手机一样,电视会随着技术的发展而不断进化,在未来可能会成为一种计算机。到那时,提供互动的数字电视将成为新媒体的一员。

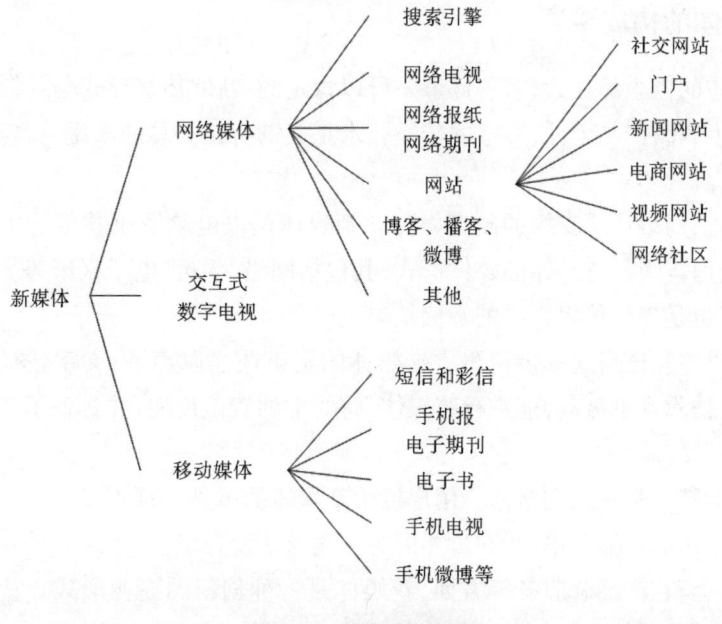

图1-1 新媒体的延伸

图1-1中列出了新媒体的延伸。应该指出的是,这种扩展将随着技术的发展而扩大。

新媒体作为未来媒体发展的重点,为媒体传播的发展指出了这种不可阻挡的趋势和方向。

1.2.1.3 新媒体的科学定义:通过计算机传播信息的载体

目前的新媒体包括互联网和移动媒体,因为只有这些媒体具有真正的互动性。互联网是计算机技术发展的产物,而现在的移动电话不再只是手持电话,而是具有通信功能的微型计算机。

在移动电话的早期阶段,即第一代(1G)移动电话的时代,它只被用作手持电话,没有传播新闻的功能。

回顾移动电话的发展历史,可以看出,移动电话一直遵循着一个趋势,即设计更轻、功能更多和成本更低。目前,3G、4G、5G手机不再只是手持电话,而是具有通信功能的微型计算机。移动电话的中央处理单元(central processing unit,CPU)已经开始应用"多核"功能。

智能手机构成了当今手机发展的主流,并显示出两个基本特征,即拥有作为硬件的CPU和作为软件的操作系统。

与计算机的CPU一样,手机的CPU作为整个手机的中央控制系统以及逻辑的控制中心发挥作用。微处理器通过操作内存中的软件和使用内存中的数据库来监控整个手机。手机处理器的发展与个人计算机行业的处理器进展显示出极大的相似性,都是从单核到多核,但多核智能手机的到来比预期的更快。具有计算机功能的智能手机已成为移动通信的主流。

总之,新媒体可以被定义为通过计算机(或具有计算机基本特征的数字设备)来传播信息的载体。

1.2.2 新媒体的构成要素

无论新媒体的概念是什么,有一件事是可以肯定的:新的传媒形式与传统的传媒形式相比在不断地发生着改变与延伸,数字的传播技术是关键所在。总的来说,新媒介的概念包括下列内容:

1. 以数字化、网络化为支撑的新型媒介。新媒体是以电脑资讯技术为主,以因特网、卫星网络、移动通信等为经营载体的媒体形式,其包括网络、手机、电子报纸等。新媒介既是现代传媒的产品,也是现代传媒发展的必然结果。

2. 新媒体以多媒体形式提供资讯。新媒体的资讯往往以声音、文字、图像、影像等多种复合方式表现,技术水平极高,能进行跨媒体、跨时空的资讯传递,并具备了其他媒体所不具备的互动特性。

3. 新媒体的特点是全天和全面。用户接受新媒体的讯息大都不受时间、地点的制约,能透过新媒体在资讯的传播范围内,在世界的各个角落接受资讯。

4. 在技术、运营、产品和服务等方面,新媒体是一种创新的商业形式。新媒体既是技术的载体,也是媒体的载体。相对于传统媒体而言,新媒体不仅是技术的改变,还包括经营方式的革新。

5.新媒体的界限在不断地改变,表现为传媒的整合。新媒体形式多种多样,主要有网络媒体、有线数字媒体、无线数字媒体、卫星数字媒体、无线移动媒体等。它的主要特点是以数码为载体,实现手机电视、网络电视等多种媒体形式的相互结合与革新。新媒介和传统媒介并非完全分离,传统媒介可以通过数字技术转化为新型媒介,例如报纸、广播、电视等传统媒介可以升级为数字报纸、数字广播、数字电视等。

1.2.3 传统媒体与新媒体

在早期关于数字媒体崛起的学术研究中,"新媒体"被用来描述基于数字代码的信息和通信技术。"新媒体"标志着20世纪最后几十年以来出现的一系列媒体技术。这将它们与"传统媒体"区分开来,"传统媒体"是用来识别传统大众媒体的。在强调这种区别的同时,当时最有影响力的理论家之一列夫·马诺维奇(Lev Manovich),不仅从基础技术方面描述了新媒体,还从美学、文化和媒体实践等方面进行了分析。这样做使他能够讨论基于计算机的媒体的出现是漫长的文化和技术历史的一部分,其中涉及电影、新闻或视觉艺术等表现形式,同时强调数字媒体提供的新的可能性。20年后,媒体研究学者认为将数字媒体和"新媒体"等同起来在很多方面都有问题。可以肯定的是,数字媒体有某些共同的特征,能够将它们与模拟媒体区分开来。然而,在过去40年左右出现的媒体是基于异质的计算技术,彼此之间有很大的不同。此外,数字计算机到现在已经存在了几十年,它们不再是真正的"新"了。"新"这个词也意味着对媒体演变的线性看法,这可能导致人们忽视它们出现的背景,认为它们在某种程度上比"传统媒体"更好。相反,传统媒体有时被认为比新媒体更好,因为传统技术被认为更真实。

然而,这并不意味着新媒体和传统媒体之间的差异是无意义的。例如,在研究媒体演变时,我们必须承认,所有的媒体在刚刚推出时都是"新"的。报纸到现在已经是一种过时的技术,但在它被引入的时候,对现代社会的转型产生了革命性的影响。然而,今天我们却想当然地倾向于把报刊看作是一种传统媒体技术。新的概念通常也包含了对未来的某些设想,其中"新"媒体发挥着关键作用。这些愿景可能是有希望的,也可能是暗淡的。这种情况在历史上屡见不鲜,它发生在小说、电报、电影和电视中。在某种程度上,这些新媒体改变了人们的日常生活方式,但往往对它们的希望(或恐惧)被夸大了。最后,当引入新媒体时,它们并没有取代传统媒体,而是整合或改变它们。电视的引入并没有造成报纸的消失,平板电脑的引入并没有导致书籍的消失。相反,书籍演变成了不同的技术格式。这个被称为补救的进化过程,包含了不同媒体之间的竞争以及共同进化和合作。一种做法、内容或格式可以被一种模仿或重新制作为以前格式的新技术重新媒介化。例如,一些网络无线电接收器的设计再现了20世纪50年代的收音机。维基百科反映了传统百科全书的结构,因此,条目之间的交叉引用允许非线性的阅读路径,尽管这是通过超链接技术而不是通过手动翻页实现的。即使是现代早期欧洲的第一批印刷书也类似于手稿。反过来,电子书在技术上与印刷书有很大不同,但读者会立即认识到它们有共同的谱系、共同的特征,如页面、封面或目录,使阅读体验相似。总的来说，新媒体并不是凭空出现的，而是从现有的实践和媒体技术中演变而来的。补救的概念让人们认识到，媒体的历史是一个连续的、非线性的过程，随着新旧媒体继续相互影响，它可以向几个方向发展。例如，*Assassin's Creed* 是一个基于视频游戏的特许经营项目，但它的故事被扩展到更广泛的媒体上，如电影、漫画书和小说。

如果我们不关注个别媒体，而是关注通信技术的持续发展方面，那么新颖性就成为一个重要因素。事实上，数字媒体的部分经验在于连续不断地快速技术周期，为市场带来新的小工具、新的应用和新的服务。这很重要，因为新兴媒体技术生命的早期阶段的特点是其作用的不确定性。新媒体没有被立即接受为社会的自然组成部分，它们的意义最初是开放和有争议的。这个阶段被称为新媒体的"身份危机"。新技术引入后，其含义和功能逐渐受到现有媒体使用模式、新用户的习惯和愿望以及技术特征的影响。例如，20世纪中叶的电话或21世纪初图像信息技术等新媒体都曾使人们对其在青少年生活中的作用感到焦虑。当新技术成为大众消费产品时，危机和新奇的阶段就过去了。在一个驯化的过程中，新技术被社会接受，它变得日常和可以理解，并且不再引起拒绝或恐惧。

如果说所有的旧媒体在其演变过程中的某个阶段都是新的，那么所有的新媒体迟早都注定会变老、落后或者被更新的技术所取代，这也是事实。有些媒体可能会被抛弃，就像留声机或电报所发生的那样。有些媒体甚至会消失并被遗忘，如一种18世纪的设备 zograscope，它现在只存于博物馆中。那些似乎已经消失的媒体会留下痕迹，或者被更新到新的媒体格式和技术上。当代3D媒体得益于以前的一系列技术，从 zograscope 到用于获得浮雕立体效果的红色和青色眼镜。在其他情况下，一种媒介反而可以在小众市场中生存，或者至少部分重新流行起来，比如黑胶唱片。许多旧媒体被看作是"不死之身"，它们即将死亡的消息被宣布或假设，但它们拒绝消失。纸质书和模拟收音机的情况就是如此，前者被认为会因电子书的出现而消亡，后者被认为会被播客和流媒体技术扼杀。相反，两者在过去几年中都经历了复苏。此外，被抛弃的媒体可以通过用户赋予其新的意义而重获新生，在某种程度上使其再次成为"新的"，我们可以称这些为"僵尸媒体"。媒体考古学研究曾经被遗忘的技术，分析它们是如何被抛弃的，以及它们是如何被重新激活的——通常是通过艺术实践或用户重新使用的方式。例如，任天堂生产的便携式视频游戏机 Gameboy 在20世纪90年代取得了广泛的商业成功，现在被用户用来自制"8bit"电子音乐。

1.3 新媒体的特征

1.3.1 传播与更新速度快、成本低

新媒体是一种更新速度更快、成本更低的数字通信。新媒体每隔几分钟或几秒钟就会更新一次，而电视和广播的更新需要几天或几小时，印刷报纸需要几天甚至几周，印刷期刊和书籍则需要更长的时间。新媒体将同步传播和异步传播相结合，通过实时刷新提高新闻的时效性，使受众在"异步接收"的基础上随时随地接收新闻。作为异步接收的结果，受众可

以随时接收信息,不受媒体传播时间的限制。

1.3.2 信息量大、内容丰富

所有用户通过互联网共享全球信息资源,没有其他媒体可以与这种网络媒体相比,它的信息量巨大。新媒体的数字信息是存储在硬盘上的。大容量的优势也体现在新媒体的专题报道和数据库上。新媒体能够在任何时候存储和传播任何规模的信息,能够运行各种信息数据库,读者可以在任何时候搜索到任何历史文件。

1.3.3 低成本全球传播

新媒体打破了国界的束缚,跨国传播的成本很低。无论从传播者还是受众的角度来看,新媒体的信息传播,无论在国际上还是在本地,都有着相同的成本和速度。换句话说,新媒体传播的距离和范围对成本没有影响,这与传统媒体完全不同。虽然印刷媒体、广播和电视在理论上也能展开全球传播,但其成本与传播距离成正比。

1.3.4 检索便捷

检索对于传统通信来说是很难的。相比之下,如果数据存储在互联网上,网民只需动动手指,就可以通过各种搜索引擎和数据库迅速获得他们需要的信息。

1.3.5 多媒体化

多媒体使计算机成为各种媒介,作用于人们的不同感知,并通过结合多种媒介形式(如文字、声音、图片、动画、视频等)传达信息。作为一种多媒体通信,新媒体通过文本、图片、图像或声音中的一种或多种组合来传播信息。这样一来,新媒体不仅扮演了电视的角色,而且在大容量和方便检索的基础上实际利用了其多媒体特性。随着宽带网络的普及,以多媒体形式报道新闻已经成为一种时尚。

1.3.6 超文本、超链接

超文本就是一种包含其他文字或形式的文本。在万维网络中,超文本是一种最重要的功能,它可以将不同的页面链接起来。因此,数码媒介可以让使用者以一种非线性的方式去欣赏。在网上,你不需要用线性的方法去读,就像看一本书一样。你可以自定义自己的阅读经历,从文字到文字,再到录像,最后进入其他网页或应用。

超级链接实质上是网页的一部分,是我们与其他网页或网站的连接。只有把所有的页面都连接起来,才能形成一个完整的网络。超级链接是指从一个页面到一个特定的页面,或者在同一页面中的不同地点,或者是一张照片、一个邮箱、一个文档、一个软件,而用于网页上的超链接,可以是文字,也可以是照片。当访问者点击一个已链接好的文本或图像时,会在浏览器中显示链接对象,并按照对象的类型开启或运行。

1.3.7 互动性强

从传播学的角度来看,互动构成了新媒体的基本特征。网络新闻传播是一种开放和互动的传播形式,而传统媒体只提供单向传播,不允许作者和读者之间进行双向交流。

1.4 新媒体的影响

1.4.1 新媒体对经济产业的影响

新媒体的发展改变了当前的传播方式,打破了传媒业、通信业和信息技术业的界限,打破了有线网络、无线网络、通信网络和电视网络的分割,整合了各种媒体形态,形成了新的传播格局。

1. 形成一个新的沟通环境

在新媒体时代,理论上讲,每个人都在扮演传播者的角色,传播机构和个人受众之间的差距已经缩小了。全球传播有了更顺畅的渠道,全球互联可能将在实时网络通信、网络博客和无线互联网的基础上实现,这将进一步减少地理分割,使"地球村"成为现实。以往静态的信息接收方式被动态的、实时的信息接收所取代,既实现了信息的即时互动,又实现了信息接收的暂时延迟。人际交流的话语空间得到了完美的整合,点对点的私人空间和少数人对多数人的公共空间(通过与无线互联网的连接产生),在相互独立的同时,也可以实时地相互连接。

2. 让媒体生态更加复杂化

网络作为一种全新的传播媒介,使媒介生态更加复杂,传播主体更加多样,受众更加差异化。由于媒体事业的高速发展和传播技术的深刻变革,世界上出现了大量的媒体、新兴的媒体形式、各种传播渠道和日益复杂的媒体生态。不同媒体之间的竞争也越来越激烈。由于新媒体的快速发展,一些传统媒体的覆盖面可能越来越窄,甚至可能被互联网边缘化。

3. 使传播主体更加多元化

随着新媒体的发展,从事新闻信息传播的主体更加多元化。特别是,个人正在控制越来越多的通信工具。因此,他们在信息沟通中的地位被提升到了前所未有的高度,而他们发布信息、形成舆论、"动员社会"和"渗透"管理的能力也在不断提升,遗憾的是,与此同时,不健康的信息和不可控的因素更容易增加。这些都必然会冲击主流舆论。

4. 让受众更加差异化

人类的新闻传播经历了从少数人传播到大众传播,再从大众传播到焦点传播的漫长发展过程。新媒体主要反映个人的兴趣和需求,是一个完全个性化的传播平台。网络信息传播将最大限度地呈现个体差异和需求,实现信息需求中的个体价值。新媒体的应用和普及将进一步改变人们获取和接受信息的方式,推动焦点传播和小众传播的发展。因此,在一定程度上,传统的主流媒体往往无法接触到某些受众群体,从而影响新闻的宣传效果。

1.4.2 对舆情调控机制的影响

新媒体呈现出一种舆论的趋势,为用户提供了一个自由发布的平台,让他们可以随心所欲地表达自己的想法。然而,由于新媒体的互动性、开放性和匿名性,以及传播内容的不可预测性和信息群发、转发的不可控性,"监督"变得更加困难,"监督"机制也就失去了效力或缺失。此外,由于整个行业和新媒体的发展没有统一的标准,新媒体的舆论趋势也带来了许多现实和潜在的问题。

1.4.2.1 对传统舆论监管机制的影响

新媒体使信息传播更加及时,传播范围更加广泛,形成了一个"5a"网络环境:从理论上讲,"任何人"都可以通过"任何媒体"在"任何时间"和"任何地点"利用新媒体传播"任何信息"。新媒体对传统的舆论调控机制产生了深刻的影响。在热点引导方面,少数媒体报道的局部事件,通过新媒体可以迅速引起全国媒体的关注,并迅速从"局部热点"发展为"全球热点",几天甚至几小时内就会出现"××事件"或"××现象"。事前看不到征兆,事后找不到责任人,往往会产生巨大的不良影响。在正面宣传方面,新媒体的多样化形式和海量无序的信息很容易掩盖正面宣传的内容,此时预期的社会效果很难达到,错误的思想和非理性的舆论会找到传播渠道和生存空间。这样一来,新媒体对传统的舆论调节机制产生了冲击,对如何保证舆论的正确导向提出了新的挑战。

1.4.2.2 影响信息交流的秩序

一方面,随着新媒体舆论趋势的发展,一些道听途说的谣言迅速传播,垃圾短信和低俗信息大行其道,观看或下载色情小说、图片或视频的人数迅速增长。互联网的信息传播秩序被打乱了。另一方面,新媒体的舆论导向非但没有带来信息的平等,反而加剧了传统媒体和新媒体已经造成的信息不对称。早在20世纪70年代,美国传播学者蒂切诺尔(P. J. Tichenor)等人就提出了"知识差距理论"的假说,认为"随着大众传媒信息向社会系统的渗透,社会经济地位较高的人群往往比地位较低的人群更快地获得这些信息,因此,这些人群之间的知识差距往往会增加而不是减少"。随着新媒体的发展,这一理论已被进一步证明。网络信息传播的民意化趋势,作为媒体发展的最新进展,进一步加剧了信息的不对称。

1.4.2.3 影响媒体发展的环境

网络信息传播的舆论趋势不断冲击着新媒体的发展环境,影响着新媒体的公信力建设。一方面,新媒体技术导致了"监督者"的缺失和"监督机制"的失效,加剧了新媒体的舆论趋势。新媒体融合了点对点线性传播和群对群网状传播的特点,理论上具有无限的传播路径。同时,无论是政府在宏观上建立的"监控"机制,还是运营商和供应商在微观上建立的"监控"机制,都存在漏洞。因此,"监督"越来越难,甚至不可能,而新媒体的舆论则享有更大的自由空间。另一方面,新媒体的舆论趋势又不断冲击着"监督者"和"监督机制"。越来越多的人通过新媒体提供的平台自由表达自己的意见,越来越多的人期望成为"意见领袖"。新媒体中日益多元化的舆论对"监督机制"产生了更大的冲击,为新媒体的发展创造了更复杂的环境。

1.4.3 印刷媒体正在逐渐消亡

"纸媒是否会消亡",这不仅是一个理论上的争论热点,也是一个涉及千千万万人的职业发展甚至生计的现实问题。有些人在争论中相当情绪化,有些人情绪化地指出印刷媒体与新媒体相比有许多"优势"。然而,事实上,如果我们不带感情色彩地理性分析,印刷媒体的这些所谓"优势"并不真实。

1.4.3.1 印刷媒体是否便于携带

一些人认为传统印刷媒体有其自身的优势,如便携、直观、阅读方便等。真的如此吗?实际上,他们忽略了一个重要事实,即一张纸的信息存储密度远低于新媒体,因为新媒体具有体积小、容量大、存储密度极高的特点。对于同样的信息量,新媒体比印刷媒体更便于携带。

例如,一张只有几克重的 DVD 光盘可以保存 4.7G 的信息,相当于 $4.7 \times 1024 \times 1024 \times 1024 = 5,046,586,572.8B$ 字节(即 $2,523,293,286$ 个汉字)。考虑到一本书平均约有 20 万个汉字,一张 DVD 光盘可容纳 12,616 本书。很明显,一张几克重的光盘更便于携带。

事实上,移动媒体和电子书的优势恰恰是便携性、便利性和低成本。

1.4.3.2 印刷媒体是否比新媒体更有权威性和真实性

有些人认为,印刷媒体更具有权威性,原因如下:(1)印刷媒体在一千多年的经验基础上建立了完善的编辑、制作和发布体系;(2)大多数印刷媒体严格遵守新闻采集、编辑和发布的标准流程;(3)出版社和期刊社建立和完善了学术评审委员会或类似组织,以保证出版作品的学术水准。

但是,不同类型媒体的权威性和真实性应逐一分析。不可否认的是,公告栏系统 BBS 和个人博客上发布的信息的权威性和真实性不如传统媒体,但著名网站上发布的信息的权威性和真实性也是不可否认的。关于平面媒体,小报上的信息是否具有权威性和真实性?还有人认为,新媒体的报道没有足够的深度,但这也要具体情况具体分析。在新媒体和传统媒体中都广泛存在深度报道的正面和负面案例。新媒体新闻发布的及时性和深度之间并不存在必然的矛盾。实际上,在一些突发事件的报道中,新媒体比传统媒体更具有即时性、客观性和真实性。

1.5 新媒体的发展趋势

1.5.1 新媒体成为主流媒体

基于不同的话语体系和标准,学界和业界对"主流媒体"的定义都有巨大的争论。在体制内的官方话语体系下,以《人民日报》和新华社为代表的部级媒体单位被认为是典型的主流媒体。然而,基于民众的市场化标准,主流媒体被定义为拥有大量受众、以其报道影响社会、推动社会制度改革的媒体,如湖南卫视、《南方都市报》等。尽管过去对主流媒体的定义有各种争论,但它们有一个共同点,即它们都排除了包括互联网和移动媒体在内的新媒体形式,并倾向于将主流媒体局限于传统媒体(报纸、广播和电视)。

我们认为,在评判主流媒体时,应从两个方面进行考察:用户数量和社会影响力。一方面,这类媒体的用户不再是社会的少数人或边缘人群;另一方面,媒体通过用户获得了相当的社会影响力。如果从这两个方面来判断"新媒体是否已经成为主流媒体",以互联网和手机为代表的新媒体已经成为真正意义上的主流媒体。

从用户数量上看,以互联网和移动媒体为代表的新媒体已经凭借其在海量信息方面的优势成为主流媒体,甚至开始取代现有的传统媒体。

自媒体呈现的海量信息也是良莠不齐的,所以人们对新媒体的公信力也有疑虑。因此,受众可信度也构成了衡量一种媒体形式是否属于主流媒体的重要指标。为了准确回答这个问题,我们通过对新媒体用户的调查,对新媒体的公信力进行了定量研究。根据对北京、武汉、广州、成都四个城市 4000 名受访者的调查,人们对手机、网络、报纸、广播、电视的新闻可信度分别为 22.4%、19.6%、20.7%、12.6% 和 34.2%。许多人对新媒体新闻可信度低的传统观念在一定程度上被颠覆了。

综上所述,新媒体不仅在数量上达到甚至超过了传统媒体的用户规模,而且在影响力上也不亚于传统媒体。因此,不管人们是否承认,新媒体实际上已经成为主流媒体的一个重要组成部分。事实上,"新"和"旧"只是相对的概念。广播、电视与报纸相比一度是新媒体,但现在互联网、手机与报纸、广播和电视相比是新媒体。毫无疑问,更新的媒体形式总有一天会出现。只要新媒体适应社会发展,它就会成为主流。可见,互联网和手机媒体已经成为当今时代的主流,而其主流趋势在未来可能会更加强化。

1.5.2 多元化的新媒体平台和形式

回顾演变历史,我们可以看到新媒体的平台和形式变得越来越多元化。在大众传媒诞生之前,人们只能通过到达千里之外的现场或冗长而低效的语言交流来了解发生在千里之外的新闻。在大众媒体、报纸出现后,人们可以通过在家阅读文本来了解远方发生的事情。后来,广播和电视使人们获取信息的方式更丰富、更全面。互联网的出现进一步颠覆了人们交流和接收信息的方式,当人们对信息的内容和形式有很多选择时,可以跳过任何自己不感兴趣的片段,直接跳到自己感兴趣的话题,从现场的另一个人那里获得第一手的信息。由于移动媒体的广泛传播,人们可以利用手中的"迷你电脑"在互联网上做任何他们可以做的事情。

报纸、广播、电视、互联网和移动媒体在被发明时都是"新媒体"。从某种意义上说,正是人们对信息的渴望促进了媒体平台的发展。到目前为止,最新概念中的"新媒体"主要是指互联网和移动媒体。

从现有新媒体平台的演变来看,我们可以总结出新一代媒体平台的部分特点。从技术角度看,未来的新媒体平台将使人们能够更加方便、自由地掌握信息。根据马歇尔·麦克卢汉"媒体是人类的延伸"的观点,媒体将帮助人们获得用身体器官难以获得的信息,而且这种延伸更加自由,没有任何约束。在未来,新的媒体技术将以更及时的方式为人们带来更远的信息。从影响的角度看,新媒体平台将进一步嵌入人们的日常生活,成为日常生活的一个组成部分。新媒体将无处不在,对人们的社会决策和生活方式不自觉地产生影响。新媒体平台不再是非必要的,它将成为人们监测周围环境和跟上社会发展步伐的重要工具。

在新媒体技术的发展过程中,人们是觉得应用新媒体平台更加方便,还是人们的日常生活越来越受到媒体技术的制约,这是一个无法解决的争议性话题,只能在未来进行研究。尽管有这些争论,但我们永远也不会回到那个口头媒体时代。时间不会停止,"新媒体"会不断演进,新媒体平台会不断更新。

在未来,新媒体将作为硬件以多元化的平台出现,作为软件以多元化的应用出现。以互联网为例,在互联网刚被应用于民用的时候,在信息匮乏的背景下,人们普遍应用它来获取更多信息。

1.5.3 新媒体舆情管理需要创新管理思维

新媒体拥有大量的用户,新媒体舆情的社会影响力也越来越大。除了正面影响外,也应关注新媒体的负面效应。相应的管理部门要加强对新媒体舆情的管理,保证新媒体舆情与社会的稳定发展同步。

法律构成了社会正义的底线。虽然新媒体平台是一个虚拟的空间,但真正使用新媒体的人应该在现实生活中遵守法律。针对新媒体日新月异的现状,管理者应及时跟进,建立和完善法律管理机制,防止新媒体舆情走向极端,作为最基本也是最重要的规则,对新媒体平台上的违法犯罪行为进行惩处。

使用新媒体很容易,但要用好新媒体却很难。"数字化"是引导新媒体舆情的第一步。然而,政府的互联网项目所开设的网站在一定程度上实现了"数字化",但却没有完成"互动",导致其效率低下。

在公民社会蓬勃发展、社会权力重新分配的社会背景下,新媒体舆论正在不断壮大。在这个过程中,政府应主动适应变化,相应地转变政府职能,逐步从被动的管理者转变为主动的参与者。新媒体应该成为一个多元化的平台,成为一个准公共领域,让老百姓的声音和政府的声音在这里分享,在这里竞争,从而促进社会事务的全面进步。

所有国家的政府都必须监督新媒体的内容，以防止其产生负面影响。新媒体的非法或不正当内容应受到控制。各国政府高度认可的非法或不当内容包括：教唆和煽动；诽谤、侮辱、诋毁、敌对攻击和其他不道德的言论以及虚假的新闻信息；色情，这是公认的非法和有害的内容，应受到最严格的控制。

由于各国的价值观、立法传统和新媒体的发展水平不同，对新媒体内容管理的法律模式也不尽相同。有的国家主张对新媒体进行严格控制，采取必要措施维护国家或民族的价值观，保护国家或自然界的文化传统，营造一个纯净的网络世界，严厉打击网上的色情、暴力、血腥、恐怖和虚假信息；有的国家主张不干预新媒体内容，把新媒体的无政府主义和自由主义放在首位；有的国家则对新媒体内容进行规范，鼓励行业的自律管理。

新媒体传播具有信息量大、内容繁杂、形式多样的特点。信息的发布、传播和处理具有隐蔽性强、传播速度快、影响范围广等特点。信息的发布者、传播者和接受者都难以控制。新媒体的新闻传播业务涉及多个主体，包括各类企业和新闻媒体。因此，对新媒体的传播内容的管理是非常复杂的。

新媒体显示了其特殊的产业发展规律和技术特点。在制定有关新媒体内容监测的行政政策和法律法规时，应考虑到政策的可行性。

新媒体传播拥有无门槛的传播方式，亿万用户中的任何一个人都可以成为传播者，仅仅依靠传统的审批制度是难以管理的。因此，基于新媒体的特殊规律，建议通过"登记制度＋查处制度"来管理新媒体。

新媒体属于世界，没有国界之分。我们可以借鉴国内外成熟、成功的新媒体政策和法律。新媒体的管理者和创作者要有创新精神。

新媒体舆情管理是一项极其复杂、艰巨和长期的任务。仅仅通过一种管理措施不可能解决新媒体有害信息传播的所有问题，因为一种措施的作用是有限的。对新媒体信息内容的监管，应实行综合管理，建立综合管理框架，将法律、政策、技术、道德等多种管理措施结合起来，实现这些措施之间的相互配合、相互作用。只有这样，才能有效地管理新媒体，为人类社会创造健康有序的新媒体信息传播环境。

第 2 章　数字新媒体表现形态

本章学习目标

1. 了解数字电视的基本概念、数字电视系统的组成等；
2. 了解数字出版的基本概念，熟悉数字出版物类型，了解数字出版产业的发展趋势；
3. 了解网络媒体的发展，熟悉网络媒体的特征和类型，认识到文化视角下网络媒体带来的影响；
4. 了解手机媒体的历史，熟悉手机媒体的特征，能认识到手机媒体所带来的问题。

本章主要对数字新媒体表现形态进行介绍。通过对数字电视、数字出版、网络媒体和手机媒体四种数字新媒体内容的详细讲解，将数字新媒体的基本概念、历史和具体内容等呈现给读者，使得读者深入了解这几种数字新媒体。

2.1　数字电视

2.1.1　数字电视的基本概念

2.1.1.1　导言和历史回顾

电视是一个源自拉丁语和希腊语的词，意思是"远方的视线"。在希腊语中，tele 意为"远方"，而 visio 在拉丁语中是"视线"。电视（TV）系统通过电磁波向千家万户传输音频和视频信号，是现代最重要的娱乐和信息获取手段之一。随着技术的不断突破和对音频、视频服务需求的不断增加，电视系统经过几代人的发展，在不到一个世纪的时间里经历了几个重要的发展时期。

1. 黑白电视时代

20 世纪 20 年代中期，苏格兰发明家约翰·罗吉·贝尔德（John Logie Baird）展示了由扫描盘产生的运动图像的成功传输，其分辨率为 30 线，足以辨别人脸。1928 年，第一个电视信号传输在纽约的斯克内克塔迪（Schenectady）进行，八年后，英国广播公司在伦敦建立了世界上第一个电视台。第二次世界大战后，黑白电视时代开始。电视服务的详细技术和实施规范，包括摄影、编辑、制作、广播、传输、接收和网络，逐渐被制定。随着电视的不断普及，具有更好观看体验的彩色电视被发明出来。

2. 模拟彩色电视时代

1940 年，P. 高尔德马克（P. Goldmark）与 CBS（哥伦比亚广播公司）实验室发明了一种彩色电视系统,被称为场序系统。该系统占用 12 MHz 的模拟带宽,由 343 条线(比黑白电视少 100 条线)以不同的场扫描速率进行传输,因此与黑白电视不兼容。1946 年,该系统开始实地试验播出,这是彩色电视时代的曙光。

在 20 世纪 50 年代,美国国家电视制式委员会开发了一种名为 NTSC 的彩色电视信号系统,与黑白电视兼容。这种方案采用亮度和色度编码方案,将红、绿、蓝(RGB)主信号编码为一个亮度信号(Y)和两个正交振幅调制的彩色(或色度)信号(U 和 V),并在同一时间传输。一个 NTSC 制式的电视频道占用 6 MHz 带宽,视频信号在 0.5~5.45 MHz 基带之间传输。视频载波是 1.25 MHz,视频载波产生两个边带,类似于大多数振幅调制信号,一个在载波上面,一个在下面。边带的宽度为 5.45~1.25 MHz。整个上边的边带将被传输,而下边的边带只有 1.25 MHz(被称为遗留边带)被传输。彩色副载波比视频载波高 3.58 MHz,并与被抑制的载波进行正交振幅调制,而音频信号则被频率调制。NTSC 系统在北美大部分地区、南美部分地区、缅甸、韩国、日本、菲律宾和一些太平洋岛屿国家和地区部署。这项发明被认为是发展的第二阶段即模拟彩色电视时代的里程碑。

一组法国研究人员同时开始了他们的工作,他们在 1956 年发明了带记忆的连续色彩(SECAM)系统,该系统在 1961 年被成功演示。在 SECAM 系统中,两个色差信号被交替传输(逐行传输),并由彩色副载波进行频率调制。这一系统被法国、苏联、东欧国家(罗马尼亚和阿尔巴尼亚除外)和中东国家采用,是欧洲第一个彩色电视标准。1962 年,德律风根(Telefunken)公司的德国工程师沃尔特·布鲁赫(Walter Bruch)在德意志联邦共和国提出了基于 NTSC 系统的相位交替线(PAL)系统。该系统对 NTSC 系统中色度信号的正交分量进行逐行相位反转,可以有效地抵消相位误差,提高差分相位误差的容限,从 NTSC 系统中的 ±12°提高到 ±40°。这个新系统先后被 120 多个国家采用,1972 年中国也决定采用这个系统。

在 20 世纪的前 70 年里,尽管电视的发展经历了两个不同的阶段(黑白和彩色),但电视信号传输的基本特征没有改变,即电视信号是连续的,也就是模拟的,因此黑白电视和彩色电视都被称为模拟电视。在模拟电视信号传输中,载波的振幅、频率、相位或这些参数的组合根据要传输的内容而改变。因此,线性调制以及传输是一步到位的。虽然简单明了,但模拟电视系统在实践中存在以下问题:

(1)在视频节目的质量、长期存储和传播方面,模拟电视节目源存在色光干扰、大面积闪烁、图像清晰度差等问题,而且很难对内容进行多次的复制。

(2)在信号传输效率方面,模拟电视网络在很大程度上受到可用带宽的限制。例如,PAL 系统在 8 MHz 带宽内只能容纳一个模拟视频信号和一个模拟音频信号,频谱效率很低。此外,由于相邻地区的同频道和相邻频道的干扰,必须使用不同的模拟频道向不同地区传输相同的节目,以避免相互干扰,因此,频谱效率进一步下降。而且由于可用频谱有限,很难通过在同一地区分配额外的频道来引入新节目。

(3)在信号传输质量方面,模拟电视信号由于抗多径干扰能力差,可能会出现地面广播的"鬼影",严重影响了观众的体验。此外,如果模拟电视信号需要放大到更远的传输距离,由于信噪比的恶化,噪声的积累会使信号质量变得非常差。

(4)从模拟电视系统的电路、网络设备和终端来看,电路的非线性、图像的几何失真是不可避免的,而放大器的相位失真会造成色彩偏差,加剧光晕现象。此外,模拟电视系统还存在稳定性差,时域混叠,集成度低,难以校准、自动控制和监测等问题。

3. 数字电视时代

人们对电视信号更好的音频和视频质量的要求一直是广播业的巨大推动力,这也带来了数字电视(DTV)的发明。同时,由于重大的技术在过去的半个世纪里,随着数字信号处理领域(包括信号采集、记录、压缩、存储、分配、传输和接收)、半导体工业和其他相关行业的突破有了长足的发展,广播业现在正迎来其历史上的第三个重要阶段,即数字电视时代。

人眼在日常生活中接收到的视觉信息总是模拟的,第一代和第二代电视广播系统(黑白或彩色)的使命是将这些模拟信号以尽可能高的质量传送到众多电视机上。尽管不同的数字电视系统的定义或结构可能略有不同,但核心定义或主要功能模块是相同的。它们必须包括模拟电视节目的采样、量化和编码,以便在进一步处理、记录、存储和分发之前将其转换为数字格式。序列分割、加扰、前向纠错编码、调制和上变频在基带中完成,在发射端上变频后形成数字电视射频(RF)信号。在接收端,在实现系统同步和基于精确信道估计的信号均衡后,将对接收到的信号进行与发射端相反的操作,然后最终的节目才能在电视屏幕上显示。与模拟技术相比,数字广播技术不仅提供了更好的接收和显示性能,而且还引入了模拟广播技术所没有的新功能。很明显,数字电视系统可以为消费者提供高质量的视听体验和更全面的服务。鉴于数字电视系统可以支持所有这些特色服务,数字化被广泛认为是继黑白电视和彩色电视之后,电视广播业的一个根本变化和新的里程碑。

与传统的模拟电视相比,数字电视的优势可以概括为以下几点:

(1)抗干扰能力更强,无噪声积累,信号质量高。数字化后,模拟信号被改变为二进制(两级)序列。除非噪声的振幅超过一定水平,否则在处理或传输过程中引入的噪声可以被有效消除。通过前向纠错编码也可以实现无差错传输。在数字电视信号的传输过程中,用户在覆盖范围内收到的图像和声音的质量几乎与最初从电视台传输的质量相同。因此,如果系统设计得好,数字电视的节目质量不会下降,而模拟电视信号的处理或传输可能会引入难以消除的额外噪声,因此图像和声音的质量会由于噪声的积累而逐渐下降。

(2)更高的传输效率和更灵活的复用。数字电视广播可以更有效地利用宝贵的频谱资源。以地面广播为例,数字电视可以利用所谓的"禁忌频道",这在模拟电视系统中是不允许的,并采用单频网络(SFN)技术。当采用单频网时,同一个数字电视频道可以用不同的发射器来传输相同的电视节目,以覆盖一个非常大的区域(甚至全国范围的单频网也是可能的)。根据数字电视系统中使用的视频编码压缩方案,一个模拟电视频道至少可以包含一个HDTV(高清晰度电视)节目,或10个SDTV(标准清晰度电视)节目,或20个以上具有VHS质量的数字电视节目。数字电视技术有助于减少每个节目的带宽要求,而且频谱效率大大增加。由于数字电视广播节省了频谱,广播公司可以利用节省的频谱来提供更多的电视节目或提供新的服务。

(3)易于加密和支持互动服务。数字电视系统可以从一个点对多点的广播系统扩展到一个点对点的互动系统,以支持增值服务,这样用户既可以观看电视节目,也可以根据个人喜好搜索或交换信息。整个过程中的数字化也有利于加密,现有的加密技术可以很容易地用于数字电视系统中。

(4)在网络环境下易于存储、处理和分发。与模拟信号相比,数字电视信号的优势在于它易于存储、处理和交换。这有利于图像、数据和语音的综合传输,以及网络环境下的电视节目共享。

总之,数字电视概念的引入依赖于视频压缩和信息传输/处理的最新技术突破。数字视频压缩编码技术应用于视频源,在没有(或几乎没有)损失的情况下,以高压缩率将冗余度降到最低质量。因此,任何电视节目的传输数据率都会降低,整个系统的传输效率也会提高。使用纠错编码技术,为压缩的信息序列引入一定的冗余,加上高效的数字调制技术,可以在噪声、干扰和其他非完美的条件下实现更好的传输性能。同时,由于驱动和显示技术的发展,数字电视系统肯定能提供更好的观众体验,包括更清晰的图像、更好的色彩和更精美的音质,所有这些都是在提高光谱效率的情况下实现的。

超高清电视(UHDTV)与 UHDTV-1(代表 3840×2160 的 4K)和 UHDTV-2(代表 7680×4320 的 8K)系统已经由 NHK 科学与技术研究实验室提出,并被国际电信联盟(ITU)所接受。从显示的角度看,UHDTV 肯定会是一个发展趋势,而随着近年来 3D 电影的流行,三维(3D)电视技术是另一个明显的趋势。从用户体验的角度来看,智能电视系统因其强大的简易性和互动能力,必将吸引越来越多的人。随着数字电视网络的大规模发展和数字电视用户的不断增加,各种数字电视的系统和应用已经并将继续被推出。

不管是模拟还是数字的电视广播网络,都有三种类型:地面(也称为空中)、有线和卫星电视网络,如图 2-1 所示。卫星电视广播提供大面积的覆盖,特别是在人口稀少的农村地区,而有线电视广播使用同轴电缆将信息传递到家庭,重点是为人口稠密的地区服务。作为最常用的电视广播方式,地面系统利用发射台在空中发送无线电波,覆盖一定的服务区域,用户可以通过各种接收天线和各种终端接收电视节目。这使得它成为在紧急情况下接触全国人民的最直接和可靠的方法。统计显示,世界上大多数人仍然依靠地面广播网络接收电视节目,在中国的比例超过 60%。这里主要介绍数字电视地面传输系统的核心技术和性能,为数字电视系统的各种应用打下基础。

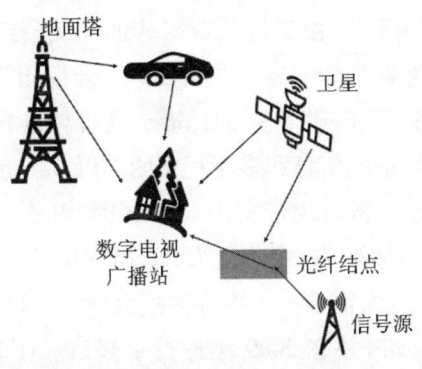

图 2-1　数字电视基础设施分类

人们普遍认为,卫星或有线频道的传输环境与理想的加性白高斯噪声(AWGN)频道非常相似,采用先进的频道编码和调制都可以使卫星或有线广播的性能接近理论极限。作为全球最常用的数字电视网络,地面数字电视广播(DTTB)网络支持的用户数量最多。地面数字电视(DTTV 或 DTT)一词也被用来指称地面数字电视系统。然而,由于干扰程度高,特别是多径干扰的时间延迟和振幅的快速变化,地面广播频道面临着越来越严酷的传输条件。

与卫星或有线网络相比,这个频道要复杂得多。地面数字电视广播频道的传输环境显然不是 AWGN 频道,这给地面数字电视广播系统设计者带来了巨大的挑战。在 AWGN 环境下,地面数字电视广播系统性能的实验室测试结果可能与现实世界中的测试结果有很大差别。换句话说,对 AWGN 信道具有体面增益的编码方案可能并不适用于实际传输环境。因此,不仅在 AWGN 信道中,而且在多径信道中,在选择适当的传输方案时应仔细评估系统性能。另一个需要解决的重要问题是来自地面广播网络本身的干扰。随着模拟和数字地面电视服务不可避免地共存,在未来的几年里,地面电视服务将越来越多。在过渡时期,该系统必须有强大的能力来处理来自模拟传输的相邻和同频干扰,并尽量减少其对现有广播系统(包括模拟和数字)的干扰。这有助于保证所有终端用户的整体接收性能。

2.1.1.2 主要的国际和地区数字电视组织

基于数字电视系统能够提供的优势,几乎所有国家和地区都已经或正在认真考虑部署数字电视广播网络。美国、加拿大、英国、德国、日本、荷兰、芬兰、瑞士、韩国和瑞典等国家已经成功地完成了电视广播网络的数字电视过渡(也被称为数字转换或模拟关闭),而世界上许多国家仍处于电视广播网络从模拟到数字的过渡过程之中。

1. 国际数字电视广播标准

尽管地面数字电视广播的应用场景非常相似,但国际上已经提出了不同的地面数字电视广播系统传输标准,包括美国的 ATSC(数字电视国家标准)、数字视频广播组织的 DVB-T(地面数字视频广播)、日本的 ISDB-T(地面综合业务数字广播)以及中国的 DTMB(地面数字电视多媒体广播)。这四种地面数字电视广播标准都已被国际电联接受,并已在全球许多国家和地区实现了商业化。

在美国,联邦通信委员会(FCC)于 1987 年制定了自己的数字电视广播标准,要求与现有的 NTSC 电视标准兼容。1992 年,由通过其资格认证的成员组成的高级电视系统委员会成立,其目的是建立先进的电视系统标准。同年,委员会提出了四个候选方案,并最终于 1995 年由大联盟(GA)将其整合为一个统一的标准。这个标准包括用于多声道音源编码的 AC-3 标准和用于视频源编码、系统信息和多路复用的 MPEG-2 标准。ATSC/8VSB 描述了一个用于地面广播的单载波系统,当系统带宽为 6 MHz 时,其吞吐量为 19.39 Mbps。ATSC/16VSB 是数字有线电视系统的标准,总吞吐量为 38.78 Mbps。一般认为 ATSC 标准具有更高的频谱效率和功率效率,但通常需要一个更好的接收环境。FCC 于 1996 年 12 月 24 日将 ATSC 作为美国的数字电视标准,并在 2009 年进行了修订。H.264/AVC 视频编码于 2008 年被引入 ATSC 系统。所有地面电视广播公司都被要求使用 ATSC 标准提供空中电视节目,甚至有线电视运营商也被要求传输来自地面广播公司的 ATSC 信号。到 2009 年 6 月 12 日，美国已经成功地用 ATSC 取代了几乎所有的模拟 NTSC 电视系统。加拿大和韩国也决定使用 ATSC。

欧洲发射组(ELG)在德国政府的帮助下于 1991 年成立。ELG 意识到成员之间必须相互尊重和信任，并于 1993 年 9 月制订数字视频广播(DVB)计划。目前，DVB 组织有来自近 40 个国家的 270 多个成员，他们致力于建立一个数字广播系统的技术体系。DVB 项目为使用不同传输介质(如同轴电缆、卫星和地面)的数字视频广播系统提供了一系列的标准框架(DVB-C、DVB-S 和 DVB-T)，并公布了 60 多个数字电视广播标准，已被全世界接受。DVB-S 是卫星数字广播的传输标准，以前一个模拟电视频道传输一个 PAL 节目，现在可以支持四个数字电视节目，这大大提高了卫星广播系统的效率。DVB-C 是有线电视网络内的数字电视传输标准，一个模拟电视频道以前提供一个 PAL 节目，现在可以提供 4 到 6 个数字电视节目。DVB-T 是地面数字广播的传输标准，一个模拟电视频道以前提供一个 PAL 节目，现在可以提供 4 到 6 个数字电视节目。DVB-T 于 1997 年首次发布，1998 年在英国进行了首次广播。这些标准都被欧洲电信标准协会(ETSI)和国际电联采用。与 ATSC 一样，DVB 最初也选择 MPEG-2 作为音视频源编码、系统信息和复用的标准。与 ATSC 不同，DVB-T 是一个多载波系统，使用编码正交频分复用(COFDM)技术进行传输。与 ATSC 相比，DVB-T 可以在复杂的环境下有效地支持固定和移动接收，而且对频谱和功率效率的牺牲非常小，可以支持单一的频谱和功率效率，可以很好地支持单频网络应用。扩展应用，即移动电视标准 DVB-H，已经被引入。到目前为止，已经有 60 多个国家正式选择 DVB-T 作为地面数字电视传输方案，有 30 多个国家实现了 DVB-T 信号的覆盖，其中一些国家已经完成了模拟转换。

2006 年 3 月，DVB 决定研究升级后的 DVB-T 标准的方案。2006 年 6 月，一个名为"下一代 DVB-T 技术模块"的正式研究小组成立，以开发一种先进的调制方案作为第二代地面数字电视标准。2008 年 6 月，DVB 宣布了其第二代地面数字电视广播标准，即 DVB-T2，一些国家和地区对采用该标准表现出强烈的兴趣，因为它可以提供比第一代地面数字电视广播标准多 30% 的吞吐量。

日本于 1994 年开始制定数字电视广播标准。他们还决定使用 MPEG-2 作为源编码和系统信息的标准。日本标准 ISDB 的核心标准是 ISDB-S(卫星)、ISDB-T(地面)和 ISDB-C(有线)。与 DVB-T 类似，ISDB-T 标准的开发者也选择了 OFDM 作为调制方案，并使用频率分段，在同一 6 MHz 的频段内同时提供地面和手持电视节目。换句话说，宽带和窄带信息使用相同的设施，在同一覆盖区域的同一频道内传输，这大大方便了便携式设备的移动接收。这种混合传输方案被证明是支持移动电视用户的一大成功。日本在 2012 年完成了模拟关闭，ISDB-T 也已在一些国家和地区得到采用。

中国地面数字电视广播标准的制定工作于 1999 年通过中国政府的提案征集正式开始。随着 2005 年几个单独提案的成功合并和第三方的独立测试，中国国家地面数字电视广播标准由中华人民共和国标准化管理委员会批准，并于 2006 年 8 月 18 日公布。该标准名为《数字电视地面广播传输系统帧结构、信道编码和调制》(GB 20600—2006)，简称为"数字电视地面多媒体广播(DTMB)"。DTMB 可以满足各种广播业务的要求,如 HDTV、SDTV 和多媒体数据广播。它提供大面积的覆盖,支持固定和移动接收。DTMB 采用单载波和多载波的固定和移动接收方式。DTMB 采用单载波和多载波调制,具有独特的帧结构,称为时域同步 OFDM(TDS-OFDM),并使用低密度奇偶码(LDPC)。因此,它可以提供快速的系统同步、更好的接收灵敏度,以及针对多径效应的出色系统性能,还有高频谱效率和未来扩展的灵活性的优势。DTMB 于 2008 年在中国开始大规模部署,在 2011 年成为 ITU 的标准。

2. 相关国际和地区组织

为了克服数字电视网络开发和部署中出现的工程问题,确保模拟到数字的顺利迁移,许多国际组织一直在密切合作,并制定了一系列与数字电视相关的框架和支持标准。这些标准涵盖了与数字电视广播实施相关的所有领域,如数字电视信号的压缩/解压缩、编码/解码、调制、成帧、频率分配、内容加密、有条件接收和信号分配。这些做出重大贡献的组织如下:

(1)移动图像专家组(MPEG)是国际标准化组织(ISO)和国际电工委员会(IEC)的一个工作组,负责制定视频、音频和两者结合的压缩、解压及处理标准。MPEG 是 ISO/IEC 技术委员会的一个附属组织,致力于对信息技术相关设备进行标准化。

(2)多媒体和超媒体信息编码专家组(MHEG)是 MPEG 所属的同一分委员会下的另一个工作组。MHEG 致力于多媒体和超媒体信息的编码,定义了多媒体文件的封装格式,以便通过特殊的数据格式进行通信。

(3)数字服务和应用的协议。数字音频视频委员会(DAVIC)于 1994 年在瑞士成立,是一个国际性的非营利组织,成员包括来自 25 个国家的 220 家公司。DAVIC 致力于为不同国家和不同应用之间的数字视频和音频提供端到端的互操作标准,并提供开放的接口和服务。

(4)欧洲广播联盟(EBU)是一个非政府和非营利组织。任何非欧洲的广播公司也可以成为 EBU 的成员。它既支持 DVB 项目和数字地面电视行动小组(DigiTAG),也支持其他标准小组的工作,如欧洲电工标准化委员会(CENELEC)、ETSI、ITU 和 IEC。

(5)国际电联是联合国下属的一个组织,可能是世界上电信和无线电通信领域最重要的国际标准化组织。它是电信技术、规则和标准的主要发布者,并致力于频谱管理。国际电联无线电通信部门(ITU-R)制定了数字电视广播标准。

(6)ETSI 和美国国家标准协会(ANSI)为视频传输电路和电信设备之间的互联做出了共同努力,并制定了两个主要标准。ETS 300 174(相当于 ITU-T Rec. J.81)和 ANSI TI. 802. 01. 这两个标准为每个比特流分配了一个视频通道,并描述了视频通道的编码、复用、加密和网络匹配,以便设备能够直接连接到电信设备。ETSI 成立于 1988 年,旨在通过制定相关的电信标准帮助建立欧洲统一的电信市场。ETSI 技术委员会制定了公共网络和私人网络之间的互联标准。ETSI 的多媒体编解码器被用于广播网络和电信网络之间的互联。ANSI 的 Codec 与 ETSI 的 Codec 相似,除了音频接口和 SMPTE 控制功能外,与美国的电信网络有良好的连接,传输速率为 45 Mbps。

(7)IEC 负责电气设备的标准化工作。ISO 是一个非政府的国际标准化联盟,负责制定工业标准。ISO 和 IEC 都致力于全球个人和工业设备的标准化工作。它们在这些领域建立了许多联合技术委员会。

（8）JTC1（由 ISO 和 IEC 组成的联合技术委员会）的目的是制定信息技术相关设备的标准。JTC1 建立了一个缩写为 MPEG 的附属组织，制定上述数字视频编码和音频压缩设备的标准。

（9）DigiTAG 成立于 1996 年，致力于建立一个符合 DVB-T 规范的数字地面电视应用框架。DigiTAG 有来自 14 个国家的约 40 个成员，通过 EBU 管理。

（10）CENELEC 成立于 1973 年，是一个非营利性的欧洲电工标准化组织。CENELEC 成员是大多数欧洲国家的国家电工技术标准化机构。它们致力于解决欧盟委员会（EC）成员国之间的一体化问题。CENELEC 与来自 19 个欧共体和欧洲自由贸易联盟（EFTA）成员国的技术专家合作，采用自愿性标准，这有助于促进国家之间的贸易，创造新的市场，削减合规成本，并支持发展一个单一的欧洲市场。CENELEC 还在电视和电缆分类等领域与其他技术委员会紧密合作。

2.1.2 数字电视系统的组成

2.1.2.1 数字电视系统的章程

一个完整的数字电视广播系统包括三个关键部分：发射头端系统、传输系统/分配网络和用户终端系统。

1. 用于数字电视广播的发射头端系统

数字电视广播的发射头端系统是指电视台的专业设备，主要包括摄像机、录像机、存储设备、特效机、编辑机、字幕机、音视频编码器。考虑到 MPEG-2 已经被大多数数字电视标准用于视频压缩，而且目前仍在使用，下面将以 MPEG-2 为例进行讨论。这些设备主要用于源处理、信息处理、存储和播放以及其他功能。

源处理单元通常包括音频和视频编码器、适配器、数据封装设备、VOD（视频点播）系统和编辑处理器。MPEG 编码器将录制的音频和视频信号压缩并编码为 MPEG-2 格式；适配器从其他网络如同步数字分级（SDH）和卫星接收 MPEG-2 信号，然后将其发送到复用器用于复用目的或发送到节目库用于存储以及进一步编辑；数据封装设备可以将互联网协议（IP）数据和用于数据广播以及互动服务的其他格式的数据打包成数字电视广播的信号格式，并将这些信号与其他信号一起传送给用户；VOD 系统发送用户要求的节目和信息；编辑处理器编辑并帮助管理存储的数字节目。

信息处理单元通常包括程序调度系统、用户管理系统、多路复用器和条件访问（CA）系统。节目编排系统是一个服务管理和系统应用的平台。用户管理系统负责处理用户的账户信息。复用器是该单元的核心部分，负责内容调度，包括重选、分配、复用，以及在节目调度系统的控制下将从不同地方收集的内容分配到不同频道。CA 通过加扰器和复用器对不同的节目内容应用加密机制，使节目内容根据服务模式和用户需求，按照不同的时间段和用户群进行加密。作为数字电视广播的一项新的有吸引力的服务,电子节目指南(EPG)通过在头端将相应的信息插入到实时比特流中,帮助向终端用户提供更多的节目信息。

2. 数字电视广播的传输系统/分配网络

传输和分配数字电视信号的典型网络包括地面广播、电缆和卫星。

统计显示,地面广播仍然是最重要和最受欢迎的电视广播方案。为了适应地面广播最复杂的传输环境,地面广播系统的技术和功能模块不仅与模拟电视不同,也可能与卫星或有线数字电视广播不同。地面广播传输网络主要包括单频网适配器、激励器和发射器。

有线电视是人口稠密地区(如大都市地区)的主要电视传输方式。由于信号是通过同轴电缆发送的,因此可以支持非常稳定的信号传输质量和大量的节目。有线数字电视还可以方便地提供按次付费(PPV)、VOD 和其他双向以及增值服务。

卫星电视提供大范围的覆盖,如果卫星和接收天线之间存在视线(LOS)路径,它的信号可以在城市、郊区和农村地区收到。卫星电视传输网络中的设备主要包括卫星调制器、射频功率放大器和卫星转发器。

3. 数字电视广播的用户终端系统

在数字电视时代,无论是数字电视机还是与模拟电视机相匹配的机顶盒(STB),都需要观看数字电视节目,而机顶盒因其成本低、用户方便,在转换期非常受欢迎。一般来说,每个数字电视机顶盒由硬件平台和相关软件组成。机顶盒的结构从下到上通常可以分为硬件、设备驱动程序、中间件和应用软件四层,此外,还有一个 CA 模块,如图 2-2 所示。

(1)硬件层。该层提供机顶盒的硬件平台,主要包括数字电视广播信号的接收前端、MPEG-2 解码器、视频/音频和图形处理单元、CPU、存储器和各种接口电路。数字电视广播的接收前端包括一个调谐器和一个数字解调器;解调器接收、解调和解码射频信号以获得 MPEG-2 传输流。MPEG-2 解码部分包括解复用器、解扰引擎和 MPEG-2 解压缩模块,输出音频和视频数据以及其他服务的数据。视频、音频和图形处理部分提供数字和模拟输出的视频/音频和图形处理功能。CPU 和内存模块用于存储和运行软件并控制所有其他模块。接口电路支持各种外围接口,包括通用串行接口(USB)、以太网接口、RS232 和视频/音频接口。

(2)设备驱动程序。设备驱动程序为 STB 提供操作系统(通常是一个嵌入式实时操作系统)内核和各种硬件驱动程序。

(3)中间件层。中间件层将应用软件从依赖硬件的底层软件分离出来,这为独立于特定硬件平台的应用程序提供了一个统一的功能接口。这一层通常由各种虚拟机组成。

(4)应用软件层。应用软件层执行终端用户所需的功能。它可以存储在本地或通过广播网络下载。

(5)CA 模块。CA 模块对数字电视内容进行加密,根据一定的算法对服务数据进行加扰,并发送加密密钥,使所有授权用户能够合法地接收和使用服务,而那些未经授权的用户则不能。这一功能为数字电视商业运营提供了必要的技术手段。

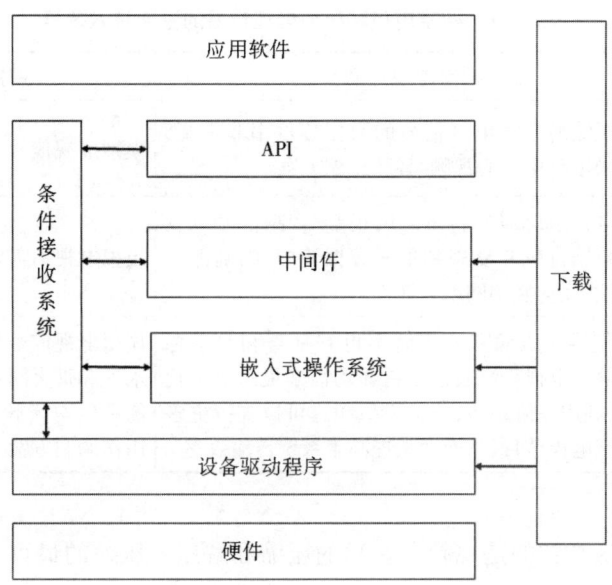

图2-2 用于数字电视广播的机顶盒的分层结构

2.1.2.2 数字电视的功能层

数字电视系统可分为三层,即压缩层、复用层和传输层,如图2-3所示。

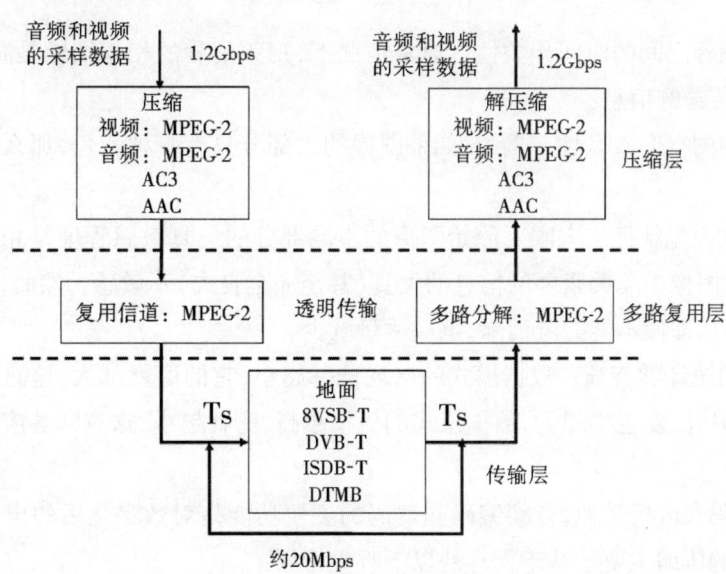

图2-3 数字电视广播系统的功能层

这三个功能层可以充分反映出数字电视广播和模拟电视广播之间的主要区别,并可以解释为什么数字电视从技术角度来看优于模拟电视,如表2-1所示。

表2-1 数字电视和模拟电视广播的主要技术差异

	数字电视广播	模拟电视广播
源编码和解码（压缩层）	没有压缩的数字电视信号的数据传输率非常高，必须采用高质量的视频/音频压缩方案	模拟电视信号不需要压缩
复用（复用层）	数字电视系统需要将编码的视频/音频信号以及辅助数据打包并复用到单一数据流中，以确保可扩展性、互动性和网络互连性	模拟电视不需要多路复用
信道编解码和调制解调（传输层）	DTV信号在压缩和复用后不再有垂直和水平标志。数字电视系统通过纠错和均衡来提高抗干扰能力，利用高阶星座，一个模拟频道可以支持更多的数字电视节目，从而大大提高了系统传输效率	模拟电视信号按市场排列，同时借助水平和垂直同步信号进行补偿；预均衡和后均衡脉冲频率或幅度调制被用作调制方案

1. 压缩层

源编码和解码通常指的是视频和音频的压缩和解压。压缩的最重要任务之一，特别是对于高清晰度数字电视，是压缩视频信号。未经压缩的 SDTV(4:2:2)视频的数据吞吐量为216 Mbps，而对于HDTV来说，它大约为1.2 Gbps。因此，数字电视信号不能像模拟电视信号那样直接传输，需要压缩（视频编码）来降低数据传输率。

视频编码技术的主要功能是对图像进行压缩，使高清电视信号的数据传输率从1.2 Gbps 降至20 Mbps，SDTV 信号从216 Mbps 降至4 Mbps。视频压缩主要可以通过以下方式实现：

(1)连续图像之间的时间相关性。通常情况下，视频信号的相邻图像是高度相关的，这有助于减少要传输的信息。

(2)图像中的空间关联性。例如，如果图像的大部分只有一种颜色，那么就没有必要存储所有的像素。

(3)人眼的视觉特征。人眼对原始图像的不同部分的失真敏感程度是相当不同的。例如，人眼通常对图像中无关紧要的信息的失真（甚至完全丧失）不敏感。然而，对于人眼相当敏感的信息失真，即使不能完全消除，也应尽量减少。

(4)输入的统计学特征。数据模式的出现概率越小，它的商就越大，这意味着需要一个较长的码字。另外，发生率越大、数据模式的概率越高，商就越小，这意味着应该分配一个更短的码字。

与视频编码和解码类似，音频编码和解码的主要功能是对数字化后的声音信息进行压缩。音频信号的压缩主要是基于人耳的以下听觉特征：

(1)听觉的掩蔽效应。对于人类的听觉来说，一种声音的存在会掩盖另一种声音的存在，这种掩蔽效应是一种比较复杂的心理和生理现象，包括人耳的频域和时域掩蔽效应。

(2)人耳对声音的定向特性。耳朵几乎无法弄清频率超过2 kHz 的声音信号的方向，因此没有必要重复存储立体声广播的高频成分。

数字图像压缩有不同的国际标准，其中：H.261，主要用于电视会议；JPEG 标准，主要用于静态图像;MPEG 标准,主要用于连续图像。至于 HDTV 视频压缩编码和解码标准,MPEG-2 标准已经并仍在世界各地广泛使用。至于音频编码,MPEG-2 标准在欧洲和日本使用。美国已经采用了杜比 AC-3 方案,并以 MPEG-2 作为替代方案。随着压缩技术的进步,其他优秀的视频压缩标准,如 H.264、MPEG-4、AVS 和 H.265,已经宣布在相同的图像质量下具有更高的压缩率。因此,视频传输所需的带宽可以进一步减少。

2. 复用层

复用层将几个压缩的信息流复用为一个单一的信息流,这使得通过一个模拟电视通道传输所有这些数据成为可能。对于来自发射机一侧的数据流,复用层数据包根据一定的规则将视频、音频、辅助数据等编码器输出的所有信息流处理并复用为一个流,然后在频率上变频之前将这个流送入信道编码和调制模块。复用层是确保数字电视系统的可扩展性、可伸缩性和互动性的基础。在模拟电视系统中不需要复用,因为视频和音频信号分别进行调制和传输。以广泛使用的 MPEG-2 作为数字电视复用传输标准的例子,复用后的数据格式为传输流(TS)格式,固定数据包长度为 188 字节。TS 流便于频道传输,用于指示和同步的各种时间标签可以很容易地插入到 TS 流中。

付费电视现在非常流行,也被广泛认为是未来电视的一个重要功能。复用层通过 CA 帮助支持这一功能:对分组的节目数据进行加扰,这样未经授权的接收器就无法对数据进行解扰并检索到原始流。

3. 传输层

在地面数字电视广播系统中,传输层主要由信道编码和信号调制功能块组成,它们是数字电视传输系统性能的主要决定性因素。不同的地面数字电视广播系统采用不同的前向纠错编码和调制方案,其总体原理图见图 2-4。级联纠错码,包括外纠错码、时域交织码、内纠错码、时域和/或频域交织码,基本应用于纠错编码模块。对于现有的地面数字电视广播系统,有两种调制技术:单载波和多载波调制。美国 ATSC 和 DTMB 系统(参数 C = 1)是使用单载波调制的系统的例子,而欧洲 DVB-T 系统(使用编码 OFDM)、日本 ISDB-TBST 系统(使用分段式 OFDM 技术)和 DTMB 系统(C = 3780)(使用 TDS-OFDM)则是使用多载波调制的系统的例子。

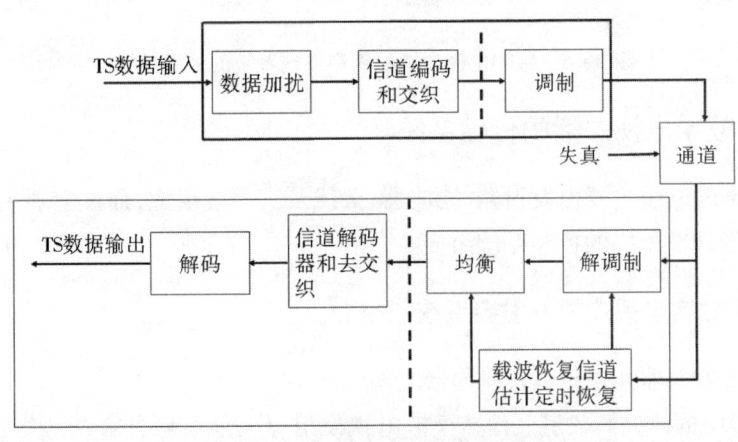

图 2-4 数字电视的传输层

本节大致介绍了压缩层和复用层,让读者了解一般原理,从而对数字电视系统有一个完整的认识。这两层与传输层之间的关系,如图2-5和图2-6所示。

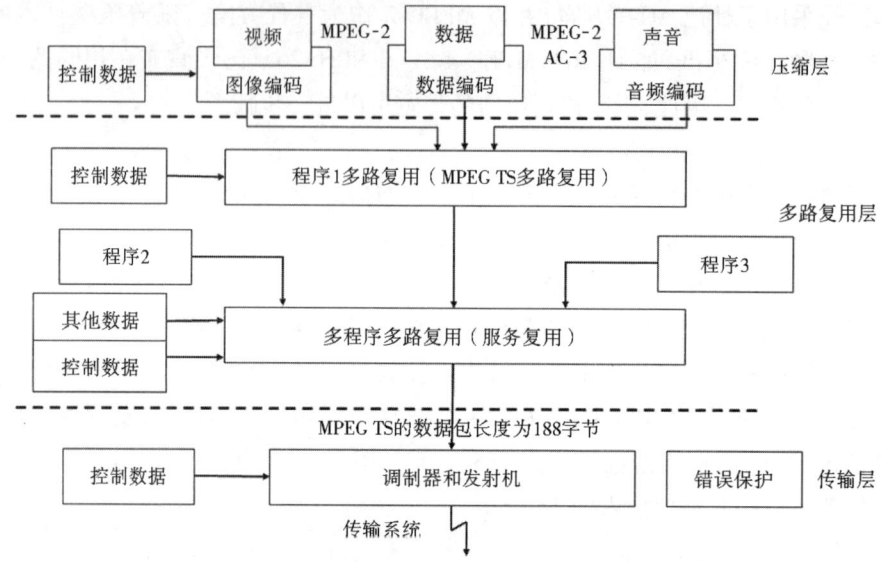

图2-5 数字电视广播的头端发射系统的分层结构

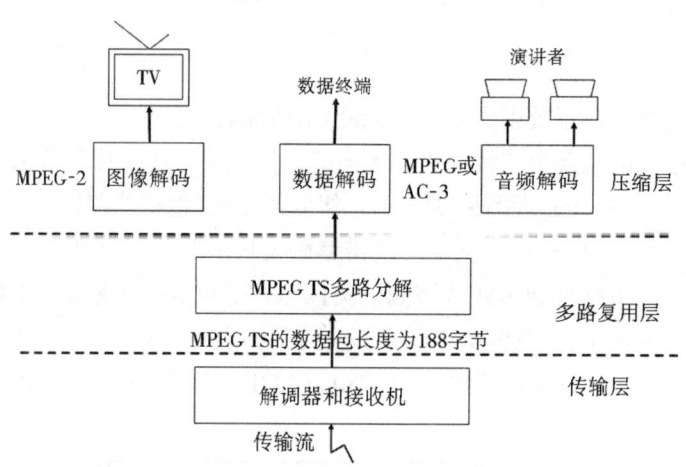

图2-6 数字电视广播的用户终端系统的分层结构

2.1.3 地面数字电视广播的传输系统

地面电视传输系统主要由发射器、滤波器、天线及其馈线组成,而发射器主要由激励器、功率放大器和冷却及相应的控制系统组成。

2.1.3.1 地面数字电视广播发射器系统

1. 数字电视发射器和模拟电视发射器之间的区别

(1)发射器中的放大器数量。建造模拟电视发射器一般有两种方法。一种是模拟输入的视频和音频信号在相应的载波上被调制,之后被放大。然后这两个信号在送入发射天线之前由双工器合并，即所谓的单独放大的双通道发射器。另一种是联合放大的单通道发射器。视频和音频信号在调制后被合并，然后由一个放大器放大，再送入天线。数字电视发射器的输入信号通常采取 TS 格式，它已经结合了视频和音频数据，因此，发射机只需要一个开放大通道。

（2）每个射频通道的电视节目数量。一个模拟电视发射器（不管是单独放大还是联合放大）只能支持一个电视节目。但对于数字电视发射器来说，一个 TS 输入通过复用可以包含一个以上的电视节目。

（3）不同的调制方法。对于模拟电视发射器，边带幅度调制一般用于视频信号，而频率调制则用于音频信号。数字电视发射器的调制方案不限于 QPSK、16QAM、64QAM 等。

（4）载体的数量。模拟电视发射器有视频和音频载波，而数字电视发射器则可以是单载波或多载波。

（5）输出功率的不同定义。模拟电视发射器的标称功率 P_{syn} 是在同步信号的峰值处测量的功率，而数字电视发射器的标称功率是平均信号功率 P_{RMS}。此外，数字电视信号的接收阈值比模拟电视信号的接收阈值低得多，为了保持相同的覆盖范围，数字电视发射器的发射功率可以比模拟电视发射机低 10 dB。在大城市，数字电视发射器的典型功率水平在 1~3 kW 范围内，用于单频网运行。

（6）峰值平均功率比的差异（PAPR）。对于模拟电视发射器，有两个 PAPR 值。一个是指 P_{syn} 与平均信号功率的比率，在发射器发送黑场信号时测量。PAPR 大约为 1.68（2.25 dB）。另一个是指正常的模拟广播条件。当镜像载波发送 0 dB 功率、声音载波发送 -10 dB 功率、色度副载波发送 -16 dB 功率（均相对于 P_{syn}）时，PAPR 为 2.2（3.4 dB）。数字电视信号的 PAPR 比模拟电视信号的高得多。测试结果表明，DVB-T 的 PAPR 约为 9.5 dB。DTMB 多载波模式的 PAPR 约为 9.72 dB，双试点的单载波模式为 7.01 dB。这些数字是在概率为 99.99% 的 16QAM 调制条件下得出的。

（7）不同的技术要求。模拟电视发射器的性能是由差动增益、差动相位、亮度非线性、互调失真（IMD）等来评价的。而数字电视发射器的性能是由调制误差率（MER）、肩距等来评估的。

（8）不同的无用辐射频谱。模拟电视发射器的无用带外辐射具有离散的频谱，主要包括二阶和三阶谐波，而数字电视发射器的辐射具有连续的频谱和谐波。

2. 地面数字电视广播发射器的结构

数字电视发射器的输入 TS 包含视频和音频信息，并将对其进行频道编码。在所有的基带处理之后，基带数字信号被调制到所需的载波上，经过过滤，然后被发送到天线上。功能模块包括激励器、功率放大器、功率分配器和合成器、滤波器、控制系统、电源系统、冷却系统、反馈回路等。它通常组装在一个标准的机箱中，最大发射功率可达 4 千瓦，重量约 600 公斤。数字电视发射器比它的模拟器要小。图 2-7 是数字电视发射器的方框图。

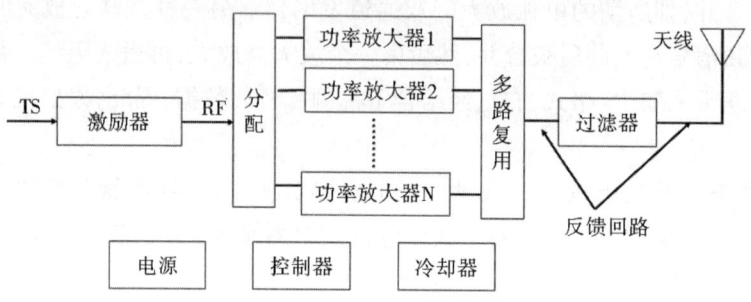

图2-7 数字电视发射器的方框图

2.1.3.2 地面数字电视广播激励器

激励器是数字电视发射器的核心部分,其主要功能是按照技术标准对载波上的信号进行调制。为了减少电路非线性带来的失真,激励器还具有校准功能,如预测失真电路。

1. 地面数字电视广播激励器的结构

地面数字电视广播激励器主要由基带处理器、D/A、频率合成器和升频器、射频输出放大器和监测系统组成。对于不同的地面数字电视广播标准,其主要区别在于激励器的基带信号处理模块。DTMB激励器的方框图见图2-8。

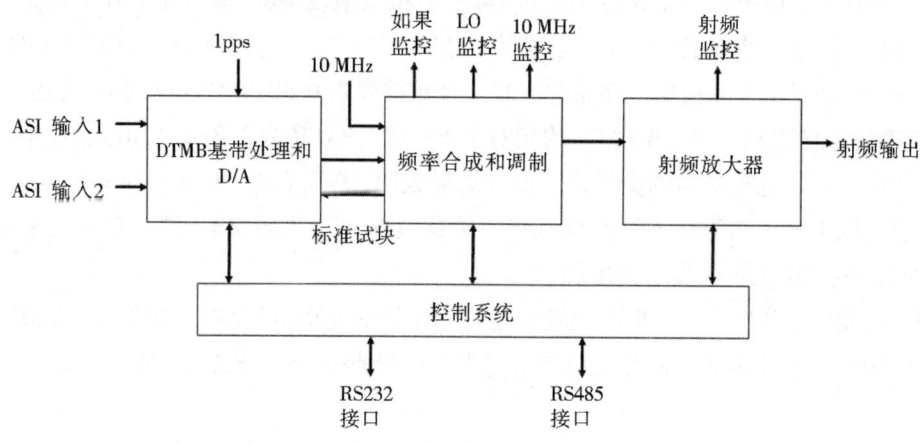

图2-8 DTMB激励器的方框图

激励器的输入信号采用异步串行接口(ASI),经过信道编码、调制、其他基带处理和上变频。频率合成器、升频器和射频输出放大器的模块与模拟电视激励器类似,激励器的工作模式取决于基带处理参数。

2.1.3.3 功率放大器

功率放大器用于在信号被发送到天线之前将调制的RF信号放大到期望的功率水平。功率放大器占据了发射机机架的主要空间。前期用于VHF频段的功率放大器多为平面四极管,单管输出功率一般为10 kW。大多数速调管和IOT(感应输出管)用于UHF波段,单管输出功率高达30~40 kW。真空管的电源电压通常从几千伏到20,000伏。由于所施加的电压高,它具有寿命短、体积大和维护风险高的缺点。当全固态发射机在20世纪90年代出现时,情况发生了变化。

在过去的几十年里,固态元件和器件的技术不断突破,单管的输出功率已经大大增加(耗散功率达到300 W)。由于具有低工作电压(28~50 V)和长寿命的优点,现在大多数发射机在整个电视广播频段都使用晶体管和FET等固态器件。由于其高放大增益和卓越的稳定性,MOSFET(金属氧化物半导体场效应晶体管)正成为最受欢迎的选择。

数字电视发射器的功率放大器通常由一个三级放大器组成。第一和第二级是前置放大器,它产生足够的功率来驱动功率放大器的最后一级,由几个平行放大分支组成。一般来说,前置放大级的放大器工作在A类模式,最后一级的放大器工作在AB类模式。

激励器的输出在通过分压器后被送到功率放大器。该装置的平均射频输入功率约为0.5 mW。如果增益为50~60 dB,放大后的信号将接近500 W。功率放大器通常是并联工作的,这样即使一个功率放大器出现故障,其他功率放大器仍能很好地工作,以保证连续的服务运行。如果这种情况发生,发射机的输出功率将低于预期值,这时激励器的补偿功能将被停止。

在大电流下工作的功率放大器会产生大量的热量,然后辐射到环境中,必须进行冷却。冷却功率放大器的方法一般可分为两类:空气冷却和液体冷却。空气冷却的功率放大器有大量的散热器,通过发射器的排气和强制供气系统实现冷却。虽然结构简单,但它往往会变得很脏,且很难清洗,通常会有很大的噪声。液体冷却功率放大器配备了一个内部冷却剂循环管道,与冷却系统的主管道相连(卡套式导管连接)。在进行更换时,不需要关闭液冷发射器和循环冷却装置。其他优点包括没有液体泄漏,不容易被环境污染,操作干净、安静。缺点是系统结构复杂,运行成本高。

功率放大器及其电源既可以集成到一个模块中,也可以单独放置。直流电源模块由三相380 V交流电提供。

此外,数字电视发射器的功率放大器要求具有良好的参数一致性,以确保最小的互调失真和提高整体效率。

2.1.3.4 多路复用器

多路复用器也被称为信道组合器,其功能是将工作在不同频率的多个发射器的输出信号组合起来,并通过一根天线发射这些信号。这就要求对来自不同发射器的信号必须做到无干扰。由于发射塔上的天线数量相当有限,大多数数字电视信号必须与现有的模拟电视信号共用天线播出,多路复用器已成为数字电视广播系统中最常用的设备之一。

最基本的多路复用器是双通道组合器,也被称为双工器。多路复用器可以通过基于某些规则的双工器的组合得到。常用的多路复用器结构包括星型、恒定阻抗型(桥型)和延迟线型(相位敏感)。

1. 星型复用器

星型复用器由滤波器、多端口接触点和相关连接线组成。所有的发射器在通过滤波器后连接到星型多路复用器,最终与天线相连。滤波器包括带通滤波器和阻带(陷波)滤波器,所以星型复用器可以是带通型或陷波型。

图 2-9 给出了带通星型双工器的原理图,其中 S 是星型触点。工作在频率 F1 的发射器 1 通过带通滤波器 BPF1 和连接线 L1 与 S 相连,而工作在频率 F2 的发射器 2 则通过带通滤波器 BPF2 和连接线 L2 与 S 相连。为了确保这两个发射器之间的隔离,如果从 S 点向左看,频率 F2 的阻抗应该是无穷大(即开路);如果从 S 点向右看,频率 F1 的阻抗也应该是无穷大(即开路)。这一要求可以通过调整 L1 和 L2 的线长来满足。同样,当有两个以上的发射器连接到多路复用器时,必须优化连接线的长度以确保不同发射器之间的信号隔离。以连接三台发射机到星型复用器为例,对于任何一个支路 X,来自任何其他支路的阻抗都应该对这个通道开放,这是不容易实现的。此外,星型接触的带宽有一定的限制,通道间距应尽可能大,以保证所有通道之间有足够的隔离。这意味着组合通道的数量不能太多,例如,在 UHF 频段内,如果这些通道相对较近,就可以有四个。

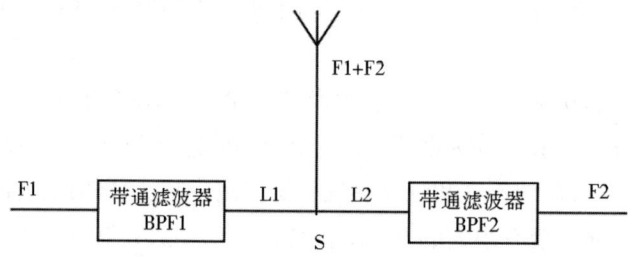

图 2-9 带通星型双工器示意图

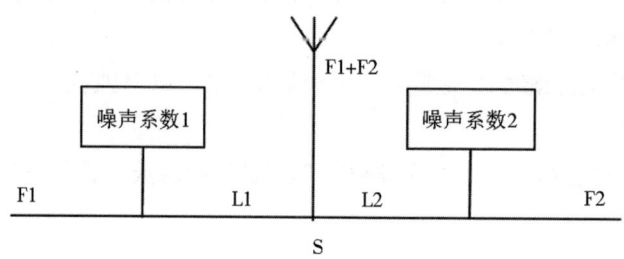

图 2-10 陷波星型双工器示意图

陷波星型双工器的原理与带通星型相似(如图 2-10 所示),不同的是,当通道数增加时,每个通道的连接线上的陷波滤波器的数量应增加。槽口型多路复用器一般用于合并两个通道。

2. 恒定阻抗型复用器

恒定阻抗型复用器也可分为两种类型:恒定阻抗带通型(CIB)和恒定阻抗陷波型(CIN)。

图 2-11 是恒定阻抗带通双工器的原理图,由两个 3 dB 定向耦合器(D1、D2)、两个带通滤波器(B1、B2)、一个平衡负载和连接馈线组成。输入信号 F1 从端口 1 到达 3 dB 定向耦合器 D1,并从端口 2 和 4 输出两个功率为原来一半的信号,其中端口 2 的信号与端口 1 的输入相位相同,而端口 4 的信号与端口 1 的输入相比滞后 90°。然后这两个信号通过带通滤波

器 B1 和 B2 到达 D2 的端口 2′和 4′。由于 B1 和 B2 具有相同的 F1 工作带,而且端口 4′与端口 3′具有相同的相位,而端口 2′相对于端口 3′滞后 90°,这两个同相信号被合并从端口 3′输出,而端口 1′没有信号。

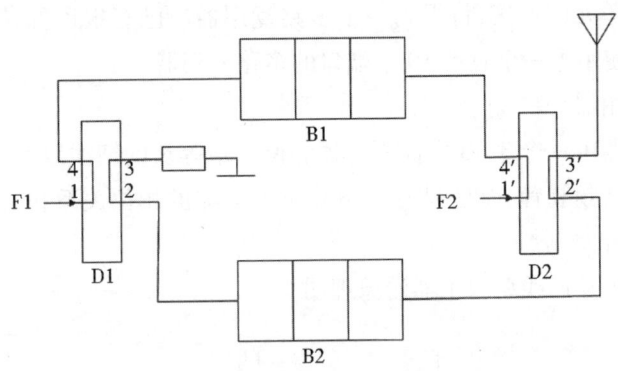

图 2-11　带通的恒定阻抗双工器示意图

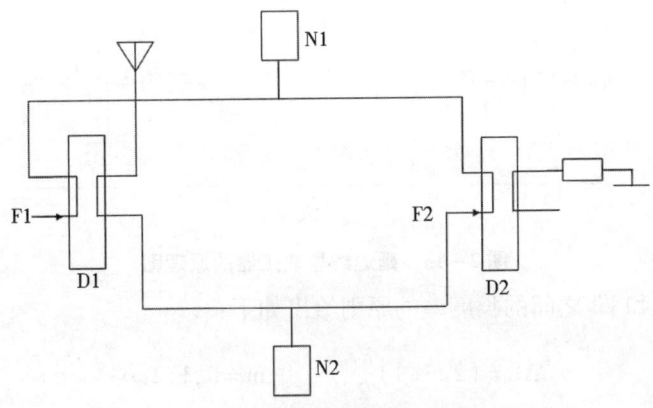

图 2-12　陷波的恒定阻抗双工器示意图

输入信号 F2 从端口 1′到达 3 dB 定向耦合器 D2,从端口 2′和 4′输出两个功率为原来一半的信号,它们从带通滤波器完全反射回 D2。这两个信号合并后从端口 3′输出,而由于特定的相位关系,没有来自端口 1′的信号。

由于 D1 的端口 1 只用于输入信号 F1,它被称为窄带输入端口。由于 D2 的端口 1′可以用来输入除 F1 以外的所有信号,所以它被称为宽带输入端口。

一般来说,3 dB 定向耦合器可以提供超过 30 dB 的隔离度,所以从窄带端口到图 2-11 所示双工器的宽带端口的隔离度将大于 30 dB。从宽带端口到窄带端口的隔离是由 3 dB 定向耦合器和带通滤波器的带外衰减提供的,在双工器应用于非相邻信道的情况下,它高达 60 dB。为了进一步提高从窄带端口到宽带端口的隔离度,可以在宽带端口使用一个额外的带通滤波器。

在完美的对称系统结构条件下,3 dB 定向耦合器有助于确保这种复用器在宽频带内的窄带和宽带端口的反射最小。这种恒定阻抗特性是它被命名为恒定阻抗多路复用器的原因,并有助于吸收发射器频带外的杂波。

图 2-12 是一个恒定阻抗陷波双工器的原理图,其结构和工作原理与带通对应器相同,只是滤波器改为带阻。

图 2-11 和图 2-12 所示的双工器也被称为桥接单元,其输出连接到下一个单元的宽带端口。通过几个单元的连接,将得到一个多路复用器。已有报道称,有研究者在 UHF 频段的 DTTB 系统中使用了一个具有 10 个端口的多路复用器。

3. 延迟线型复用器

延迟线型复用器由一个 3 dB 定向耦合器和两个不等长的馈线以及一个平衡负载组成,不使用滤波器作为选频装置,而是利用 3 dB 定向耦合器的相位关系和两个馈线的具体长度差来实现选频和组合。

图 2-13 给出了延迟线型双工器的原理图。

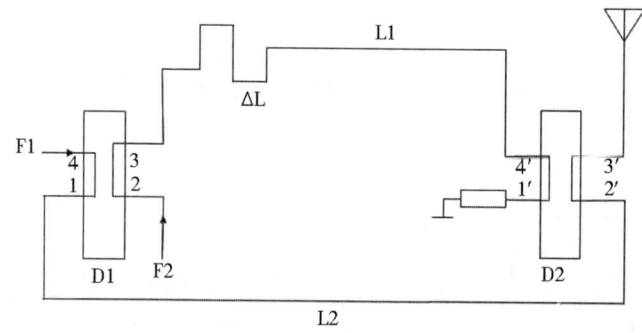

图 2-13 延迟线型双工器的原理图

选择馈线 L1 和 L2 之间的长度差的原则给出如下:

$$\Delta L = (2m+1)\frac{\lambda_1}{2} \quad m = 0,1,2,\cdots \quad （公式2-1）$$

$$\Delta L = n\lambda_2 \quad n = 0,1,2,\cdots$$

当 ΔL 满足上述关系时,波长为 λ_1 的信号 F1 通过馈线 L1 和 L2 后将产生 $(2m+1)\pi$ 的相位差,波长为 λ_2 的信号 F2 经过 L1 和 L2 后将产生 $2n\pi$ 的相位差。

F1 的输入来自 3 dB 定向耦合器 D1 的端口 1,可以得到两个功率各为一半的信号,然后从端口 2 和 4 输出,端口 2 的输出与端口 1 输入的相位相同,端口 4 的输出与端口 1 输入相比滞后 90°。这两个信号通过两个馈线到达 D2 的端口 2′和 4′。由于 ΔL 的存在,端口 2′的信号比端口 4′的信号滞后 90°。然后两个信号被 D2 合并,从端口 1′送入天线。F2 的输入来自 D1 的端口 3,输出来自端口 2 和 4,端口 2 的输出与端口 4 的输出相比滞后 90°。这些信号通过两个馈线到达 D2;由于 ΔL 不产生相对于 F2 的相位差,到端口 2′的信号仍然比端口 4′的信号滞后 90°,两个信号合并后送入天线。

延迟线型复用器具有结构简单、可调元件少、性能稳定、成本低的特点,因为它不包含任何空腔滤波器。然而,在没有滤波器的情况下,隔离效果很差,所以在 UHF 频段工作时,通常需要至少三个信道。

延迟线型双工器也可以串联起来,形成一个多路复用器。但串联的双工器越多,其通带就越窄,优化长度 ΔL 就越困难。

2.1.3.5 发射天线

天线被认为是传输系统中的无源设备。一般来说,数字电视和模拟电视的天线系统没有本质区别。目前,大多数电视发射站都是共用天线广播数字电视和模拟频道。但是,数字电视广播的某些技术规格仍然需要针对其独特的特点进行特殊考虑,因此对设备的要求与模拟电视广播不同。这些特殊规格完全决定了数字电视频道是否可以方便地添加到主要用于模拟电视广播的现有天线系统中,或者需要对系统的部分进行升级。

1. 系统功率容量

天线系统一般包括主馈线、功率分配器、分支馈线、天线振荡器和其他辅助馈线设备。功率容量是指系统所能承受的最大功率,其值取决于系统中各个部件的功率容量的最小值。一般来说,系统功率容量可由峰值功率容量和平均功率容量来表征。峰值功率容量是设备电介质发生电压击穿时的信号功率,而平均功率容量是系统在达到加热极限前所能承受的功率。在评估系统的功率容量时,这两个参数必须同时考虑。

模拟电视信号的功率是指单个射频周期内同步的平均信号功率,也称为额定功率。平均信号功率随着内容的变化而变化,不会提供太多有用的意义,而脉冲同步期间的功率是一个常数。额定功率是模拟电视信号的峰值功率。相比之下,数字电视的平均信号功率是一个常数,而瞬时峰值功率并不能提供有意义的分布特征。因此,数字电视信号的功率是以平均功率为特征的。数字电视信号的峰值与平均功率之比要高得多,即使概率很低,它对天线和馈电系统的影响也是不容忽视的。

2. 计算共用一个天线的多个通道的综合信号功率

当使用多路复用器进行频率组合时,必须正确计算天线系统接收的总信号功率,包括多路信号的相位关系。在实践中,组合信号功率的值可以根据同相叠加的条件通过下式计算,以确保最大可能的安全性:

$$P = (\sqrt{P_1} + \sqrt{P_2} + \sqrt{P_3} + \cdots)^2 \qquad (公式2-2)$$

其中 P 是组合信号的峰值功率,单个信号功率为 $P_1, P_2, P_3, \cdots$。

在公式 2-2 中,假设所有的单个信号都是同相叠加的,所得的数值是可能的最大信号功率。实际上,信号之间的相位关系比较复杂,取决于频率,完全同相叠加几乎是不可能的,所以实际总功率小于这个值。一般来说,公式 2-2 是用来计算最大峰值功率的,而不是计算平均功率。公式 2-2 的结果是相当保守的,超过这个值的系统功率在实践中永远不会发生。然而,从功率效率的角度来看,这种评估方法可能显得过于保守,因为这是一个概率极低的事件,多通道信号出现同相叠加的概率更低。在实践中,组合信号达到峰值功率的概率可以通过使用统计方法得到。这有助于确定满足安全要求且不太保守的系统功率容量值。例如,如果使用贝塔分布模型进行计算,得出的组合信号的峰值功率容量比直接叠加法低 2~4 dB。所需系统功率容量的减少大大降低了设备选择和系统升级的成本。

关于系统余量,在考虑驻波比(SWR)、阻抗补偿和元件老化等因素对系统功率容量的影响时,在系统设计中需要40%左右的余量。

3. 带宽

现有模拟电视系统的天线通常是为单通道操作而设计的,因此当包括附加通道时,其技术规格不能满足要求。如果新的信道被引入系统,必须进行系统带宽评估,并且需要替换那些没有足够带宽的组件。大多数情况下,限制带宽的元件是功率分配器、同轴适配器和调谐元件。分支馈电电缆的长度也可能导致差的辐射图,因为它不是为新引入的信道优化的,并且应该基于对原始和新引入的信道的优化来进行替换。

4. 天线系统的匹配

对于模拟电视广播,如果由于发射天线系统的匹配不良,射频信号反射过高,画面质量将受到重影效应的影响。此外,由于发射功率往往比较高,过度反射形成的高压驻波甚至可能损坏设备。因此,模拟电视信号传输对天线系统匹配的要求普遍较高,尤其是大功率发射台,往往要求天线系统的 SWR 低于 1.1。

与模拟电视广播相比,数字电视发射器的信号功率一般较低,由于数字电视系统的抗多径干扰和纠错能力,不会出现重影效应。因此,专用于数字电视信号传输的天线系统的匹配要求可以适当放宽。普遍接受的规范是系统 SWR 小于 1.2。

2.1.4　地面数字电视广播的信号接收

2.1.4.1　物理地面数字电视广播通道的主要影响因素

成功接收地面数字电视广播信号的影响因素包括以下几点:

(1)菲涅尔区。菲涅尔区是以物理学家奥古斯丁·让·菲涅尔(Augustin-Jean Fresnel)的名字命名的。它来自圆形孔径的衍射。第一个(最里面的)菲涅尔区的横截面是圆形的,而随后的菲涅尔区的横截面是环形的(与第一个同心)。为了提高接收器的信号强度,必须通过消除射频 LOS 中的障碍物来最大限度地减少非相位信号的影响。最强的信号是在发射器和接收器之间的直接路径上,并且总是位于第一个菲涅尔区。

(2)反射。射频信号可能会被建筑物和其他障碍物反射,特别是地下隧道。由于主路径和反射信号之间的相位差,接收信号的质量一般会下降。

(3)折射。当射频信号通过一种介质传输到另一种介质时,会发生折射,这是由空气温度变化、大气层变化和空气密度变化引起的。一般来说,空气的折射率与空气密度成正比。

(4)温跃层和反转层。不同大气层的空气温度在一天中是不同的,这使得射频信号的传输特性不同。这些特性会在几分钟内发生变化,最大的影响来自温跃层和反转层。在有大面积水体的地方(如海洋、湖泊)会产生温跃层。在冬季,城市的温度通常高于其周围地区,在下降的中间形成高温空气层。因此,温线层可能会引入近 20 dB 的衰减。

2.1.4.2　固定接收

固定接收是指用屋顶上的定向天线接收地面数字电视广播信号。定向天线的增益有助于在接收器处提供比全向鞭状天线更好的信号强度。固定接收的天线高度一般为 10 米,这样的接收条件通常在农村地区。

对于固定接收场景,信道模型相对简单,因为多径衰落不是太关键,并且可以实现相当好的接收性能。

2.1.4.3 便携式接收

便携式接收需要一个直接连接到接收器的小型天线。如可伸缩的鞭状天线或更复杂的天线,甚至可以安装在接收机内部。便携式接收通常被进一步定义为两种类型,即 A 和 B。

在 A 类便携式接收情况下,接收器放在室外,天线高度不低于 1.5 米,或放在场强与室外相近的室内高层。穿透建筑物而造成的信号强度损失被称为建筑物穿透损耗。如果房子在地面上,建筑穿透损失是相当大的,并随着建筑高度的增加而减少。

在 B 类便携式接收情况下,接收器在室内,靠近地面,但接收器所在的房间里有离地面不低于 1.5 米高的窗户。在这种情况下,建筑物对接收信号的穿透损耗相当大,所需的场强比 A 类便携式接收方案要高。

便携式接收只允许使用小型天线,这就限制了支持成功接收的天线增益,特别是在 B 类便携式接收条件下,因为场强会因穿透损耗而大大衰减。

2.1.4.4 移动接收

移动接收是指发射器和接收器有相对运动的情况,通常使用车载全向鞭状天线。移动接收一般需要更高的场强才能成功接收,OFDM 等有助于消除多径衰减的调制方案,更适合这种类型的应用。此外,也可以应用分层调制技术。

移动接收应用的信道模型通常被认为是雷利信道与移动终端运动的多普勒频移相结合(取决于信号频率和终端移动速度)。因此,在网络规划期间需要为移动接收提供更高的系统余量,以提供令人满意的移动接收性能。

2.1.5 数字移动多媒体电视广播系统

2.1.5.1 简介

随着模拟电视向数字电视转换的全面展开,广播业进入了另一个黄金时代。随着对移动多媒体服务需求的不断增加,移动多媒体广播也被称为"移动电视"或"移动广播",已被提出并成功部署。移动多媒体服务可以通过两种方式提供。第一种是由电信网络提供,它可以在现有的移动电信网络基础上为用户提供个性化的服务。这基本上是点对点的传输,结合了移动电信和流媒体技术。另一种是由广播网络向覆盖区域内的所有用户的手持设备提供节目,这在本质上是点对多点的传输。显然,基于移动电信网络的移动电视具有按需服务的特点,支持双向链接的个性化服务。这种方案的缺点是服务成本较高,而且由于网络拥堵,数据传输率可能较低。基于广播网络的移动电视正好有相反的特点:优点是服务成本低,传输数据率高,没有网络拥堵;同时,因为没有双向链接,它不能支持互动性,因此对个性化服务的支持很差。

　　与地面数字电视广播系统类似,数字移动多媒体广播系统被设计为通过无线信道(地面的 VHF/UHF 频段,卫星网络的 S 或 L 频段)进行高数据吞吐量(支持多种低数据速率的服务)传输。因此,它很自然地继承了现有地面数字电视广播系统的一些重要特征,如帧结构、信道编码和调制技术等。这种相似性是好的,因为人们可以利用地面数字电视广播系统中的技术来建立移动电视系统,或者通过选择适当的系统参数来设计一个可以同时支持地面和移动电视服务的系统。此外,尽管每个节目的传输速率降低,但数字移动多媒体广播传输系统在网络覆盖、移动接收性能、业务管理的灵活性、终端功耗等方面仍然面临着严格的要求,在部署单片机时应更加谨慎。所有这些都要求必须对地面数字电视广播系统的传统传输方案进行相应的修改(或重新设计)和优化。

　　我们很容易意识到为数百万用户提供移动电视服务是多么重要,整个市场将变得多么大,来自电信业的竞争将多么激烈。广播业,特别是那些负责现有地面数字电视广播标准的组织,正在积极探索升级和演进现有的地面数字电视广播系统或者开发新的系统,以利用现有的基础设施容纳移动电视服务。在 DVB-T 基础上开发的 DVB-H(数字视频广播手持机)被认为是第一个大的努力。它于 2004 年 11 月被欧洲电信标准协会(ETSI)正式批准为欧洲移动电视标准,成为 ETSI 标准 EN302304。2008 年 3 月,DVB-H 被欧盟正式认可为"地面移动广播的首选技术"。与 DVB-T 相比,DVB-H 终端的功耗要低得多,移动接收和抗干扰性能优越。该标准适用于通过 DVB-T 网络向手机、PMP(便携式多媒体播放器)和笔记本电脑等便携式或手持式设备提供移动多媒体广播服务。尽管在技术上 DVB-H 和中国多媒体移动广播(CMMB)是非常可靠的系统,但遗憾的是它们的商业化并不成功。人们普遍认为,缺乏频谱以及商业模式和其他系统的激烈竞争是其失败的主要原因。

　　高级电视系统委员会(ATSC)标准最初的设计目标是使用屋顶天线固定接收 HDTV 节目。因此,在无线环境中面临多普勒频移和多径干扰时,接收机功耗通常较高,移动接收性能较差。这意味着需要修改 ATSC 标准以支持移动电视服务。ATSC 早在 2007 年就开始了对移动多媒体广播系统的研究,并于 2009 年 10 月 15 日正式宣布 ATSC-M/H(ATSCA/53 的扩展)为美国的免费移动 DTV 标准。ATSC-M/H 没有使用原来 ATSC 网络的新频道,而是在同一频道中结合现有的地面 ATSC 服务提供新的移动电视服务(这与 DVB-H 的情况正好相反),这成功激发了美国电视广播公司的极大热情。到 2010 年初,ATSC-M/H 信号已在美国 20 多个大城市广播,覆盖了约 30% 的地区和约 70% 的人口。与此同时,蒙特利尔 12 家电视台和墨西哥 1 家电视台开始播出该节目。ATSC-M/H 在北美发展得如火如荼。迄今为止,近 300 个电台播放了 ATSC-M/H,覆盖了美国近 80% 的人口。

　　2006 年 10 月 24 日,中国国家广播电影电视总局(SARFT)决定选择 CMMB(中国移动多媒体广播)系统作为中国的广播行业标准,它是基于卫星和地面互动多业务基础设施(STiMi)技术的方案。2007 年 8 月至 2008 年 5 月,广电总局发布了移动多媒体广播行业标准的七个部分,包括广播信道帧结构、信道编码和调制,复用,电子业务指南,紧急广播,数据广播,条件接收系统技术规范以及接收解码终端技术要求。从2007年10月开始,CMMB系统在北京、上海、天津、沈阳、青岛、秦皇岛6个奥运城市及广州、深圳等进行了现场试验和部署。该广播在2008年8月与DTMB一起在北京奥运会期间正式启动广播,CMMB服务也逐渐扩展到全国。目前,CMMB网络已覆盖中国300多个大城市。

2.1.5.2 DVB-H 系统

第一代DVB-T系统最初不是为移动接收设计的。虽然DVB-T确实可以支持移动环境下的低清晰度节目的移动接收,并且DVB-T解调器芯片可以内置于一些蜂窝手机中,但由于接收功耗比较大,移动终端通过DVB-T网络接收这些地面数字电视节目并不理想。DVB组织一直在研究移动接收的技术方案,不仅是数字电视节目,还有其他各种服务。这项工作的启动是希望能提出一个解决方案,以确保使用基于DVB-T标准的手持设备在SFN下的可靠和强大的移动接收功能。2002年,该系统的主要要求为:为便携式和移动设备提供"可接受的质量"的广播服务;典型的用户环境,包括地理覆盖和移动无线电;在高速访问车辆中的服务(也包括穿越小区时的无感知切换);传输设备共享现有DVB-T标准的最大兼容性,以便共享网络和传输设备。

2004年11月,DVB-H标准(手持式数字视频广播)被采纳为ETSI标准EN302304,其给出了向移动手机提供移动广播服务(未来还有其他多媒体服务)的技术规范。

通过在DVB-T标准中加入更多的功能,DVB-H标准确保手机等便携式设备能够稳定地接收广播电视信号和其他多媒体服务。DVB-H标准采用了一些新的技术,如时间切片以降低手持设备的功耗,增加了4K传输模式(即FFT大小大致为4K),使用深度符号交错器,MPE-FEC(多协议封装前向纠错)等。所有这些新引入的技术进一步提高了系统在移动和噪声环境下的稳健性。为了向用户提供交互式移动宽带服务,DVB-H还能够选择使用移动电信网络作为返回通道。

与主要用于固定接收的DVB-T不同,DVB-H标准支持具有较小天线的手机等终端,这为移动应用提供了相当大的灵活性。尽管DVB-H是一个基于DVB-T的标准,但它成功地满足了以下特殊要求:

(1)由于接收终端是由电池供电的,它能够周期性地关闭部分接收电路,以节省电力并最大限度地延长电池寿命;

(2)漫游用户在进入新的服务区时能够成功接收DVB-H服务;

(3)该传输系统能够确保在不同的接收环境下,如室内、室外、步行和移动的车辆中,以不同的移动速度顺利接收服务;

(4)该传输系统能够有效减少传输环境中各种冲动干扰的影响;

(5)该传输系统可以为各种应用的不同传输数据率和通道带宽提供足够的灵活性。

2.2 数字出版

2.2.1 数字出版概念界定

数字出版是基于互联网、计算机与多媒体等技术环境下的一种新的出版形态。它既是一个新的出版概念，同时也是一种新的出版方式和手段，包括出版内容、属性、产品、生产流程及经营管理。作为一种新生事物，数字出版的理论研究和实践活动仍处在不断探索之中，人们对数字出版这个最基础、最关键的概念及其传播模式、发展趋势还存在一些模糊不清的认识，这在一定程度上影响了数字出版内容的生产与传播。因此，深入探讨数字出版的本质与概念、厘清其内涵与外延、分析数字出版内容的国内国际传播特点，有助于数字出版内容传播者对内容生产与传播模式进行认真思考，从而为数字出版内容传播的研究与发展奠定坚实的理论基础。

界定数字出版并非易事，之前已有无数学者与从业者从不同侧面对数字出版进行了理解、诠释和定义。数字出版的萌芽可以追溯到1951年，当时，美国麻省理工学院的P. R. 巴格利对利用计算机检索代码做文摘进行了可行性研究，此项研究和尝试导致了"电子出版物雏形"的诞生，后来被认为是数字出版的发轫，但其实跟现在的数字出版差距很大。

数字出版的发展历程是随着数字产品的形态变化而不断变化的，数字出版的理解和界定也随着人们对它认识的深化而不断变化。具体而言，数字出版这一专属词汇经历了从电子出版到网络出版再到数字出版的短暂过程。说其短暂，主要是因为中国真正开始研究电子出版并不久远。知网中最早以"电子出版"为主题的论文见于1985年的《电子出版物》，最早以"网络出版"为关键词的论文为1993年发表的《国外出版业新趋势——网络出版》，而最早以"数字出版"为关键词的论文为2000年发表的《从电子出版到数字出版》。由此可以推断，包括电子出版在内的数字出版研究不过是近三十年的事情。加之数字出版所包含的数字版权、数据库、数字图书馆、信息服务、教育解决方案等多形态呈现的复杂性，导致了人们对其界定的差异性、多样性及不确定性。

在电子出版这一概念流行的时候，日本电子出版协会对电子出版的定义侧重于对出版过程电子化的描述，称其为"将文字信息、图像信息等数字化，设计、建立能够随机读取的数据库，通过编辑软件对创作的作品进行编辑，并通过电子媒体进行出版的行为"。而《不列颠百科全书》对电子出版的界定试图涵盖几种最为典型的电子出版形态，称其为"计算机网络或磁盘上的出版。指以计算机可读的形式生产文献，并通过计算机网络或者其他载体如CD-ROM等发行"。彼时的电子出版概念主要停留在以计算机单机和CD-ROM为载体的出版形态研究上。

技术的发展总是令人惊叹。互联网很快超越CD-ROM成为出版物的新载体，网络出版迅速进入研究者与实践者的视野，甚至信息通过互联网向大众传播的过程也可以叫作网络出版，这一理解已经打破了传统出版的概念与规则，但还有更加彻底的观点："以数字化为技术手段,通过包括互联网、移动电话、交互式电话在内的所有电子信息渠道进行图、文、声等的一种传播流程,称为网络出版。完整的网络出版流程包括三个阶段:获取原始素材、制作数字内容和传播数字内容,并通过有偿提供数字内容的复制品来获取收益。"此界定彻底超越了载体限制,第一次把移动媒介列入网络出版的概念之中,且提及了"数字"这个概念。

之后,出版传播大踏步地进入全面数字化时代,多媒体形态日益普及,一度被广泛应用的电子出版和网络出版概念已经很难涵盖不断出现的手机、智能终端等新型数字出版媒介。自2005年起,我国出版业界与学界已全面认同与接受数字出版这一概念。与之前提出的电子出版和网络出版概念相比,数字出版从技术的角度概括了这种新形态的出版方式,定位更加全面、系统,更符合这种全新的出版形态。由电子出版到网络出版,再到数字出版,这既是出版的发展史,也是出版技术的更新史,每一次变化都更加接近数字出版的实质。我们应该在深层次挖掘的基础上,对数字出版概念进行真正意义上的解读。目前大家比较认可的对数字出版的定义是"用数字化的技术从事的出版活动",这个界定简洁而宏观地概括了数字出版概念,具体来看,"只要是用二进制这种技术手段对出版的任何环节进行的操作,都是数字出版的一部分。它包括原创作品的数字化、编辑加工的数字化、印刷复制的数字化、发行销售的数字化和阅读消费的数字化"。这个观点不仅强调了技术与介质,还解释了数字出版的整个生产与传播流程。

除了学界与业界对数字出版的理解与诠释,2010年原新闻出版总署《关于加快我国数字出版产业发展的若干意见》也提及了数字出版的定义:"数字出版是指利用数字技术进行内容编辑加工,并通过网络传播数字内容产品的一种新型出版方式,其主要特征为内容生产数字化、管理过程数字化、产品形态数字化和传播渠道网络化。"基于传播途径的不同,数字出版又可分为网络出版和手机出版等多种类别,"数字出版产品的传播途径主要包括有线互联网、无线通信网和卫星网络等"。应该说,这个界定已经比较全面、成熟,从内容、管理、形态、传播形式、途径、类别等多个层面对数字出版进行了全方位的界定。

但也正是这种全方位的界定,使得数字出版的关注者与研究者常常陷入数字出版的汪洋大海之中。根据历年公布的《中国数字出版产业年度报告》,数字出版包括互联网期刊、电子书(含网络原创出版物)、数字报纸、博客、在线音乐、网络动漫、手机出版(含手机彩铃、铃音、手机游戏等)、网络游戏、互联网广告。且不论哪种数字出版形态的产值所占比例如何,只说这包罗万象的数字出版形态便足以让研究者无所适从。若要再按产值比例来理解数字出版,则会出现更加令人惊诧的答案。在2014年度国内数字出版产业3387.7亿元的整体收入中,网络游戏和互联网广告分别占25.66%和45.46%。按此比例推理,互联网广告和网络游戏应该是数字出版研究者口中的研究对象才对。而实际上,但凡研究数字出版的,几乎无人关心此二者,而研究广告或网游的人,也极少自称在研究数字出版。

所以,数字出版一定要有广义与狭义之分。从大出版的角度来讲,把网络游戏列入数字出版的范畴无可厚非,毕竟网络游戏的确符合"利用数字技术进行内容加工,并通过网络传播数字内容产品"的标准。但从具体研究的角度来看,这个广义的数字出版概念只能让研究者盲人摸象,大而无当,失去方向。鉴于具体研究需要,我们有必要对数字出版做一个狭义的界定,即数字出版是一种数字化运行的出版活动,包括传统出版数字化、网络出版、手机出版及信息服务活动等。如此一来,研究对象变得明确而具体,也使得研究更具有指向性。

有了对数字出版的界定,数字出版内容的概念便很容易得出。数字出版内容是以数字出版形态呈现的内容,包括传统出版数字化后的内容、网络出版内容、手机出版内容及信息服务内容等,数字化活动贯穿内容生产与传播的整个过程。

2.2.2　数字出版的早期发展

为了了解数字出版行业的发展,我们至少需要考虑以下五个因素:内容、生产成本、数字发行、设备、客户。学术期刊出版是中国出版业第一个数字化转型的领域,具有较好的数字化转型条件。学术期刊是科学技术研究的关键,数字出版提供的附加功能尤其适合期刊出版。大学图书馆和研究机构是期刊的主要客户,它们通常由政府提供充足的资金,而且它们采用数字技术的时间比普通家庭早得多。从最初的基于 CD 的数据库产品开始,学术期刊已经转向了在线产品。中国期刊出版的主要聚合商有中国知网(CNKI)、万方、维普,其中 CNKI 是最大的。

在早期阶段,聚合商必须从期刊出版商那里获得足够的许可,以便使用它们的内容。然而,在这个过程中存在潜在的问题。中国的大多数学术期刊都是由独立的编辑部作为单一期刊运营的。据报道,我国约有 3000 个不同的组织出版了 4794 种科技期刊。此外,中国学术期刊的主要收入来源是作者的贡献,其数字销售收入通常微不足道。一项调查显示,2014 年,68.3% 的学术期刊从数字销售中获得的年收入不到 10%。因此,大多数期刊出版商在转型初期既没有强大的动力,也没有足够的压力与聚合商进行谈判。与数以千计的出版商就个别期刊的许可进行谈判的商业成本也会很高。但由于所有期刊出版商都由不同的国家机构拥有,所以国家的支持将使谈判更有效率。中国知网承认,它在推出时得到了教育部、中宣部和科技部等几个重要部门的支持。另外两个出版商——万方和维普,也隶属于科技部,应该得到了科技部的支持。

数字技术在大众中的广泛应用可能意味着数字出版在贸易市场中崛起的时机已经成熟。然而,政府对贸易部门数字出版新形式的影响持谨慎态度。由于新的产品和商业模式可能不在规定的范围内,政府一直在更新现有的规定,并颁布新的规定,将数字出版纳入规定的轨道。

2.2.3　数字出版物类型

按照不同的分类标准,数字出版物可以归入不同的类别。如按照载体类型,数字出版物可分为磁盘出版物(软磁盘、硬盘)、光盘出版物[只读光盘、交互式光盘(CD-I)、照片光盘(Photo-CD)、高密度只读光盘(DVD-ROM)]、集成电路卡(IC Card)、网络出版物(互联网、无线网和卫星网出版物)等;按照媒体信息类型,数字出版物可以分为文本型、图像型、音频型、视频型和多媒体型等;按照内容类型,数字出版物可以分为大众类、教育类和专业类数字出版物等。对于数字出版物来说,由于目前还处在发展初期,尚无法预知其演进的最终形式到底会是什么,因此这里并不打算根据严格的科学分类标准来划分数字出版物类型并分别加以考察,而将检视在实际生活中应用、流布较为广泛且具有一定产业意义的各种数字出版类型和数字出版物形态。

2.2.3.1 数字书、报、刊

在模仿中演进,实现升级换代,直至完成"质"的飞跃……这是人类社会及其产物发展的基本路线之一。因此,早期的数字出版物或是传统出版物的直接数字化,或是利用数字技术生成的传统出版物,主要是具有书、报、刊的诸多特点的数字出版物。百道新出版研究院发布的《2011中国电子书产业研究报告》根据电子书呈现形式的不同及其与传统出版的关系,将电子书分为三种基本类型:电子书1.0,即传统印刷图书对应的电子版,通常是先有纸质书再出电子书,或同时推出;电子书2.0,指从生产到发布都只有数字化形态的电子读物,不一定源于传统纸质书,通常只有数字版或先出数字版;电子书3.0,指除了文字、图、表等平面静态阅读要素以外,集成了声音、视频、动画、实时变化模块(如嵌入的网页等)、交互模块等要素的多媒体读物。尽管这里讲的是电子书,其实数字报刊的发展轨迹和态势也颇为相似。

1. 电子书(e-Book)

所谓电子书是以二进制代码形式存储于硬盘、光盘、软盘、网络、闪存(Flash Memory)及其他计算机存储介质上的图书,常见存储格式有 hlp、chm、pdf、exe、ePub 等。自20世纪70年代迈克尔·哈特开创"谷登堡计划"(Project Gutenberg)以来,电子书出版实践和相关研究都有了长足发展。回顾电子书的发展,可以看到从封装型、网络型向增强型(也称为"电子书应用"或"电子书3.0")迁移的轨迹。20世纪90年代早期,以软磁盘和光盘为载体的电子书占据主流地位。创始于1992年的莫比斯国际多媒体光盘大奖赛从一个侧面见证了该类型电子书由盛转衰的发展历程。20世纪的最后几年,电子书与"火箭书"等新名词联系在一起,提起电子书,人们想到的是外观像书一样的手持式阅读器。时至今日,电子书的主流已转化为通过互联网、移动网络、卫星网络免费或付费传送,读者利用计算机、阅读器、PDA及手机等多种开放式阅读终端阅读的数字出版物。电子书内容也不再只是纸质图书的简单数字化。2011年,随大量平板电脑集中推出而兴起的增强型电子书既包括动画、音频、视频等富媒体特色,也增加了与读者交互的功能。目前,电子书应用已经成为平板电脑最重要的应用软件类型之一。

2. 数字期刊

广义地讲,数字期刊可以定义为利用数字技术出版、传播和发行的杂志、快报、通信、讨论组(Discussion List)等。2020年,我国互联网期刊收入达到24.53亿元。从全球范围来看,目前有两类数字期刊颇成规模,不过发展态势略有不同。其中数字学术期刊是最早解决盈利模式问题的数字出版物,也是目前发展得最好的数字期刊门类;大众类期刊的数字化道路虽已开启,但是发展过程中波折不断。

(1)数字学术期刊。国际上许多主要的学术期刊出版商和学会、协会等机构都通过数据库方式提供数字化全文期刊的集成服务。出版商如爱思唯尔的 SciVerse ScienceDirect 数据

库收录2500多种同行评议电子期刊11453914篇论文的全文数据;斯普林格通过Springer-Link系统提供2769种数字学术期刊的4337287篇论文;等等。国内随着清华大学《中国学术期刊(光盘版)》于1996年1月问世,学术类电子期刊也逐渐进入系统化、规范化和实用化发展阶段。同年,科技部启动国家"九五"科技重点攻关项目——科技期刊网络服务系统,实行科技期刊集中上网工程。经过20多年的发展,我国已形成了以万方数据、清华同方和重庆维普等信息服务提供商为主体的科技期刊网络出版格局,其数据库产品收录七八千种杂志不等,通过光盘、网站和镜像站点等方式提供给图书馆和学术机构的用户使用,在学术阅读领域有逐渐取代印刷本期刊的趋势。其中,万方收录自1998年以来国内出版的各类期刊8000余种,其中核心期刊3300余种;清华同方的中国学术期刊网络出版总库截至2020年收录国内学术期刊8730种;维普的中文科技期刊数据库收录中文期刊9400多种。

(2)数字大众期刊。近年来,数字大众期刊在世界范围内也有较大发展。以日本NHK公司为例,其2009年到2010年的杂志销售额近8632亿日元,同比增长8.6%。在这个增长量中纸质出版物销售额增长1.2%,电子出版物同比增长24.1%。借助手机和互联网销售的杂志内容多数是漫画,占所有内容的80%。但这一看似可观的增长,其实大多只是传统纸质杂志的电子版,形式也都保持传统杂志的模样。因此,这也意味着未来还有巨大的创新空间。

(3)数字报纸。所谓数字报纸,是指报纸的新闻稿件和图片资料以数字形式存储并提供给读者使用。1977年,加拿大《多伦多环球邮报》(Toronto Globe and Mail)首次通过Info Globe提供报纸文本的自由检索。1987年,美国加利福尼亚州的《圣何塞信使报》(San Jose Mercury News)为读者提供电子版。20世纪90年代开始,美国众多报业集团着手经营网络媒体,以与其他网站合作的方式初步实现报纸信息内容的数字化。现在,美国各大报纸已基本实现原有纸质内容的数字化出版,形式包括新闻网站发行、电子邮件寄送、社交网站传播、RSS订阅、手机客户端阅读、平板电脑客户端阅读等。

2.2.3.2 手机出版物

随着移动通信技术的完善,尤其是国内外移动市场用户渗透率的持续提高,用户付费模式的成熟,手机正在成为重要的数字出版终端设备,手机出版(包括手机动漫、手机报纸、手机期刊、手机小说、手机音乐、手机游戏、手机彩信、手机彩铃等)也已成为规模庞大的数字出版类型。根据《2011—2012中国数字出版产业年度报告》,2011年我国手机出版收入达367.3亿元。另据易观智库最新数据,同年四季度,中国手机阅读市场活跃用户数达3.09亿,环比增长7.46%,同比增长33%。手机媒体不仅融合了报纸、杂志、电视、网络等媒体的内容和形式,同时也融合了大众传播、单向/双向传播等方式,形成了多元化的传播网络,能够充分满足用户对信息及时性、碎片化和便携性的需求。

2.2.3.3 数据库出版物

数据库是较早出现的电子信息源,并一直保持着蓬勃的发展势头。根据我国国务院信息化工作办公室发布的《2021年中国互联网络信息资源数量调查报告》,到2020年12月31日,我国有在线网站422万个。当前,作为出版形式尤其是作为技术支持的数据库,其影响渗透于其他各种形态的数字出版之中。书、报、刊全文数据库是传统出版形态与数据库的结合;至于在数字出版的核心后台技术如数字内容管理系统(content management system, CMS)、数字资产管理(digital assets management, DAM)、数字权利管理(digital rights management, DRM)等,数据库也在其中扮演十分重要的角色。

2.2.3.4 其他数字出版形态

1. 按需印刷

按需印刷作为数字出版的辅助环节,在整个生产过程中没有任何物理媒介存在,所有产品在与顾客见面之前都以数字方式在出版发行系统中存在、加工处理和流通。按需印刷建立在数字化信息存储和远距离传输的基础上,在计算机的控制下将数字化页面直接印制成书页,并完成折页、配页、装订等工序。它将传统的印前、印刷甚至印后操作融为一个整体,由计算机系统统一完成。

2. 博客出版

博客最早因1998年马特·德拉吉(Matt Drudge)的"德拉吉报道"而引起世人注意。2002年博客中国网站创立,博客概念开始被引入中国。2004—2006年经历了一个快速发展期后,网民对博客的认知程度明显提高,博客用户数量和活跃博客作者数量发展势头良好。2007年,随着各大门户网站对博客频道的重视,用户群开始向主流门户转移,并逐步形成较为固定的博客群落。2008年,随着校内网、开心网等一大批社交(SNS)网站的崛起,国内博客发展进入新阶段,用户之间互动交流更为便捷。这也使得众多网站用户转型成为活跃的博客用户,用户规模激增245%,活跃博客增长413%。根据中国出版科学研究所《2020—2021中国数字出版产业年度报告》的统计,2020年我国博客收入达到116.3亿元。

3. 电子游戏

所谓电子游戏,是指利用电子设备创建互动系统以供玩家娱乐的游戏方式。电子游戏可以根据不同的标准分为多种类型。例如,依游戏平台不同区分,电子游戏可分为街机游戏、电视游戏、电脑游戏,以及使用掌上游戏机或移动电话的便携游戏等;依游戏人数区分,电子游戏可分为单人或多人游戏、多人互动的网络游戏等;以游戏方式区分,常见的有角色扮演游戏、冒险游戏、动作游戏、第一人称射击游戏、格斗游戏、棋牌游戏等;根据是否要连入网络可以分为单机游戏和网络游戏。20世纪70年代,电子游戏开始作为一种商业娱乐媒体引入,随后迅速成为日本、美国和欧洲一个重要的娱乐工业分支,并与电影业竞争成为世界上最获利的娱乐产业。根据全球市场研究和预测分析公司(Newzoo)公布的结果,2021年世界范围内游戏产品销售额为1758亿美元。随着互联网的兴盛和普及,网络游戏有了长足发展。根据《2020—2021中国数字出版产业年度报告》,2021年我国网络游戏收入达635.28亿元。

4. 数字音像出版

自20世纪初开始,基于录音技术的"唱片业"(Record Industry)模式开始逐渐取代乐谱出版而成为音乐出版行业的主流商业模式。20世纪后20年是唱片行业的黄金期,其间经过多次并购风暴,全球主要唱片公司从"六大"变成"五大"。2003年索尼与BMG合并;2011年环球音乐集团(Universal Music Group)收购百代唱片公司(EMI Group)。此后全球唱片市场主要由环球音乐集团、索尼和华纳音乐集团(Warner Music Group)三家控制。

国内由于盗版等原因,在线音乐的发展较为缓慢,但是无线音乐发展迅速。国家文化和旅游部发布的《2021中国网络音乐市场年度报告》显示:国内网络音乐服务提供商营收状况趋向好转,2021年网络音乐总体市场规模达到428.9亿元(以网络音乐服务提供商、内容提供商总收入计),较2020年增长20%。可以预计,今后随着音乐和微博、在线演出、网络游戏、移动互联等其他网络应用的融合进一步加强,网络音乐将获得新的生机。

2.2.4 数字出版产业的发展趋势

2.2.4.1 出版机构转型创新能力显著提升

出版机构对融合发展的思考更加全面和深入,围绕"融合出版"进行规划和部署,在内容、产品、品牌、模式等方面不断探索,借助新技术、新形式和新媒体,显著提高创新能力。顺应媒体的融合发展,他们努力满足不同用户在不同场景下的阅读需求。与全媒体的整合发展相一致,他们努力满足用户对移动、碎片化、细分化和多场景内容的需求。近年来,传统出版社以音视频为主,充分挖掘自身优势内容资源的潜力,在知识服务方面做出部署。目前,已经涌现出一批知识服务品牌,如知乎、中信书院等,形成了自己的优势和特色,在市场上也获得了良好的反响。融合出版重点实验室启动一年多来,取得了显著成绩,为出版业融合发展道路上的创新积累了有益经验。

2.2.4.2 媒体融合将进一步深化

随着技术的不断进步,新媒体形式不断涌现,信息渠道日趋多元化,多元化的媒体发展格局正在逐步形成,尤其是在政治媒体和主流媒体上,紧跟移动互联网的趋势,遵循移动端优先的原则,越来越多地应用微博、微信、短视频等新兴媒体形式。与此同时,以今日头条为代表的基于新算法的媒体平台和以抖音为代表的短视频平台也增加了政府媒体和主流媒体的引入。以抖音为代表的短视频平台在媒体布局中很常见。随着媒介融合的深入发展,传统媒体和新兴媒体正逐步从过去的产品融合、渠道融合向平台融合、生态融合转型,走向融合发展的新阶段。此外,县级融合媒体中心的建立有望为媒体融合的发展提供更大的空间。

2.2.4.3 数字化教育出版的纵向和质量发展

随着中国教育信息化步伐的加快,在数字教育领域,出版业保持了良好的发展势头,呈现出纵向、优质发展的趋势。我国主管部门加强了对中小学生教学应用的管理,这对基础教育中的数字教育产品市场会产生一定的影响,但在一定程度上将有效促进该领域数字教育的规范化、优质发展。在继续教育和职业培训领域,数字化教育也具有广阔的发展前景。在知识付费等新模式的影响下,在线学习付费的习惯已经普遍形成。

成人学习需求的个性化和差异化,导致继续教育和职业教育等数字教育产品的垂直发展趋势明显,目前包括从语言学习、资格考试培训与咨询、学历教育、招聘与求职,到专业垂直领域的知识提升、心理健康咨询等,类别有学习社区和群体、学习 App、在线课程等等。随着教育出版转型升级和融合发展的深入,数字教育出版的发展模式日益多元化。各出版机构立足自身优势,着力"垂直化、品质化、品牌化",探索"专业化、精准化、特色化、新颖化"的发展道路,打造专业化、个性化的数字教育产品。人工智能技术已广泛应用于教育、出版领域,智能数字教育产品成为各出版机构关注的焦点。

2.2.4.4　报纸杂志转型全面加快

2018 年,随着媒介融合的进一步深化,报纸杂志转型步伐加快,取得多项突破。在这一年中,许多报刊机构停止发行纸媒,积极转向新媒体,这为它们注入了新的活力。报纸杂志利用新兴的媒体渠道构建了新媒体传播矩阵。《人民日报》、新华社等中央主要新闻媒体和各级党报主流媒体开通公众号。中央政府和地方政府也推出政务微博,发挥引导舆论的"风向标"作用。

多家媒体集团形成了"报纸+互联网+客户端+微博"的多媒体、多形式、立体融合的媒体矩阵。同时,顺应融合媒体建设的需要,年内多家报刊通过机构整合成立融合媒体集团,依托优势资源和品牌实现集约化发展,报刊在内容、技术、人才等方面实现了结构优化、有效集聚、融合发展。此外,为了产生"1+1>2"的叠加效应,一些报业集团和通讯社也积极推动跨界整合。有的在新领域涉足新业务,有的利用互联网企业的技术优势不断发展。

2.2.4.5　付费知识的分水岭逐渐出现

付费知识在市场上生存了几年,呈现出独特的发展逻辑和路径。随着行业马太效应不断增强,主播资源、版权资源、用户资源向领先平台集中,行业竞争格局和市场筛选机制初步形成,行业分水岭逐步显现。知识付费平台在功能、内容生产、运营模式等方面趋于成熟和多元化。整体产业角色与传统教育、媒体、传统出版实现优势互补和深度融合。领先的内容平台在用户基数、产品质量、版权保护、资金投入、技术支持、人才培养等方面逐步规范化,形成了基本壁垒。

一些特色的小而精的垂直平台,扎根于更细化的专业领域,为特定的用户群体和消费场景提供特殊的场景。付费知识的内容覆盖范围越来越广,涉及种类越来越多,范围越来越广。一方面,付费知识产品逐渐成为深度学习的入口,注重向用户输出跨领域的基础知识和技能,理论与实践相结合,覆盖面大,适用性强;另一方面,以兴趣为导向的内容娱乐功能逐步兴起,以有趣的方式进行教学、传播见解的付费产品越来越多。用户对付费内容的需求从缓解焦虑转向培养兴趣,内容从知识"轻学习"向多元化的垂直知识延伸。

2.2.4.6 构建数字内容产业发展新格局

近年来,数字内容产业不断壮大,产业发展格局也发生了微妙的变化。就形式而言,音视频服务无疑将是数字内容产业的重点。尤其是短视频领域,随着5G技术的商业应用,短视频有望迎来新一轮爆发式增长,并与教育、新闻信息、付费知识等领域深度融合。公众对网络视频的需求将不断增加,这将导致新的、更丰富的视觉数字内容形式和模式。在产业市场竞争格局方面,抖音的母公司字节跳动正凭借短视频领域的强势存在,以及其旗舰产品今日头条在移动信息领域积累的行业领先优势,逐步构建数字产品体系。它很有可能与腾讯和阿里巴巴一起成为数字内容产业的第一梯队。与此同时,在5G环境下,寻找新的需求点,探索新的消费场景、新的内容呈现方式和实现方式将是数字内容创业者优先考虑的问题。

2.2.4.7 企业合并的趋势日益明显

近年来,人工智能、大数据、物联网技术的快速发展,不仅重塑了产业链,也为数字内容产业的发展开辟了更广阔的空间,业态组合趋势明显。一方面,互联网内容公司将线下与线上并重,加大线下场景的力度,实现品牌的全面覆盖和用户数据的多层次、多维度掌握;另一方面,数字内容企业品牌的跨领域能力不断增强。为了打造多层次的立体受众体验,跨品类整合将成为企业品牌建设的重要途径。不同领域、不同品类的融合,连接线上线下业务,将变得越来越普遍。只要有相似的目标群体,就有可能在不同的领域和类别之间找到集成点,这就提供了集成的机会。不同的主题和元素将数字内容与品牌的其他不同领域连接起来,极大地丰富和体现数字内容的呈现场景。

2.2.4.8 保障体系进一步完善

标准化体系基本建立。以集团标准为起点,以《标准编写规则》和《标准中特定内容的起草》为基础,进一步起草了多个集团标准,完成了多个集团标准的组织化制定工作,基本建立了标准体系。标准化工作机制不断创新发展。横向合作和学术交流不断加强,在标准科学研究上形成合力,联合研究进一步推进,在实际应用上取得突破。行业标准的工作基础进一步巩固。由中国新闻出版研究院组织建设的新闻出版标准化服务平台,有助于进一步提高行业科技能力和标准化工作水平,完善新闻出版标准化机制,促进新闻出版标准的实施,有望成为标准化在行业实践中应用的工作基础。

标准化工作的思路发生了重大变化。标准在行业中的应用和适用性进一步得到重视,从海量应用向质量应用的转变取得了更多的成果。标准化培训工作不断开展,人才队伍初步形成。标准化培训覆盖全行业,为数字出版行业标准化升级奠定了坚实基础。

数字版权保护是数字出版产业发展的基本保障。《最高人民法院关于互联网法院审理案件若干问题的规定》明确了电子证据规则,间接为著作权人提供了便利,降低了权利人保护权利的成本。各方面积极参与版权保护工作,不断推进数字版权保护社会化进程。

2.3 网络媒体

2.3.1 网络媒体的发展

在20世纪50年代和60年代,人们开始认为计算机不仅是一个进行计算的工具,而且是一个交流的工具。从战前开始,曾在美国军事研究和曼哈顿计划中发挥领导作用的工程师范尼瓦尔·布什(Vannevar Bush)就设想过麦克斯存储器(Memex)。这台想象中的计算机将使用一个屏幕来显示存储在机器中的文本,并创造一种由技术调节的集体记忆。20世纪60年代初,另一位研究人员与美国计算机科学家约瑟夫·利克莱德(J. C. R. Licklider)提出了建立一个"星系计算机网络"的可能性,以连接各机构、企业和公民。但事实上,成为互联网祖先的基础设施是阿帕网络(Arpanet),一个基于Licklider想法的网络,从1969年开始连接了美国大学和一些军事中心的超级计算机。阿帕网络基于分组交换技术,将每个信息分解成一系列的包,这些包可以独立地在网络中移动,并由接收者重新组合。这种架构是分布式的,因为没有中央节点,所有的信息都必须通过,而且是冗余的,因为信息可以沿着许多不同的路线传播。该项目由美国军事研究机构 ARPA(高级研究计划局)发起,作为1957年发射第一颗人造卫星后与苏联的技术竞争的一部分,并发现了苏联实现可以抵御核攻击的通信网络的计划。事实上,在一个分布式网络中,单个节点的破坏不会阻止通信的传递,它可以采取不同的路线。苏联领导人赫鲁晓夫还在西伯利亚建立了阿卡德姆戈罗多克(Akademgorodok),这是一个研究控制论的学术城市。控制论是研究自我调节系统的科学,对信息技术的发展至关重要。然而,计算机网络的历史是军方和其他一些行为者融合的结果。尽管阿帕网络最初是作为一个军事通信渠道设计的,用于协调航空通信,但20世纪60年代和70年代在美国主要大学工作的研究人员深刻地影响了它的发展,因为他们的需求优先于军事需求。此外,电子邮件等技术功能很快被挪用,并被用于创建邮件列表,讨论我们现在与数字媒体相关的话题,但在当时,这些话题,如科幻小说或摇滚音乐,与官方的预期用途完全不同。迅速成为数字网络标准的TCP/IP协议是为了将通信控制权分散到各个计算机或参与节点,防止有人控制或审查通信的可能性。TCP/IP实际上是免费的,因为任何人都可以免费使用它,而且是开放的,它可以在任何设备上实施,并用于不同的目的。这个标准,加上阿帕网络的分布式冗余结构,仍然是今天互联网运作的基础。

阿帕网络并不孤单。BBS(公告板系统)等技术诞生于20世纪70年代,是个人计算机中包含的消息和其他信息的数据库,个人用户可以通过新的调制解调器技术访问这些信息。这些通信系统从底层产生,对任何人和任何话题开放,从最严肃的到最平凡的。在20世纪80年代,BBS不断发展,成为真正的替代网络:据估计,在1991年,此类网络中最大的BBS系统已经连接了大约10000台计算机。《全球目录》的前编辑斯图尔特·布兰德(Stewart Brand)于1985年创建的Well(全球电子链接)利用BBS技术创建了一个"虚拟社区"。他们在一个"地方"收集了大量关于旧金山替代文化的信息。网络不再是简单的连接计算机的技术,而是允许人们交流和传播非正统的内容,不受国家控制或审查的地方。在政府精神倡议下开发的网络技术也被重新使用,并用于未曾预料到的目的。例如,法国邮政部门于1982年推出的公共信息网终端(Minitel),本应成为公民信息交流和网上购物的媒介,但几乎立即被色情伴侣的服务所主导,即著名的玫瑰花信使。其他由国家赞助的倡议也失败了,比如苏联的全国性网络计划,因为政治原因而被扼杀,比如智利的"Cybersyn 项目",该计划在1973年推翻民主政府的军事政变后被摧毁。

在20世纪90年代,新的技术革新催生了我们今天所知道的数字网络。1991年,计算机科学家蒂姆·伯纳斯·李(Tim Berners Lee)和其他在日内瓦欧洲核子研究中心工作的科学家正在为该研究中心的物理学家们开发一个通信系统。结果,他们编写并分享了构成万维网的语言和标准。info.cern.ch 网站是第一个基于 Html(超文本标记语言)的页面,这是一个用于发布在线超文本文档的标准,其中文本的一个部分可以通过标签来描述其功能、颜色、大小和它所指向的链接等。URL(统一资源定位器)是可识别的地址,用于识别服务器上的内容,并允许计算机请求和访问它。URL 系统使网站独立于其信息在特定计算机或服务器上的物理位置。一个网页可以有一个意大利的 URL,但实际位于日本的一个服务器上。最后,超文本传输协议(HTTP)是在线信息传输的基础系统。蒂姆·伯纳斯·李和欧洲核子研究中心决定不加限制地发布这些创新,以便任何人都可以使用它们。这促进了一个新的网络的传播,该网络相互连接,任何人都可以访问,这就是万维网。反过来,建立在这些标准之上的其他技术也大大促进了计算机网络的使用。例如,像马赛克(Mosaic)这样的浏览器提供了图形界面,使网上冲浪变得更容易和更快,该浏览器已更名为美国网景公司(Netscape),并迅速成为第一个大规模使用的浏览器。万维网的新标准和语言以及开放协议(如 TCP/IP)的传播允许将各种现有网络统一到互联网上。1994年,蒂姆·伯纳斯·李发起了万维网联盟(W3C),该组织负责管理网络互操作性标准。1996年,最后一个使用替代和专有协议的主要参与者微软为其 Windows 采用 TCP/IP,完成了互联网的统一。

网络的诞生和传播也是由政治选择促成的。在20世纪80年代,电话公司经历了第一次自由化浪潮,在一个传统的垄断市场上开放了竞争。1984年,美国巨头 AT&T 被解散,国家垄断的英国电信被私有化,创造了一个新的电信市场。20世纪90年代,美国和欧洲都推出了建设信息技术基础设施的政策,并进一步放松对电信市场的管制。1995年,G7峰会在布鲁塞尔召开,世界上最富有的国家聚集于此,并签署了一份文件,呼吁建立一个全球信息社会。而在2000年,欧盟制定了成为世界上最有活力和竞争力的知识经济的目标。其他创新发生在法律体系内。自1996年以来,《数字千年版权法》(DMCA)管理着美国与数字媒体有关的知识产权。DMCA 规定,颠覆或绕过用于保护知识产权的技术,如 DRM(数字版权管理)技术,这种技术可以防止复制文件或在购买国之外使用这些文件。这一法案和其他法案让最大的内容生产者,如唱片公司和电影制作人感到放心,激发了他们对网络作为一个可能的商业平台的兴趣。

20世纪90年代中期,互联网在美国和欧洲家庭中迅速普及。随着大量消费者的进入,网络开始代表一个不断扩大的产业。这主要是基于当时的网络公司,像亚马逊或 eBay 这样的商业门户网站。这就是所谓的新经济。到 2020 年,任何带有".com"后缀(代表商业)的在线活动都能够吸引一定的投资。那些能够把自己描绘成面向这个新的开放商业空间的公司,可以为那些往往不切实际和基于夸大的期望的商业建议筹集数百万美元。然而,这种情况导致了金融术语中所谓的投机泡沫,即在线商业公司价值的盲目增长,特别是与实际价值无关的大量金融投资。2000 年 3 月,随着代表美国证券交易所科技股走势的纳斯达克指数的崩溃,泡沫破裂。这导致了许多网络公司的倒闭,引发了 2000 年的新技术和经济阶段。成功的新公司都是基于互动的网络服务,这种服务促进了用户对内容创作的直接干预。这一新的技术和金融创新浪潮被称为"Web 2.0",以与被泡沫破灭的"Web 1.0"电子商务门户形成对比。这种演变并没有结束,而是一个持续的过程,不断向新的方向发展。

2.3.2 网络媒体的特征

2.3.2.1 从公共社会到私人社会

说起国外的社交软件,Facebook 是非常重要的一款。2018 年,美国投资银行和资产管理公司在秋季发布的最新报告显示,只有 5% 的美国青少年认为 Facebook 是他们最喜欢的社交媒体平台。在同年 3 月和 4 月进行的美国青年调查中,只有 51% 的受访者表示他们正在使用该平台,远低于 2014 年到 2015 年调查中的 71%。

面对这种情况,Facebook 首席执行官马克·扎克伯格(Mark Zuckerberg)在 2019 年 3 月发布了一篇超过 3200 字的博客文章,名为《以隐私为重点的社交网络愿景》。文章不仅明确指出,包括 WhatsApp、Instagram 和 Facebook Messenger 在内的 Facebook 所有信息应用都是端到端加密的,而且还整合了后台,用户可以跨平台收发信息。此外,Facebook 还增加了自动删除信息的设置,让用户可以选择在一个月后或一年后自动删除信息记录。马克·扎克伯格认为:"未来的通信将越来越多地转向私人的、加密的服务,人们可以确信他们对彼此所说的话是安全的,他们的信息和内容不会永远停留在那里。"这就是他希望他的团队能够帮助实现的未来。除了说明 Facebook 的最新发展,文章还解释了社交媒体的发展趋势,即公共社交网络将转向以私人交流和小团体聊天为基础的模式,而不是公开分享照片和信息。马克·扎克伯格还说:"在未来 5 年里,我认为我们将看到所有的社交网络围绕着这种私人交流的基础进行重组。"人们开始喜欢在小团体或一对一的交流中聊天,而不是公开他们的想法。

传统的社会空间被划分为公共领域和私人领域。而这两者之间的界限是相当清晰的,不会产生混淆。但随着互联网的普及和社交媒体的发展,社会领域发生了变化,公域和私域的界限也变得模糊起来,甚至出现了私人领域公开化的趋势。传统的公共社交网络基本上是公开和透明的。人们的个人爱好、发布的信息以及他们的社交网络几乎都是公开可见的。同时,基于熟人机制,他们逐渐向外延伸,扩大关系,最终形成一个普遍的、开放的平台,任何人都可以分享信息。

但同时,随着公共社交网络的发展,其自身的弊端也日益凸显。无处不在的社交网络的传播方式已经偏离了很多用户分享信息的初衷。同时,为了吸引更多的关注,实现更多的转发,点击率高的标题大量涌现。无聊和低质量的内容,甚至是低俗的图片,在我们的日常生活中可以随处看到。此外,为了在流量大战中获得一席之地,在绞尽脑汁的同时,很多人甚至试图突破社会道德的底线。用户隐私和安全问题层出不穷。

谈到用户体验,调查显示,30%的青少年说他们不使用Facebook只是因为他们的父母在使用它。而从对Facebook朋友关系的研究中,我们也可以发现绝大多数的年轻用户,尤其是学生,拒绝将他们的父母加为好友。原因是他们不想与父母分享他们在社交媒体的"公共领域"发布的信息。这种情况也发生在我们身上。我们可以回忆一下,如果我们想在"朋友圈"分享一些东西,我们会三思而后行,考虑谁能或不能看到它。这种来自公共社交网络的不适感也对现有社交网络模式的转型提出了新的要求。经常使用微博、豆瓣、Facebook和Twitter的人可能会发现,我们很难控制自己发布信息的传播方向和最终效果。有时候,也许你只是想表达一些情绪,或者向你的粉丝和朋友抱怨一些事情,并不打算引起广泛的关注或施加任何影响,但如果你的文字、图片或其他信息恰好是有争议的或快速传播的,在今天流行的机制设计下,如转帖或推荐,你所说的很可能会被成千上万的人听到。当信息爆炸时,其连锁反应和影响力可能超出你的想象。当公共网络的传播效应越来越不可控时,我们就越来越难以随意表达自己的观点和意见了。当人们在公共领域表达自己的情感和展示自己的真实生活时,会有很多限制和考虑。经过多次试验,他们的真实意见被掩盖和隐藏起来。

而私人社交网络服务的目的是提供一个领域,在那里我们可以表达我们内心的想法,不需要严谨的逻辑或清晰的语言,就像我们和朋友在一起时一样。我们回到了一个让我们感到自由和舒适的地方。基于关系的需求,它允许用户选择信息共享的类型和程度,同时避免了隐私的缺失和无处不在的社交,加强了信息的有效和深度沟通,消除了信息泛滥带来的弊端。如今,私人社交网络带包含多种社交网络模式,如阅后即焚、熟人实名制、熟人匿名制、陌生人社交网络等。它们与传统的公共社交应用模式不同,具有非常明显的"私密"特征。它不仅可以创造私密、安全的人际、团体交流模式,还可以保证交流过程的安全性。私人社交网络的目的不再是人际关系的拓宽和广泛的互动,而是着眼于加强现有的关系,帮助用户控制沟通渠道,从而建立一个私人社交网络。

此外,私人社交网络在一定程度上也是舆论的"回音墙"和"晴雨表",对大众传播和政治传播都有着深刻的影响。而组织内部的主流交流平台也在逐渐向私人社交网络转移,这进一步推动了公共社交网络向私人社交网络的转变。

尽管如此,关于私人社交网络究竟是"私人领域"还是"公共领域"仍存在很大争议。我们还需要看到,由于私人社交网络的隐形,管理盲区和不健康信息的管控存在隐患。因此,我们需要理性看待私人社交网络的整体发展,科学构建私人社交网络管理体系,推动社交网络的不断升级和进化。

2.3.2.2 从六度分隔到智能社会

20世纪60年代,耶鲁大学的社会心理学家斯坦利·米尔格拉姆(Stanley Milgram)设计了一个小世界实验。他随机向内布拉斯加州奥马哈市的160名居民发出连锁信。每封信里都有一位波士顿股票经纪人的名字。这些信要求每个收信人把信寄给他们的朋友,他们认为这个朋友与那个股票经纪人相对亲近。当他们的朋友收到信时,他们也做了同样的事情。最终,大多数的信件都是经过5到6个步骤后才被股票经纪人收到的,因此有了"六度分离"的概念。这个实验体现了一个似乎很普遍的客观规律。也就是说,社会化的现代人都可以通过"六度分离"联系起来,没有绝对不相关的A和B。当然,这并不意味着任何一个人都要经历六度才能与他人建立联系。事实上,六度分离理论意味着任何两个互不认识的人总是以某种方式联系在一起。

社交媒体上的用户行为与一般意义上的社交网络不同。它带来了人们之间更多的联系,激发了更多的交流。但与此同时,它也带来了信息过载和交流过剩。信息泡沫和信息茧房对我们今天来说并不新鲜。那么沟通过载是一种什么样的危机呢?简单地说,社交媒体带给我们的信息不仅仅是信息本身。伴随着它的是对接收信息的渠道和信息来源的关注。因此,我们收到的信息比以往任何时候都多。我们面对的不仅仅是信息本身,还有人和所有与人有关的关系。面对这种"超载"问题,"智能社交网络"被提了出来。人们甚至说,"社会媒体2.0时代"正逐步到来。

在这样的时代背景下,我们应该始终理性客观地看待已经成为我们生活中不可缺少的一部分的社交媒体,在处理复杂多样的关系和周围无穷无尽的信息时,保持生活的干净和独立。

2.3.2.3 从人际互动到人机互动

人机互动在今天已经不是什么新鲜事了。无论是商场里的导购机器人,还是我们带着VR眼镜进入虚拟世界时的互动沉浸式体验,抑或是吸引全世界目光的AlphaGo围棋对决,描述人与机器关系的关键词已经不再是工业化背景下流行的"使用"和"效率"这样简单的词汇。随着人工智能技术的发展,人际交往的领域已经转移到无限的网络平台和虚拟世界。与机器的"亲密接触"逐渐成为人们日常生活中的常态,并进入到社会交往的各个环节。如果你看过获得第86届奥斯卡金像奖最佳原创剧本奖的电影《她》(Her),你一定对陪伴作家并爱上他的人工智能声音伙伴萨曼莎印象深刻。在人工智能的发展过程中,人类一定考虑过将其与"爱情"联系起来,无论是让人与机器人相爱,还是将其作为恋爱中的人的顾问。2019年4月,百度正式宣布,一款名为"丘比特"的社交软件正式上线。

几乎所有恋爱中的人都会不断猜测对方的想法。"丘比特"软件基于百度大数据、云计算和机器学习等技术,结合人工智能视觉和交互,集微表情识别、视觉分析、智能建议等功能于一体。"丘比特"软件用于改善情侣之间的关系,这是爱情社交领域的一个新尝试。2018年,百度大脑提供了一个人脸识别检测接口。通过该接口提供的技术,用户可以使用人工智能来识别七种面部情绪。通过基于证据的算法和人工智能算法的深度学习,经过前期超过10万张微表情图片的训练,"丘比特"可以准确识别和标注目标对象的动作和微表情。在获取和分析目标对象的实时情绪和心态后,"丘比特"可以在几毫秒内通过智能语音交互为用户提供最合适的建议。

可以说,随着人工智能技术的发展,人机互动已经大大更新了原有的人际交往方式,成为人们生活中重要的互动方式。一方面,和谐的人机互动将使他们处于一种自然融合的状态。具有交互性、沉浸感和临场感等基本特征的虚拟现实和增强现实技术,具有实时三维空间的表现力,提供了自然的人机互动操作环境,使人们感觉自己仿佛真的在那里。虚拟世界和现实世界的界限逐渐模糊,或者两个世界甚至可能融为一体。但另一方面,这也揭示了一个令人震惊的事实:随着人机互动机会的增加,人际互动在不知不觉中被非人性化了。在与人工智能系统交流时,无论是提出请求还是做出回应,我们都在使用与机器人一样简单、简短的词语。这种趋势将随着时间的推移彻底改变我们在人际交流中的语言使用习惯。人类正逐渐习惯于智能系统的关键词。例如,在搜索东西时,我们会直接说"第24届冬季奥运会",而不是"请帮我搜索关于第24届冬季奥运会的照片和信息"。

同时,人工智能系统开始猜测我们想说什么,并非常周到地输入一个完整的句子。它甚至可以根据我们的语言习惯减少你需要输入的文字量,以提高沟通效率。在这种情况下,我们使用的词语无疑会变得不那么丰富。这可能会减轻我们苦思冥想寻找合适词语的负担,但也会剥夺我们个人的独特性。机器人学教授盖伊·霍夫曼(Guy Hoffman)曾经说过,今天人们说话的方式越来越相似,他们要说的话也越来越可以预测。我们可以想象,如果我们的日常交流变得有秩序,人类交流变得相似,那么我们的多样性和未知性不也会消失吗?随着人机互动的发展,这样的问题也在不断涌现。对于很多研究者来说,探讨人工智能对人类、社会、沟通等方面的影响,与过去对技术与人类关系的研究有一定的区别。传统上,对人机互动的研究多是从人际交往相关的社会心理学角度出发,倾向于将人际交往的理论和机制应用于人机互动。然而,人工智能的相关应用已不再是简单地以机器为对象,而是具有自我思考和自我学习能力的新对象。以双边对立的结构来讨论人机关系已经不够准确了。

在哲学上,经过米歇尔·福柯(Michel Foucault)、弗里德里希·威廉·尼采(Friedrich Wilhelm Nietzsche)、雷内·笛卡尔(Rene Descartes)和伊曼纽尔·康德(Immanuel Kant)对早期人文主义的反思和解释,后现代哲学对人文主义有了新的解构,试图从狭隘的、以欧洲为中心的、隐含文化霸权的"人文主义"中挣脱出来。因此,在今天的人机互动研究中,研究人员开始尝试不采取以人为中心或以机器为中心的观点。他们不再把机器看作是"人的基本力量的对象化"的产物,而是建立一种融合和相互渗透的"主体间"关系。人机互动的动态价值逐渐被创造出来,成为从人际互动到人机互动的关键。

从一开始人类的双手被机器奴役,人类被机器剥夺了能力,到人工智能解放人类的身体,人与机器的互动绝不仅限于信息的生产和交流。参与互动的还有各种复杂的联系形式,如情感交流和对人类身体的感知。人机互动开辟了一种新的互动模式,人与机器之间的关系也出现了新的转机。研究者的视角也逐渐从主体与客体的对抗转变为主体间的对抗。总而言之,人机互动的出现并没有与人际互动形成完全的分离或替代关系。如何通过对它的研究,转向更深层次的主体间的情感转向和身体转向,研究人与技术之间即将产生的新的关系结构,是人机互动时代的新命题。面对未知和未来,我们需要更有创造性的深入思考。

2.3.3 网络媒体的类型

2.3.3.1 社会媒体

作为日常社会实践和关系日益媒体化的一部分,主导数字媒体领域的服务是社会媒体平台。社会媒体是基于它们为用户提供的建立和维持社会关系的能力的网站。许多研究社交媒体的学者提出,这些技术在构建新形式的社会关系中承担了核心作用,并对个人和群体身份的构建做出了关键性的贡献。虽然社交媒体是一个由几十个平台组成的复杂而庞大的生态系统,但本节将讨论一些共同的特点,例如它们为其商业模式服务的编码、分析和预测社会关系的能力,以及它们生成和整合针对个别平台用户的广告的能力。

早期的学术研究将社交媒体描述为网络服务,允许用户创建公共档案,建立联系人网络,其内容和档案信息可以被其他用户看到并与之交互,并创建或加入主题社区或团体。根据这个定义,第一个社交网络是1997年在美国推出的SixDegrees,尽管第一个大规模传播的服务是Friendster,它在2003年拥有30万用户。MySpace于2003年推出,而Facebook的诞生可以追溯到2004年,它在2006年达到了大众水平。事实上,在2000年,这些服务经历了真正的商业爆炸,使它们成为个人和个人之间最重要的中介。在过去的十年中,社交媒体在信息社会中激增并占据了越来越大的份额。据估计,在2018年,仅Facebook就已成为迄今为止最大的社交网络,其活跃用户已超过20亿。其中许多平台的开发是为了促进共同利益组织社会关系,并且至少部分是草根社会新形式出现的结果,而不仅仅是原因。这遵循了过去数字服务所走的道路。Facebook本身最初是为了联系哈佛大学的学生而开发的,直到后来才筹集到资金,变成了一家商业企业。

当然,有许多不同的平台,用于组织不同的社会群体,各自有不同的目的和不同的模式。如果一些社交媒体是通才的,这意味着它们主要基于各种内容的共享,而其他社交媒体则专注于特定目的、媒体类型或对象。例如,LinkedIn针对求职者和人力资源经理,出于职业原因被用作一种社交简历。MySpace是作为青少年社交媒体服务出现的,但长期以来几乎完全由音乐家和乐队占据,他们使用它来吸引青少年观众。社交媒体也可能受到基于性别差异的影响。例如,Pinterest倾向于拥有女性用户群,因为它促进了手工艺和时尚等活动。也有一些利用地理定位技术来定位用户的活动,以加强物理空间和平台交互之间的关系。例如,在Foursquare上,用户会根据他们之前的活动或购买情况收到个性化的商店推荐,以便去他们当前位置附近的商店。此外,社交网络不一定是全球性的,而是倾向于跨越地理和语言界限。例如Facebook和Twitter等最大的平台几乎无处不在,但不同参与者提供的类似服务可能在某些地理区域更为普遍。Orkut就是一个例子,这是一个谷歌的平台,被Facebook驱逐之前在巴西广泛传播。今天,微信、QQ和相当于中文版推特的微博等社交媒体拥有数亿用户。社交媒体平台通常会整合一些服务,这些服务超出了在其板块或时间线上发布内容的范围。例如,许多网站提供聊天、即时通信、电子邮件和电话服务,还有评论和评级系统。

社会媒体促进并构建了社会关系和人际沟通,因为它们有能力塑造在其服务中发生的行动类型。事实上,作为其技术特征的承受力提供了精确的可能性,同时也设定了它们可以被使用的限度。正如媒体理论家何塞·范·迪克(José van Dijck)所说,它们是通过将人、物和思想之间的关系编码为算法,反过来,由技术编码的社会性使人们的活动变得正式、可管理和可操纵,使平台能够在人们的日常生活中设计社会性。在社交媒体平台上,所有的活动都会产生数据,然后由算法进行分析,用来塑造和组织平台的社会性。例如,Facebook是基于"社交图谱"的创建,也就是个人用户之间所有社交互动的地图。这种地图的生成和分析是该平台提供更丰富的在线体验的关键。脸谱网利用其数据,通过算法整理出哪些内容最有可能让特定用户感兴趣,从而产生互动。这意味着,它分析过去的互动,以预测未来的行为。Facebook估计一个用户与另一个用户的帖子互动的可能性有多大。例如,它的算法分析用户A的社交图谱,以估计他有多大可能评论或分享用户B的帖子;如果该帖子已经收到来自用户C和D的评论,他将评论或分享该帖子的可能性有多大。平台使用这种能力来培养和增加用户的参与度和社交性,并据此提取更多数据。

我们应该注意到,社交媒体服务的这一特性与其商业模式密不可分:对于这些平台而言,数据的生成和分析不是在线社交的副产品,而是它们的首要和最重要的目标。他们不仅能够调解社交性,而且能够"数据化"社交互动,这是社交媒体平台成为社会、政治和经济参与者的核心。事实上,社交媒体绝大多数由私人公司拥有和管理。这些公司已经开发出商业模式,允许他们从他们管理的信息中获取利润。对用户而言,这些服务大多是免费的,平台的收入并非来自向用户收费,而是来自它们捕捉、分析和评估用户提供给网站的信息的能力。用户数据由软件聚合,该软件根据用户的兴趣、访问的页面以及朋友网络创建用户配置文件。社交媒体平台收集的信息可以出售给第三方,例如营销机构,或直接用于服务以提供有针对性的广告。确实,社交媒体平台能够创建与用户的兴趣和生活方式相适应的广告,并将它们整合为一个人的关系生活发展的交流环境的自然组成部分。并非所有社交媒体都是以盈利为目的的,非盈利服务一直在努力出现。Diaspora就是一个例子,它是一种基于免费软件和分布式服务器技术的类似Facebook的网站。其采用分散式架构,没有单个用户或实体可以控制系统。此外,Diaspora允许加密通信,从而寻求保护其用户的隐私。这种和其他类似的替代社交媒体往往受到无法达到临界用户数量的限制。

2.3.3.2 协作媒体

在信息社会的技术、经济和组织变革中,用户参与度的提高和内容生产的积极合作占据了重要位置。这种演变是扩大信息获取趋势的一部分,并利用它使生产和政治进程民主化,这是信息社会项目的一个核心要素。在其最近的化身中,这种扩展对文化生产的所有领域和其他领域都产生了影响。大多数数字服务实际上是互动的,允许公众参与,甚至完全依赖、完全委托给用户的生产形式。数字平台为用户提供了成为内容生产者的可能性,或者为评估和改进一项服务所提供的内容做出贡献。维基百科是由用户编写和编辑的;如果没有公众制作和发布的内容,Instagram就不会存在;酒店在猫途鹰(TripAdvisor)上的排名是由客户的评论汇总而成的。社交媒体、博客、视频流服务、维基、标签系统和信息共享资源等工具代表了这种转变的技术基础,然而,它也依赖于一系列的法律和文化。法律体系已经调整了版权法,以促进诸如 YouTube 这样的自我出版平台的传播。同时,如果没有已经成为信息和知识生产过程的一个组成部分来参与文化的传播,在这种平台上的合作是不可能的。

这些过程的结果中最常见的就是用户产生的内容。根据亨利·詹金斯(Henry Jenkins)等理论家的观点,通过数字媒体的参与文化是建立在消除表达创造力的障碍,愿意分享内容,以及感觉自己的贡献对社区有价值的基础上的。这并不完全是新的,因为媒体参与在数字媒体之前就已经存在。例如,几十年来,公众参与媒体制作的形式一直是社区广播电台或独立报纸等另类媒体的中心,因为这些另类媒体将公众参与视为建立民主传播形式和进入商业大众媒体领域的机会。然而,与数字媒体相关的技术和经济变化进一步推动了公众与媒体行业的互动形式。事实上,自 2000 年以来,这一现象已经爆发,从静态的单向数字通信形式过渡到更多的协作性网络服务,这深深改变了媒体和文化产业。电视和报刊等广播媒体的内容是由一个中央枢纽来指挥的,该枢纽生产并向许多周边的接收者发送信息。广播媒体的受众可以选择阅读或观看什么内容,但不能亲自做出贡献或向内容制作者提供直接反馈。在商业互联网出现的早期,许多在线服务具有类似的特点。它们扩大了公众的选择范围,但没有提供新的可能性来成为传播过程的积极部分。然而,如今数字应用和服务使用户和服务本身之间有了更高水平的互动。用户承担了一个核心角色,因为每个人不仅有机会享受内容,而且还可以创造和编辑内容。

协作应用程序的示例很多且不同,但都强调参与、内容创建和信息共享。博客是在线日记或期刊,它们构成了所谓的博客圈,即由相互交流的博客组成的环境。这与社交媒体、评级系统和 Twitter 等微博平台密切相关。借助 WordPress 等博客平台,制作博客不需要特定的技术技能。因此,为公众写作不再仅限于记者和其他专业作家。Wiki 是集体写作软件,它允许多个用户同时处理相同的文本或文档。基于 Wiki 的服务最著名的例子是 Wikipedia(维基百科),它是由世界各地成千上万的用户共同编写的非营利性在线百科全书。又如 YouTube 或 Instagram 等商业服务允许用户分别发布、标记和共享视频、照片。这些服务的成功不仅归功于在线出版软件的使用,还归功于相机等低成本设备的普及,以及可以安装在大多数个人计算机上的视频或照片编辑软件。在线市场和商店,如 eBay 或亚马逊,使用其用户产生的信息来改进他们的服务。在亚马逊上,客户撰写评论或评价商品,从而提供有价值的信息,平台汇总并使用这些信息向其他客户展示其产品。

混搭服务也是一样,因为它们便于将不同来源的信息聚合起来,创建一个网站或应用程序。一个流行的例子是谷歌地图,这是一个互动的地图服务,用户可以向其添加信息,从而创建定制的地图,汇总用户和其他网站的信息。另一个利用智能手机传播所带来的可能性的混搭平台是 Ushahidi,这是一个非营利性的服务平台,通过汇总电子邮件和短信发送的信息来创建互动地图。在传统媒体被封锁或因自然事件而无法运作时,Ushahidi 发挥了至关重要的作用。例如 2007 年肯尼亚选举后的政治动荡中或 2010 年海地地震后,在这两个案例中,Ushahidi 利用其用户提供的信息和证据来创建地图,任何人都可以参考和贡献,使其实时发展。通过标签技术，用户可以将内容与一个标签联系起来，让其他用户（或软件）了解它是什么类型的内容，与什么内容有联系，等等。评级系统允许个人对某一内容进行投票，或者说对某一内容提供一个数字评级。这就是亚马逊的工作方式，但许多其他评论平台也有集成的评级系统。当许多人对某一事物进行评估时，评级系统就会起作用，因此，在Yelp上对一家餐馆的总体"评分"是一个综合结果，而不是单一的评论。许多用户的参与使评级系统更加可靠，限制了不正确或有偏见的评论的影响。

协作式媒体的出现不仅仅是一个技术问题。伴随着合作软件和平台的诞生，我们见证了一种参与文化的出现，它引导消费者更直接地贡献于信息生产。粉丝社区在历史上一直是这种基于参与性文化的媒体系统变化的重要研究对象。粉丝（一个乐队、一部电影或一部电视剧的追崇者）越来越积极地参与到替代内容的生产中，例如视频、小说、视频游戏或卡通等形式。但由于低成本的制作技术和分享平台的广泛存在，许多其他特许经营权的粉丝，如《哈利·波特》或《权力的游戏》的粉丝，创造了数十种替代版本、平行故事和模仿作品。此外，个人可以出于讽刺或政治目的重新解释一个著名歌手的视频片段，然后在YouTube等平台上发布自己的版本。

有时候，粉丝的积极参与可能会成为文化产业的一个问题。版权可能是粉丝和行业之间冲突的主要因素。粉丝们倾向于不接受僵硬的版权管理形式，并可能觉得有权以他们发明和讲述与原创文化产品相关的故事的名义违反它。就《星球大战》而言，它采取的方法就很灵活：最初的制片人卢卡斯影业（Lucas Film）曾为粉丝们运营一个平台来交换他们的作品，这样他们就可以创造替代故事，同时让行业控制可能的利润。例如，《星球大战未剪辑版》是对《星球大战》系列中两部电影的模仿翻拍。它的独特之处在于，它是通过将原始电影分成每个15秒的小片段，然后要求粉丝以任何方式重拍其中一个场景来制作的，这是一个有趣的令人惊讶的不同风格和流派的拼凑。该系列的第一部电影于2010年制作，独立于特许经营权的所有者，但从版权的角度来看，只要不用于产生利润，就可以容忍。后来，迪士尼将它纳入其starwars.com网站的内容中，2014年，第二部电影在特许经营的官方YouTube频道上发布。这种灵活性很重要。活跃的粉丝群有助于留住观众，也是一种营销形式。然而，不同的文化产业遵循不同的、与公众互动的策略。一些公司选择灵活和宽容的方式，而另一些公司则采取"禁止主义"的态度，试图打击未经授权的粉丝重访或重新创建他们的特许经营内容。然而，在大多情况下，文化产业试图利用这一现象为自己谋利，特别是通过他们自己的私人平台鼓励广泛的粉丝发挥创造力，以引导内容和信息的生产，然后将其纳入他们的产品。在这些情况下，版权承担了参与的调节器的角色，因为它被用来控制粉丝制作的内容，而不是禁止其创作。理解这一矛盾和其他矛盾需要对在线参与和合作进行更深入的分析。

2.3.3.3 网络论坛

1. 网络论坛的概念

网络论坛是基于虚拟互联网技术进行在线交流的场所，就是人们通常所说的"网络社区"或"BBS"。所谓"网络社区",就是把现实生活中的社区移植到网上。因为网络论坛的主要功能是促进用户的交流和互动,它们使"全球邻里"成为现实。BBS 是 Bulletin Board System 的缩写,直译为"网络空间公告系统",它最早是用来"张贴公告"的,介绍股票市场价格和类似信息,这是它的主要功能。

网络论坛的核心功能是讨论,其他功能包括电子邮件、文件传输、在线交谈、公告和互联网接入服务。实际上,BBS 基本上包含了互联网的大部分功能。按照不同的分类标准,BBS 可以分为几大板块:信件讨论板、文件交流板、信息公告板和互动讨论板。与网络舆论直接相关的是互动讨论区,它的建设需要三个结构要素:网络空间、账户和帖子。

从 1978 年在芝加哥出现的第一个 BBS 到现在,BBS 已经有 30 多年的历史了。中国进入 BBS 的标志是 1991 年在北京建立的"长城站"。

2. 网络论坛的发展

最早的 BBS 起源于 1978 年的美国芝加哥,当时的 BBS 系统 CBBS/Chicago 只能在苹果电脑上使用,不具备今天网络论坛的大部分功能。直到 1983 年,被誉为"BBS 鼻祖"的第一个基于 PC 的普通 BBS 系统 RBBS-PC 出现了。它可以支持信息讨论和问卷调查,也就是今天 BBS 系统的常用功能。

中国第一个正规 BBS 站是国家智能计算机研究开发中心(现称高性能计算机研究中心)于 1994 年 5 月开设的曙光 BBS 站,但当时的影响力有限,现已消失。在中国的网络论坛历史上,bbs.people.cn 的出现是一个转折点。其前身是"强烈抗议北约野蛮行径的 BBS"。bbs.people.cn 是一个在特定公共事件上开设的网络论坛。

在 2009 年微博兴起并普及后,网络论坛在新媒体舆论中的"霸主"地位已逐渐被微博取代。

3. 网络论坛的传播特征

长期以来,人类生活在自然存在的或被祖先改造过的环境中,即"sinnenwelt",这是一个可以敏锐感觉到的自然世界和一些人造的物质世界。现在,随着大众传媒的普及和信息社会的到来,人们能够扩大对外部世界的感受,想象的世界变得更加广阔。在不知不觉中,人们已经习惯于接受和操作他们无法直接接触到的世界的信息。

借助各种媒体提供的信息,人们总是可以通过信号化或标签化的方式为自己构建一个虚拟的生存环境。网络论坛为人类的生存开启了另一种虚拟环境和人际互动模式,在人们构建虚拟世界的过程中发挥了重要作用。正如马歇尔·麦克卢汉(Marshall McLuhan)所说:"我们塑造了工具,然后工具塑造了我们。"人们在网络工作论坛中的互动是分散的、超越时间和空间的、基于语言的、扩展的和间接的。

2.3.3.4 博客

1. 博客的概念

"博客"是英文 Blogger 的音译,而 Blog 是 Weblog 的缩写,即 Web 和 Log 的融合。Weblog 指的是一种在线日志记录的形式,简称为"网络日志"。Blogger 或 Weblogger,指的是习惯于做日常记录和使用 Weblog 的人,在中文中被广泛翻译为"博客"。事实上,"博客"不仅是指使用网络日志的人,也指提供网络日志的服务或工具。通常,人们把使用网络日志的工具,建立网络日志网站,或保持网络工作日志的现象称为博客。

博客的概念表现在三个方面:频繁更新,短小精悍,个性化。比较规范和明确的正式定义是:内容按时间顺序排列,通常是倒序排列,即最新的在页面顶部,而最旧的在页面底部;网页的主要内容由许多"帖子"组成,不断地更新和个性化;内容可以是不同的主题,有不同的外观和布局以及写作风格,但文章的内容必须以"超链接"的形式表达。

2. 博客的特点

在现实生活中,人们在不同的领域或场景中会说不同的话,这取决于社会环境及他们的社会角色、社会地位和社会关系。他们习惯于戴着面具说话和行动,更多时候隐藏自己的内心,或者只在私人领域表达自己的内心。

博客则不同,因为它提供了一个没有限制的空间,并有可能实现真正的个人发言:网络是虚拟的,这使得个人可以隐藏自己的真实身份,毫无顾忌地表达自己内心的真实想法和感受。网络的开放性使得个人可以随时传播自己的文章、作品和观点,转眼间就可以"走"遍全球;网络的互动性使得个人可以方便地与人沟通、交流思想和相互行动。

博客实现了真正意义上的个性化:它们由个人拥有,由个人撰写,由个人发表,由个人管理。个人可以在他们的博客中发言和自由评论。同时,博客是开放的、社会化的。作为一种媒体工具,博客的出现表明个人空间成为公共领域,个人进入公共领域的门槛和限制完全消失。一个开放的博客群应该是多元的、宽容的、能够容纳异质性的。

在对事实的追求和对真相的爆料中,博客表现出了非凡的责任感。在关于伊拉克战争的报道中,博客客观中立,找到了主流媒体在战争中失去的中立原则。2002 年,美国参议院多数党领袖特伦特·洛特(Trent Lott)的种族主义演讲在博客中被曝光,导致洛特辞职。

博客条目可以共享。以博客形式产生的知识是通过共享来传播的。每个博客都有一个固定的网址,所有的网民都可以通过这个网址阅读博客中的文章。它就像一个开放的笔记本,能够实现个人资源的最大限度共享。

博客是互动的。博客中的交流是通过留言来完成的。博主和受众可以进行实时互动,成为真正意义上的对话者。博客突破了传统媒体的单向传播。信息的发布者也可能是接受者。这种互动可以激发人们积极参与的欲望,以及实现他们在现实生活中可能无法参与的交流的欲望。

博客很受欢迎。在技术层面上,博客满足了"四个零"的条件(零技术、零成本、零编辑和零形式),并为用户提供了最简单和最实用的形式。用户只需选择简单的模板就可以创建自己的博客。

博客是娱乐性的。许多博客是为了自娱自乐,而不是为了经济利益。博客中的文章来自作者的内心冲动,突出了感性的社会属性,是一种自由写作的体验方式。博客中的文章不受体裁、长度和质量的限制。博客作者同时是记者、编辑和出版商。他们自己撰写和校对博客文章。

博客对草根阶层是友好的。在互联网开放的背后,有一个"精英"集团,即由黑客、政府部门和其他技术精英组成的实体,他们拥有技术知识和操作技能,控制着特定的范围。博客是一个超级简单的个人网页工具。成为一名博主不需要任何技术内容,不需要任何新技术,不需要注册任何域名,不需要租用服务器空间,不需要很多软件工具,不需要制作网页的知识。博客是一个傻瓜式的工具,可以像人们用纸和笔写字、画画一样容易使用。

2.3.3.5 微博

微博是"微"和"博客"的结合体,是一种基于用户关系的信息分享、传播和获取平台。用户通过简短的条目(通常每条少于140个汉字)更新信息,实现即时信息共享。最早和最有影响力的微博客网站是美国的 Twitter。新浪微博占据了中国国内市场的最大份额。而微博受到微信的极大影响。

1. 微博的发展

(1) Twitter 的发展

Twitter 是一家成立于2006年的美国公司,是第一家提供移动社交网站和微博服务的公司。

推特是一个社交网络和微博服务器,允许其用户每次更新多达140个字符。这些信息也被称为推文。Twitter 是全球十大最常访问的网站之一。

在一本英文字典里,Twitter 有两个意思:一是"简单的信息";二是"某些鸟类发出的轻微啁啾声"。这个单词生动地展示了其特点,并赋予产品美丽的视觉形象。Twitter 的成功与其战术营销方法密不可分。

Twitter 的成功很大程度上取决于其开放的应用编程接口(API)。一个网站提供开放平台的 API 后,吸引一些第三方开发者在这类平台上开发业务 App,平台提供商将获得更多的流量和更大的市场份额。第三方开发者不需要巨额的硬件或技术投入,便可轻松便捷地创业,实现共赢的目的。第三方应用扩展了 Twitter 原有的功能,使 Twitter 更加人性化,从而极大地丰富了 Twitter 平台的功能和娱乐性。目前 Twitter 上超过一半的流量来自第三方 API。

随着 Twitter 发布越来越多的开放 API,在运营过程中也暴露出一些问题。对开放 API 的大量访问影响了 Twitter 的性能问题,并大大降低了 Twitter 的稳定性。由于支持大量外部 API,Twitter 频繁崩溃和关闭——这是几乎所有 Twitter 用户都遇到过的现象。

(2) 微博在中国的发展

fanfou.com 是中国第一个提供类似 Twitter 的微博服务的网站。目前,中国有影响力的微博网站都是在传统门户网站的主导下产生的,而公认为最有影响力的是新浪微博。

fanfou.com 被迫关闭,表明微博的内容与互联网应用中用户产生的内容不同。虽然一条微博的内容可能不到140个汉字,但数亿网络公民在一起就很有力量。所有看似零散的声音都足以对真实的公众舆论产生巨大影响。

人们在微博上获取信息后所迸发的舆论能量,足以改变公共事件的进程和方向。以"郭美美事件"为例,从2011年6月21日郭美美"微博炫富"引起公众关注的一周内,新浪微博上关于"郭美美"的微博条目猛增至53万条,该事件经传统媒体报道后,在网上和现实中引起了巨大轰动。

尽管北京市公安局和中国红十字会否认了谣言,但未能消除事件的真实影响:"郭美美事件"以来,社会捐款和对慈善组织的捐款锐减。当年7月,全国社会捐款仅达5亿元,比6月下降50%以上。6—8月,慈善组织收到的捐款减少了86.6%。中国红十字会作为该活动的参与方,2011年共收到社会公众捐款28.67亿元,占全国捐款总额的3.4%,同比下降59.39%。

微博除了颠覆人们获取新闻的方式,构建人们应对突发公共事件的新战场,还成为公民社会建设的新平台。非官方的自助精神在微博上得到发扬,而这正是公民社会的核心特征。

可以说,微博已经取代了网络论坛作为舆论主阵地的作用,大大影响了中国互联网舆论的深度和广度。

2. 微博的特点

(1)简单易用

微博词条的内容都是简单的单词和句子,所以微博对用户的技术要求门槛很低。用户可以使用手机或个人电脑即时更新他们的个人信息。

(2)及时性

微博网站有很大的即时通信功能,微博内容可以通过QQ和MSN直接写。在没有电脑的地方,一部手机就可以帮助微博用户即时更新微博条目。一些重大突发事件或全球关注的事件,如果有微博用户在场,可以通过微博以不同的方式实时、高效地发布,给读者一种强烈的现场感。移动终端提供的便利使得微博越来越吸引人。

(3)高度主动性

当用户简单地点击"关注"时,他们表示愿意接受另一个用户的即时信息更新,这对于商业推广和娱乐"明星"系统的传播,以及维护人际关系都具有重要价值。

(4)开放和多元化的出版平台

用户可以使用手机、IM软件(如gtalk、MSN、QQ、Skype)和外部API接口在微博网站上发布新闻。

2.3.3.6　数字型新媒体

当代媒体技术的一个决定性技术特征是它们是数字化的。这一核心技术特征带来了其他一些区别于模拟媒体的关键特征。反过来,这些特征对于理解数字媒体如何影响整体社会动态以及经济和政治关系至关重要。本书采用了广义的媒体定义,因为它包括许多具有调解人类活动能力的技术,甚至超越了通信实践。个人电脑、智能手机、平板电脑、数码相机、视频游戏机、电信卫星、信用卡、MP3播放器、RFID(射频识别)芯片、电视、服务器、社交媒体服务或自我跟踪小工具等都是基于数字格式的信息处理。这意味着它们携带由数字代码代表的信息,然后将其转化为人类语言。这种代码是"数字"的,因为它是基于1和0这两个符号的二进制的。而模拟媒体则依赖于连续的尺度,比如可以由一块赛璐珞胶片的化学成分代表的颜色尺度,或者可以重新排列成单词和表达的字母。由于其使用二进制代码,数字媒体可以非常有效地携带信息,最重要的是,它们可以将任何模拟代码转化为自己的二进制语言。例如,数码相机将模拟信号(进入镜头的光线)转换为数字代码(相机中存储图像的文件)。相反,一个 MP3 播放器将数字代码(MP3 文件)转换成模拟信号(流向扬声器或耳机的音乐)。然而,为了奠定对这套技术的社会影响的理解,我们需要超越这些单纯的技术层面。在一些媒体理论家对数字媒体定义的基础上,我们提出了一份数字媒体的一些定义性特征的清单:它们是数字的、也是融合的、超文本的、分布的、普遍的、算法的、不对称的。

  支撑数字媒体的技术特征通过构成数字网络的基础设施而达到全球意义。理解数字媒体"管道"的架构和设计,对于研究充斥其中的行为者和社区至关重要。根据美国法律学者劳伦斯·莱斯格(Lawrence Lessig)的说法,"代码就是法律"。通过这个公式,莱斯格提出,数字网络不同层次的架构不是中立的,而是有能力塑造其用户的行为的。然而,数字媒体有一系列具体和独有的特征。与广播媒体(如电视台或报纸)不同,互联网是一个通信系统,不是基于一个中央枢纽。相反,它是由一系列相互连接的节点组成的。事实上,互联网是一个分布式的结构,形成了一个网络,这意味着信息实际位于数以亿计的计算机上,称为服务器,其他计算机连接到这些服务器,以请求他们想要的信息,如构成一个网站。一个服务器的关闭并不意味着整个网络的关闭,只是使其中的特定信息无法访问。互联网也是一个冗余的网络,信息被分解成可以分离的数据包,并在许多不同的路径上传输。因此,一个特定的通信线路的中断并不影响它们的传输。此外,互联网是一个开放的系统,任何能够使用电话或宽带线路的人都可以使用个人电脑或其他设备访问互联网,任何人都可以创建一个新的服务器。用于在网络上传输信息的标准和语言是开放的,任何想使用它们的人都可以使用。万维网联盟(W3C)是一个处理网络标准的国际组织,其任务是保持开放性。每个网站都有一个可以到达的"地址",即一个识别网站的字母数字代码,并允许用户进入构成网站的信息所储存的服务器。这些代码被称为域,由一个国际组织——互联网名称与数字地址分配机构(Icann)管理和授予。有一些国家域名,如.it、.ca 或.se,也有一些定义网站所进行的活动类型的域名,如商业活动的.com 或协会和非营利组织的.org。信息的流通是基于网络中立的原则,这意味着互联网供应商不能根据内容或来源对信息包进行区别对待。生产内容的公司不能付钱给供应商,让其更快地传递信息,一个网站相对于另一个网站的下载速度取决于其下载的来源,而不是由供应商决定赋予其特权地位。这一原则不断受到连接供应商的攻击,他们可以通过对一些信息供应商的特权待遇收费来获得更大的利润。例如,像 Netflix 这样的大公司愿意付钱给互联网供应商,让他们以牺牲其他网站为代价加快其内容的传输速度。要理解数字媒体,重要的是要区分构成它们的各个层次。正如约柴·本克勒(Yochai Benkler)所说,数字媒体和网络工作技术是由不同的"层"组成的,它们相互关联,但有各自的特点、问题和挑战。第一层是物理层,由物质成分组成,如用于无线电广播的频率,以及构成互联网的电缆、计算机和服务器、卫星和电话线。第二层是逻辑层,由支撑数字网络的软件、标准和协议组成。例如,允许在互联网上传输信息的 TCP/IP 协议,或管理在线平台、社交网络或数据库的软件。第三层是内容层,即在网络工作中产生和交换的人类可理解的信息。例如,在线报纸中的文章文本、电子邮件的内容或社交媒体上发布的图片。第四层是法律层,即管理数字网络运作及其用户行为的一套国家和国际的法律、政策。这个层次与其他三个层次均有关。

数字媒体研究的另一个重要焦点是数字媒体基础设施的组成部分之一:平台。从技术角度看,数字平台无非是一个软件环境,可以执行一系列程序。在这个意义上,像火狐这样的浏览器或像安卓这样的操作系统都可以被视为平台,因为它们是其他应用程序的环境——想想在火狐上观看的 Netflix 电影,或下载到安卓手机上的应用程序。例如,Tinder 是一个通过分析和编码用户偏好来寻找异性伴侣的平台;Instagram 使用同样的原则来调节图片的流通和交流。在这个意义上,平台是允许用户进行特定活动的,同时塑造了这些活动的开展方式。研究平台需要超越对其软件的分析。媒体理论家何塞·范·迪克(José van Dijck)提出,我们既要把平台看成是文化建构,从而强调它们塑造社会性和文化生产的方式;也要将其看成是经济结构,从而关注所有权和商业模式的问题。技术和社会之间的关系理论可以帮助我们理解这些现象是如何展开的。

2.3.3.7 移动型新媒体

1. VR

(1) VR 的概念

VR(virtual reality)中文意思为虚拟现实,是由美国 VPL 公司的创始人杰伦·拉尼尔(Jaron Lanier)在 20 世纪 80 年代提出的。它主要是指一种通过数字媒体创造出栩栩如生的虚拟空间的计算机网络技术。具体来说,它是以计算机技术为核心,生成一个融合了视觉、听觉和触觉的栩栩如生的虚拟环境(VE)。用户通过设备与虚拟环境中的物体进行互动,从而产生沉浸式的感受和体验。2016 年常被称为 VR 元年,因为正是在这一年,HTC、Oculus、索尼等企业相继销售 VR 头显,VR 相关消费产品出现,VR 开始逐渐进入公众视野。

(2) VR 的历史起源

虽然 VR 在近几年才引起公众的关注,但它的发展历史却很悠久,大致可以分为四个阶段。下面将按阶段展示 VR 历史上许多关键的时间节点、产品和人物,说明 VR 从概念到产品的萌芽,再到现在在全球的普及情况。

① 理论胚胎阶段(1838—1935 年)

查尔斯·惠斯通(Charles Wheatstone)是 19 世纪英国著名的物理学家,他在 1838 年发现并确定了立体图形原理。这个原理阐明了双眼视觉的实现机制,指导他建造了一个由棱镜和镜子组成的设备,使人们能够从一对二维图像中观察到三维效果。这个原理实际上是一些简单的 VR 产品的工作原理,如谷歌的 Cardboard。

这个阶段也被认为是 VR 的模糊幻想阶段。1935 年,小说家斯坦利·G. 温鲍姆(Stanley G. Weinbaum)发表了短篇科幻小说 *Pygmalion's Spectacles*。这副"皮格马利翁的眼镜"被认为是世界上最早的 VR 眼镜的原型。戴上它后,人们不仅可以深入到眼镜中描绘的世界,还可以触摸到里面的人和物品。最令人惊讶的是,小说中的佩戴者甚至可以与图片中的世界互动,影响眼镜中世界的历史进程。这也是世界上最早的关于 VR 沉浸式体验的详细描述。

②实验和论证阶段(1957—1968年)

1974 年获得戛纳电影节最佳导演奖的莫顿·海利格(Morton Heilig),除了电影行业的工作外,还是一个名副其实的研究怪人。1957 年,他发明了一种沉浸式体验机"Sensorama",可以在观看电影时产生风、气味和振动等体感互动。但 Sensorama 的设计理念过于前卫,市场和应用场景的缺失使其长期被忽视。

随后,图灵奖得主、计算机图形学之父和人机交互"界面"的创始人伊凡·苏泽兰(Ivan Sutherland)在 1965 年定义了被称为"终极显示"的概念。这个概念规定,某种"终极显示"所提供的内容可以使用户无法区分与真实世界的区别。它主要包括以下三点规则:一是头戴式显示器显示 3D 视觉和声音效果,并提供触觉反馈;二是计算机提供图像,并确保实时性能;三是用户可以与虚拟世界中的物体进行互动,就像与现实一样。

半个世纪前的这些规则至今仍在使用,为 VR 技术的发展确定了方向。

在确立了 VR 的三个原则后,伊凡·苏泽兰(Ivan Sutherland)和他的学生在 1968 年制作了第一个连接到计算机的头戴式显示器。受限于当年的制造程序和技术,这种头戴式眼罩的重量和体积都不适合佩戴。它需要用一根钢缆从天花板上悬挂和固定,因此被称为"达摩克利斯之剑"。

与世界上第一台计算机 ENIAC 一样,"达摩克利斯之剑"更像是一种实验性的前瞻性科技产品,受限于当时计算机的处理能力和极其有限的图像处理性能,伊凡·苏泽兰(Ivan Sutherland)的"终极显示器"只能显示非常原始的房间和由线条组成的物体。然而,它的诞生为 VR 技术的理论和实践阶段画上了一个圆满的句号。从此,VR 技术进入试点应用阶段。

③试点应用阶段(1985—1995年)

在经历了海利格时代 VR 技术在娱乐行业没有任何建树的尝试后,伊凡·苏泽兰(Ivan Sutherland)成功地将"终极显示"的概念引入美国军方和科技界高层。1985 年,美国宇航局启动了 VR 设备"VIVED VR"计划,为美国宇航局建立一个沉浸式的航天器驾驶模拟训练中心,以提高宇航员的远视能力,使他们能更好地在太空工作。这个设备与今天进入民用市场的 VR 设备在命名、设计和体验上没有什么区别。

计算机科学家、艺术家、哲学家和虚拟现实的创始人杰伦·拉尼尔(Jaron Lanier)在 1987 年创造了一个短语"虚拟现实",以确认其名称。从这年开始,这个研究领域终于有了一个正式的名字。拉尼尔创办的公司也成为历史上第一家制造和销售 VR 头盔的公司。

日本游戏机制造商世嘉(SEGA)在 1993 年推出了一款名为 SEGA VR 的设备。它的 VR 头盔造型符合当今的构成标准。该设备具有头部追踪、立体声效果和液晶显示器。就像一只五脏俱全的小麻雀,它的诞生为后来的 VR 设备建立了一个参考标准。但由于当时游戏设备的处理性能问题,配套的游戏软件只有四个,游戏体验并不理想。再加上高昂的售价,它很快就被埋没在无尽的历史洪流中。

由横井浩平(Gunpei Yokoi)设计的 Virtual Boy(虚拟男孩)是游戏行业实现 VR 的又一

次尝试。虚拟男孩可以说是任天堂最具革命性的产品之一。横井浩平(Gunpei Yokoi)试图用一个突破性的想法来改变游戏的发展方向，但由于概念的前卫和当时技术力量的限制，没有被市场接受。

④大规模普及阶段(1998年到现在)

1998年，索尼向市场推出了PC Glasstron头戴式液晶显示器。虽然这不是一个真正的VR设备，但它可以生成一个30英寸的屏幕，相当于SVGA(800×600)分辨率。此外，它还配备了立体声音响。显示屏的透明度也可以调整，以便用户在观看显示屏的同时可以看到周围的环境。这种显示技术仍然出现在各种科幻电影和电视节目中。

2012年，Oculus公司为了给公众带来低延迟的沉浸式体验，推出了一款为视频游戏设计的头戴式显示器。这个设备被认为将改变人们未来玩游戏的方式。它有两个目镜，每个目镜的分辨率为640×800。在两只眼睛的视觉合并后，它的分辨率为1280×800。陀螺仪控制的视角是这款游戏设备的主要特点，从而大大提高了游戏的沉浸感。2014年3月26日，该公司被Facebook以20亿美元收购。

2014年，谷歌推出了一副廉价的VR眼镜Google Cardboard。Cardboard是一个可折叠的智能手机头戴式显示器，由镜片、磁铁、魔术贴和橡皮筋组成，提供VR体验。安装有3D显示软件的智能手机可与该设备相匹配。镜头允许用户分别感知左边和右边的图像，以创造一个3D图像。该可穿戴设备由谷歌设计，但没有官方制造商或供应商。相反，谷歌在其网站上提供免费的零件清单、原理图和组装说明，以鼓励普通人用容易获得的零件自行组装。结果，它成为历史上最畅销的VR产品，总销量超过500万台。

可以说，VIVED VR之后的VR设备基本没有脱离伊凡·苏泽兰(Ivan Sutherland)时代确立的"终极显示"构造原则。得益于近20年来大规模集成电路和液晶显示技术的快速发展，以头戴式VR设备为代表的VR产品价格大幅下降，其显示性能和体验效果也迎来了革命性的提升。尽管存在一些有待改进的技术问题，但业内人士大多认同这样的猜想：VR技术将成为继电视、电脑、手机之后的新一代网络接入设备。

目前，头戴式显示器是最常见的VR设备。头戴式VR设备是VR的主要形式。通过沉浸式头盔或VR眼镜，用户可以直接将自己置于虚拟世界中。这种体验是最直观、最彻底的，它也将是VR的发展趋势。

(3) VR的特点

VR的出现给用户带来了全新的体验。那么，VR有什么独特之处？总的来说，它主要包括以下三点：立体感、沉浸感和互动性。

VR可以实现三维的视觉效果，但与3D电影的立体感还是有所不同。由于在固定的视角下，人眼的视角范围约为120°，所以观看3D电影的最佳范围通常为120°。VR和3D电影最直观的区别是VR实现了720度全景全覆盖的三维沉浸感。也就是说，在水平360°的基础上，可以同步增加垂直360°的范围，看到"上天入地"的全景。此外，在VR头盔陀螺仪传感器的配合下，当佩戴者的头部旋转时，佩戴者看到的画面是与头部旋转同步切换的场景。这就产生了一种融入虚拟场景的"沉浸感"。

沉浸是指沉浸在内心,无法区分虚拟和现实的感受。VR设备的沉浸感越强,越能让体验者感受到虚拟场景的真实感。理想情况下,当体验者达到完全沉浸时,就不可能区分是在虚拟世界还是在现实世界。完全沉浸感包括视觉、听觉、触觉、嗅觉和味觉五种感官,所有这些都见证了佩戴者与虚拟场景之间互动的实现。

交互性表现为佩戴者与VR场景之间通过人机界面、控制设备等进行双向互动。目前,VR设备的交互模式相对简单。常见的交互模式主要包括手势控制、头部追踪、触觉反馈等。戴上VR手套后,人们可以在虚拟场景中看到自己的手。VR场景根据头部视角的移动而变化。戴上VR防护设备,人们可以在虚拟场景中实现触觉反馈等。例如,在玩射击游戏时,可以实现真实的体感感受,如现场射击和被击中。未来,随着动作捕捉、眼球追踪和各种传感器技术的逐步完善,预计将逐步推出越来越多的消费类产品。

近年来,VR已经成为国家推动产业转型和信息消费的重要组成部分。VR产业具有巨大的市场潜力。在5G技术高传输速率、高稳定性和海量连接的加持下,VR的各种创意将更容易实现。随着5G技术的深入普及和云计算、自然交互等技术的不断升级,5G VR将成为VR行业的重要突破口。5G VR将为制造业、教育、零售、会展、医疗等众多垂直行业赋能。VR产业或将迎来新一轮的发展机遇。创新业态,激发动能能源也将成为5G+VR在新发展阶段的使命。

2. 5G网络

5G的商业化大大加速了移动互联网的发展,并导致通信和媒体的新概念、模式和实践发生颠覆性变化。

(1) 从完整的空间和时间到完整的媒体

2019年1月25日上午,中央政治局关于全媒体时代和媒体融合发展的第十二次集体学习在人民日报社总部举行。中共中央总书记习近平主持学习并指出,推动媒体融合发展,建设全媒体已成为我们面临的一项紧迫课题。他强调,随着全媒体不断发展,全程媒体、全息媒体、全员媒体、全效媒体已经出现。

全程媒体是习近平总书记提出的四种媒体之一。那么什么是全程媒体呢?中国社会科学院新闻与传播研究所胡正荣认为,所有的媒体都是全程媒体,即所有的媒体都将是全时空的传播媒体,它是能够覆盖人民群众信息交流全过程的载体。

全时空通信是什么意思?所谓全时空通信就是人类社会的信息通信。它将史无前例地使信息通信不受干扰,无处不在。信息传播可以最大限度地突破人类传播史上的最大障碍,即传播的时空限制。

以2019年央视春晚为例,中央广播电视总台在2019年央视春晚深圳分会场的5G技术应用实现了4K超高清视频内容的跨时空通信。已经成功举办了36年的央视春晚,在深圳分会场首次实现了4K超高清视频内容的5G传输。这也是中国首次实现4K超高清视频内容的5G传输。广东移动、广东电信和华为是央视春晚深圳分会场的5G传输技术支持方。为了实现深圳与北京之间5G信号的实时沟通,广东移动、广东电信和华为的技术团队在直播链的各个环节都保证了现场5G信号的传输。整个晚上的视频直播画面都非常稳定。平均端到端的延迟短于40毫秒。这是5G网络在央视春晚4K直播中的首次应用,主要解决了过去4G网络无法解决的速度和延时问题,同时,用最快的速度保证了央视春晚视频直播的超高可靠性。

根据北京大学科技园创新研究院编制的数据,5G网络的传输速率是4G网络的10倍至100倍。5G网络的峰值传输速率可以达到20 GB/s。在5G时代,一部1 GB的经典电影可以在几秒钟内下载完毕。5G网络的端到端延迟已达到毫秒级别。连接设备密度增加了10—100倍。流量密度增加了100倍。频谱效率提高了3—5倍。它可以保证在500公里/小时的速度下的用户体验。从数据中可以发现,5G网络的传输速率是非常高的。容量极大,延时极低。其优势并不限于上述的那些。5G网络的基站包括微型基站,它们是移动的。不难发现,由于5G的技术优势,全时空信息通信的实现将加速。人们可以在任何时间节点和任何地方传播信息。

在全时空信息传播的背景下,一个事件总是处于传播链中,换句话说,它从开始到结束,随时都可能成为一些公共信息。全时空传播取代了时间和空间的概念,它改变和改写了传统媒体时代的新闻传播过程。传播可以随时随地发生。全时空传播对传统的采编流程产生了巨大影响,要求建立全程媒体,即对事件从开始到结束进行全链条播报的全过程追踪。媒体要及时跟进事件,参与全过程,深入到事件中去,对新闻事件要逐步、深入、全面地进行报道。

3. 户外型新媒体

户外型新媒体是指安放在人们一般能直观看到的地方的数字电视等新媒体,是有别于传统的户外媒体形式(广告牌、灯箱、车体等)的新型户外媒体,比如在地铁里、在办公大楼、在购物中心、在体育场馆里所衍生的渠道媒体——LED彩色显示屏、视频等。其内容主要是广告。有人将移动电视也看作户外新媒体。在大城市,户外传统媒体正在逐步被户外视频、户外LED等新形态所取代。数据显示,户外广告的增长主要是来自户外视频、户外LED。

(1)电视广告

广告已经成为中国电视的主要收入来源,占其总收入的90%以上,是全国所有媒体类别中比例最高的。由于网络电视、手机电视、写字楼和购物中心电视等新媒体的竞争,所有传统媒体的广告收入增长都开始放缓。造成这种放缓的一些因素与报纸的情况类似,包括房地产和药品广告的减少。政府对这些领域日益严格的管制导致这些领域的广告减少。

与此同时,电视广告收入越来越集中在最具竞争力的电视台。多年来,中央电视台作为中国唯一的全国性电视台和"世界之窗"一直占据着中国电视广告收入的最大份额。2007年,央视广告收入达到100亿元人民币,约占全国全部电视广告收入的三分之一。中央电视台从1979年播出第一条广告后,用了不到30年的时间就达到了这个收入标准。1992年央视的广告收入为1亿元,仅仅15年后,它的广告收入增长了100倍。

(2)电台广告

尽管广播作为一种广告媒体受到了电视和互联网的挑战,但过去几年,广播广告的发展迅速。其收入从2000年的15亿元人民币增加到2005年的约50亿元人民币,年均增长

40%。2005年,13家地方广播电台实现了1亿人民币的广告收入。广告收入最高的三个广播电台分别是北京广播电台(4.5亿元人民币)、广东广播电台(2.49亿元人民币)和上海广播电台(2.23亿元人民币)。

广播广告收入大幅增长的主要原因之一是私家车数量的大幅增加。以上海为例,2006年初机动车保有量超过200万辆,每天产生1000万"流动人口",占大都市人口的56.3%。为了覆盖这个庞大的"移动人群",广告商从上海文广传媒集团购买了超过3亿元人民币的广播时间。该集团最早由上海人民广播电台、上海东方广播电台、上海电视台、上海有线电视台和上海东方电视台合并而成。

(3) 互联网广告

2005年,中国网络广告收入达到了3.13亿元,比上一年增长了42.1%,超过了杂志广告收入,接近电台广告收入。由于北京奥运会,2008年的网络广告收入从2007年的70亿元猛增了65%。在北京奥运会前后的一个月里,央视的网络广告收入远远超过了人民币6亿元,远高于中国任何单一媒体。中央电视台2008年全年的在线广告收入估计为20亿元人民币。

随着互联网的迅速普及,宽带普及率的不断提高,以及受过良好教育的年轻人口的增长,互联网正迅速成为中国年轻人的首选媒体,这为营销人员在网上做广告提供了强大的动力。2008年中国的互联网广告收入已经达到了170亿元人民币。到2011年,互联网广告收入已达500亿元人民币,超过报纸,成为中国第二大广告媒体。因此,可以肯定的是,互联网是目前增长最快的广告媒介。中国领先的市场信息和洞察提供商2008年CTR市场研究报告显示,互联网广告将是受全球金融危机影响最小的行业之一。

拥有2.5亿互联网用户的互联网广告市场,不仅吸引着营销人员,也吸引着媒体研究公司。2008年底,Nielsen Online与总部位于北京的网站排名出版商China Rank的母公司成立了一家合资公司,跟踪中国的互联网使用情况。这家名为CR-Nielsen的合资公司是第一家有权编辑和发布中国市场标准互联网数据(比如流量和广告支出数据)的公司。

(4) 移动广告

与此同时,2008年的广告支出增长了82%(同样是因为北京奥运会),2009年的广告支出增长了47%,中国的移动和LCD广告支出有望在不久的将来超过互联网广告支出。数字媒体这一新兴领域的市场份额已经开始超过传统媒体,尤其是报纸和电视。

(5) 户外广告

在中国,户外广告也在快速增长。它包括在机场、地铁、出租车、公交车和其他车辆中的广告。办公楼、杂货店、便利店、超市和其他商业空间中的LCD和等离子屏幕广告增长尤其迅速。仅机场广告就占地数万平方米,每年以50%的速度增长。例如,北京首都机场航站楼2008年的广告收入达到7.6亿元人民币,比2007年的4.2亿元人民币增长了81%。

正如前面提到的,广告在当今中国的大众媒体中至少占到80%的收入。如此高的比例为大众传媒提供了强大的资金支持。这减少了媒体对政府资金的依赖,并为媒体产品的创造性和多样性提供了更多的机会。

然而，与媒体行业本身一样，广告行业必须快速调整以应对受众和媒体细分的挑战，以及适应技术的快速发展。在传统媒体与网络和移动媒体之间的竞争持续加剧的同时，越来越多的营销人员将越来越关注客户的需求以及品牌与消费者之间的互动，而不仅仅是诉诸传统媒体方式营销。只有适应这些变化，广告业才能保持高速增长。有广告专家预测，在不久的将来，营销策略将发生根本性的变化，企业将以网站为营销方案的中心，整合多种渠道。

2.4 手机媒体

2.4.1 手机媒体的历史

在过去的二十年里，我们的媒体生态发生了巨大的变化，其中一个大趋势就是移动媒体的兴起。从20世纪90年代末基本手机(现在称为"哑手机")的广泛普及，到21世纪初功能手机和智能手机的成功，再到今天可穿戴设备等智能设备的兴起，移动媒体改变了我们使用媒体的方式。自2017年以来，全球超过50亿人，全球人口的三分之二使用各种移动设备。尽管移动媒体的主要资产看起来微不足道，但其影响深远。移动媒体确实是移动的，也就是说，使用这些设备并不局限于任何特定的位置，而是可以被用户随身携带，使得媒体可以在我们日常生活中的几乎每一个环境和情况下使用。因此，媒体使用的情境语境在理论上具有无限的可变性，这就增加了研究其对媒体使用的影响的兴趣。

当然，在移动媒体兴起之前，媒体使用的背景已经被研究过。电视观看的背景，特别是背景对频道选择的影响已经被详细研究，特别强调了社会背景的重要性，即共同呈现他人对电视观看和频道选择的影响。此外，还研究了其他环境因素的影响，如季节、天气、日期和时间。因此，关于电视观看，影响媒体使用行为的情境因素的研究大多局限于电视观看的社会情境，强调其对媒体使用行为的重要性。更进一步的背景因素很少被研究，这是完全可以理解的，因为在可以找到电视机的地方没有太多的变化。相反，在我们的家庭中，它们被发现是相当清晰的"中介物"，限制了背景影响的差异。

但是其他媒体一直都是便携的，像报纸或书籍，因此允许他们使用的物理环境的变化。虽然没有太多的研究关注这种变化对书籍或报纸阅读的影响，但 Kuzmičová(2015)进行了一项引人注目的研究，分析了环境塑造阅读体验的各种方式。她区分了环境在阅读中的三种不同作用：(1)作为干扰物的环境；(2)作为心理意象的支撑物的环境；(3)作为快乐场所的环境。因此，我们看到，社会和物理环境对媒体使用的影响对于移动媒体来说既不是新的也不是独特的，而是就像与所谓的新媒体相关的许多其他现象一样，它们可能在范围和程度上有所增加，从而引起学术界的高度关注。

为了将上述分散的语境对媒体使用的影响归类为更连贯的类别，我们需要将目光投向我们自己的学术领域之外。贝尔克(Belk)从总体上考虑消费者行为与媒体或媒体使用没有任何联系，他根据五个类别定义了消费者行为的环境：物理、社会、时间、任务和先行状态。虽然并非所有这些都反映了特定的情况，但其中至少物理和社会两项确实反映了情境背景的各个方面。类似于对电视观看或阅读的背景影响的研究和贝尔克的方法,该模型也强调了物理和社会环境对媒体使用行为的重要性。新媒体使用的情境模型区分了影响媒体行为的两个相互依赖的因素:个人心理和位置相关的条件。

移动媒体由于其固有的性质,在媒体使用中增加了对情境影响的学术关注。但是在这种情况下,究竟什么是移动媒体呢?移动媒体是一种技术产物,它使社交和人机交互不受时间和地点的限制。因此,大多数移动媒体可以被描述为元媒体,即通过单独的配置和编程将无限数量的组成媒体嵌套在其中的结构。这种个性化的配置和编程,以及用户不受时间和地点限制的独特优势,使移动媒体成为独特的个人媒体。此外,移动媒体的个性化编程和配置强化了移动媒体位置的双重性。它们都为我们日常生活中的每一种情况增加了一层连接性,降低了地点对我们互动的重要性,同时通过虚拟重新协商或重新配置地点的方式实现了与地点的更深层次的互动。

基于上述的新媒体使用情景模型,卡诺夫斯基(Kanovsky)研究了位置相关条件对手机使用的影响,表明特定的位置条件组合伴随着特定类型的手机媒体使用。

从传播学之外的邻近学科来看,我们发现自21世纪初以来,移动媒体使用的背景因素也在信息系统中进行了讨论。早在1999年,克里斯托弗森(Kristoffersen)和永贝里(Ljungberg)就指出了工作生活中手机使用环境的巨大差异。在接下来的几年里,信息系统中的几项研究了背景因素(其中包括社会和基础设施因素)对移动媒体使用的影响,虽然这些研究中的绝大多数并没有严格地关注情境语境,而是关注使用语境的更广泛的概念,但一些研究特别关注情境背景,再次强调了物理和社会环境对移动媒体使用的影响。

基于这些积累的关于情境对移动媒体使用影响的经验证据,人们将情境影响整合到智能手机使用的利基模型中。该模型基于移动媒体是元媒体的概念。元媒体是组成媒体嵌入其中的结构。因此,对于超媒体智能手机来说,其应用程序将构成媒体;对于超媒体个人电脑或笔记本电脑来说,它的软件程序是构成媒体的组成部分。嵌套在元媒体中的组成媒体的数量、类型和单独组合不由元媒体预设,而是可以由用户单独配置和编程他们的组成媒体集。除了情景语境的整合之外,这种可变性对移动媒体使用的建模提出了第二个挑战。

为了克服这两个挑战,汉弗莱斯(Humphreys)等人基于构成其使用的利基对移动媒体的使用进行了建模。继吉布森(Gibson)关于启示和小生境的原始著作之后,他们概念化了这样的小生境结构,移动媒体的使用由超媒体的组成媒体的特征和用户方面的使用和满足构成。因此,小生境可以通过用户使用中的固有启示的设定以及它们在所使用的组成媒体的具体特征中的体现来描述。情境语境既支持又限制了这种在特定环境中实施和体现启示的双重过程,因为它构建了构成媒体特征的可用性和感知。为了从经验上描述这样的生态位,我们需要研究组成媒体的特征、用途、满足感和情境背景。相比之下,启示仍然是纯粹的潜在构造,不能凭经验观察。

2.4.2 手机媒体的特征

手机媒体具有数字化的基本特征,其最基本的传播特征是互动性,最大的优势是便携性和人性化。同时，作为网络媒体的延伸，手机媒体具有网络媒体的高互动性、信息获取快、传播快、更新快的特点。所有这些特点使手机能够渗透到人类社会的各行各业，并深刻地影响着人类的传播活动。

1. 高机动性和便携性

手机媒体具有高度的移动性和便携性，实现了极为便捷的信息传播。手机已经成为人们日常生活的一部分。手机媒体的高度便携性使其具有高度的个性化、私密性和贴近皮肤的特点。手机是"有体温的媒体"，真正贴近人们的生活。这就要求手机媒体的传播者根据用户需求提供个性化的信息，也就是真正实现焦点传播。

2. 即时信息传播

手机传播是数字化的。通过手机进行信息传播，速度快，时效性强，覆盖面广，约束性小。鉴于手机用户数量庞大，手机传播的受众面也很广。

显然，手机媒体具有即时性的优势。不需要打开电脑或电视，很多受众就可以通过手机媒体获取权威媒体机构提供的实时新闻、现场图片或现场视频。手机媒体实现了即时信息接收和动态信息传播。特别是当有突发事件发生时，手机媒体还可以像网站一样实现新闻的动态传播。

通过手机传播的信息，更新频率高，成本低。通过手机传播的信息的更新周期可以用秒来计算，但通过电视和广播的更新周期是一天或一小时；报纸的出版周期是一天，甚至一周；纸质期刊和书籍的更新周期甚至更长。手机传播的即时性提高了新闻的时效性。同时，手机传播实现了"信息接收的非同步性"。例如，如果一个人收到一条短消息，只要他有时间就可以阅读和回复。信息接收的异步性使受众不受媒体传播时间的限制，受众可以根据需要随时接收和使用信息。

3. 互动性

手机传播是一种开放的、互动的传播形式。传统媒体的传播方式在现实中通常是单向的，即传播者和受众不能随时随地实现双向交流。手机传播可以是单向的，也可以是双向的，甚至是多向的。手机传播具有高度的互动性。

手机媒体在"互动性"方面有着传统媒体无法比拟的优势。传统大众传媒的一个重要特点是信息的单向传播，这就造成了受众的反馈在大多数情况下总是落后于时间，不及时。而手机媒体不仅发布用户需要的新闻，而且具有跟踪、收集素材、调查读者和读者评论等功能。它为读者和内容提供方提供了更多、更便捷的服务，实现了更广泛、更快捷的互动。

手机传播突出个性化、人性化，强调用户参与。相对于传统的大众传媒，手机媒体的传播形式明显多样化，集人际传播、群体传播、组织传播和大众传播于一体。手机本身就是人际传播的工具。论坛、聊天室、手机QQ等借助于手机媒体，进一步丰富了人际传播的渠道，在手机媒体上可以很方便地实现群发。许多手机网站专注于打造主题论坛和手机社区，供有相同爱好或需求的用户交流。

手机传播人性化。手机媒体小巧便携，更能满足个人的需求。手机媒体是一种可以被人"掌握"和控制的媒体，而不是像传统媒体那样将人与媒体分离，或者像网络媒体那样"淹没"人。手机作为"构成人体一部分"的媒介,具有有机性,生动诠释了"媒介是人类的延伸"。

4. 丰富的听众资源

衡量媒体是否有竞争力的一个重要指标是真实和潜在的受众人群。对于手机媒体来说,最不用担心的就是用户。中国的手机用户已经突破了13亿,远远超过了网络公民和报纸读者的人口。相对于发行量最大的报纸和杂志,点击率最高的网站,以及人流量最大的车站和地铁站的户外媒体,手机媒体拥有更多的受众,涵盖的类型也更加广泛。

手机不仅仅是一个简单的通信工具。它的快速发展正在改变人们的生活方式。手机正在成为一个传播和整合信息的设备,甚至成为个人的数字娱乐中心。在未来,移动通信行业的主要发展目标将从扩大用户人口转向人均利润最大化。虽然在许多成熟的市场,手机的拥有量已经达到了饱和点,但利用手机进行信息传播和牟取暴利的目的仍处于初始发展阶段。

5. 多媒体传播

手机处理信息的功能越来越强大。上网、拍照、录音、拍摄已经成为很多手机的基本功能,多媒体手机也逐渐普及。手机操作平台发生了很大变化,手机的电脑化趋势已成为现实。一些新推出的手机还集成了手机博客、即时通信等最新应用,手机的信息处理和传播功能不断增强。

6. 新闻采访的重要工具

2005年7月,在伦敦连环爆炸案发生后的几秒钟内,十几名地铁乘客和被炸公交车附近的行人第一时间用手机拍摄了这一可怕的场面。一些人在地铁站拍摄到了爆炸的现场。根据这些照片,到处都是浓烟,乘客不得不捂住嘴巴。另一张照片拍摄了附近的一名男子,他也在用手机拍照。

电视和新闻网站上的视频片段和照片呈现了绝望的地铁乘客在逃命的场景。还有一些照片显示,公交车爆炸后,昏迷的乘客躺在地上。他们清楚地捕捉到了脸上带着黑灰的乘客逃命的情形。一名妇女痛苦地蜷缩在人行道上。周围的建筑物上有喷溅的血迹。

手机媒体技术的迅速崛起,使世界上几乎所有的普通人都能拍摄突发新闻并放到互联网上。世界见证历史的方式正在改变,名人没有机会隐藏他们的尴尬时刻。一些西方学者称这种现象为"草根新闻",称这些人为"草根记者"。

7. 隐私

手机媒体是一种高度个性化的媒体。它不像电视,可以全家一起看;也不像报纸,可以到处传阅。它是一种带有个性化标签的独特的个人信息传播工具,而且是高度私密的。每一个手机终端都对应着一个特定的受众,使其能够比互联网IP地址更准确地跟踪用户的信息和行为。

8. 顺应性

手机是媒介整合的重要平台。手机媒体可以整合多元化的媒体形式,承载报纸、广播、电视等传统媒体的内容,充分展示网络媒体的各种传播优势。

9. 同步传播和异步传播的有机统一

手机媒体将同步和异步新闻传播有机地结合起来,即用户利用手机媒体提供的新闻传播工具,可以实时接收传播者的信息并与其他用户进行实时交流,也可以在任何选定的时间获取传播者传播的信息并与其他用户交流。这就像网络媒体的传播模式。

2.4.3 手机媒体的弊端

手机作为媒体的最大优势是其便携性。手机媒体是一种数字新媒体。随着手机媒体对网络媒体的延伸,网络媒体的许多特性(包括缺陷)也延伸到手机媒体。在目前阶段,手机媒体具有以下几点缺陷。

1. 传播虚假和不健康信息

一些不法分子发布虚假信息,虚张声势,肆意欺骗。淫秽信息和谣言通过手机传播,危害社会风气,误导公众,造成社会秩序混乱。

2. 侵犯个人隐私的行为

越来越多的流氓分子用手机或其他电子产品进行偷拍,一些国家和地区的立法机关才慢慢开始干预。

3. 信息垃圾

现在中国网络公民收到的垃圾邮件相当于正常的电子邮件,同时,手机也有无数的垃圾信息。

4. 信息安全

一些手机黑客设计了特殊的手机软件病毒来攻击广大的手机用户。有些病毒利用手机芯片的程序漏洞或缺陷,通过短信传播病毒代码,造成破坏。过去的手机病毒可以造成手机自动断电或故障,甚至损坏手机芯片。有些病毒甚至使手机自动报警,或自动将信息转发给手机中的联系人。

5. 手机固有的技术缺陷:电池容量不足

电池寿命仍然是制约智能手机发展的一个因素。人们越来越依赖智能手机,但电池技术的发展却无法满足需求。现在的解决方案是增加电池容量,但这还远远不够。全新的充电技术是未来的发展方向。

尽管手机媒体存在缺陷,但手机作为一种新媒体,已经实现了突破,并正在成为人们随身携带的信息系统。作为信息传播的新终端,手机以其高效、便捷、及时、互动的特点,随时随地为人们提供更加丰富多彩、个性化的信息服务。它将是一种全新的文化生产形式,也是一种不同于以往的信息传播渠道,是对传统媒体的挑战。

2.4.4 手机媒体造成的问题

手机作为微型计算机,过去是一种移动通信手段,但现在已经成为大众传媒。手机正迅速改变着中国社会的传播模式,重塑着人们的信息传播习惯。手机促进了社会的交流和互动,给人们带来了前所未有的信息传递的便利和自由。手机媒体作为一种新生事物,与其他媒体相比具有相对的优越性，但其发展中也存在着不可避免的缺陷和不容忽视的负面影响。尤其是丰富多样的信息传播，如果不加控制，很容易污染信息传播，恶化传播生态。以下将讨论手机媒体的缺陷。

1. 非法短信息

非法短信息管理的重点是检查通过手机非法发送短信息的行为，特别是以银行名义发送短信进行诈骗的行为；散布色情、赌博、暴力和恐怖内容；非法销售枪支、爆炸物、走私车、毒品和假钞；发布虚假中奖信息、婚姻介绍或招聘信息；引诱或介绍他人卖淫。一些不法分子发布虚假信息，虚张声势，肆意欺骗。淫秽信息和谣言通过手机传播，危害社会风气，误导公众，造成社会秩序混乱。

2. 通过手机传播垃圾信息

虚假有害信息的传播和垃圾信息的泛滥是手机媒体发展中的两个棘手问题。

根据圣加仑大学和国际电信联盟联合进行的一项研究，超过80%的欧洲手机用户至少收到过一条短信息形式的垃圾信息。

研究结果还显示，83%的受访者认为，在未来一两年内，收到垃圾信息将成为困扰他们的一个严重问题。

美国和韩国要求消费者在购买手机时出示其居民身份证，以便销售商将消费者的身份证号码和地址输入电信运营商的中央数据库。当手机用户发送信息时，电信系统的存储单元会有发送者的手机号码，有了这个号码就可以访问发送者的姓名或地址。一些国家允许广告商通过手机短信发送广告，但有条件。例如，短信息中的广告必须明确标明，而且广告商不允许在晚上21:00至第二天早上8:00之间发送短信息的广告。

3. 手机带来安全问题

由于移动通信网络使用由硬件和软件组成的手机作为终端设备，一些海外公司试图改变手机的软件或硬件，将手机变成窃听和偷拍的设备。这些设备在外观上与普通手机相似，并具有正常的通信功能。一些经过改造的手机，即使用户关闭电源，也能被他人激活，在不响铃的情况下接通，这样就可以隐秘地听到周围的声音。手机的操作系统也有一些"后门"。一些可以上网的手机会通过手机病毒或互联网被植入窃听程序，具有非法窃听和远程控制的功能。

4. 手机的传播也造成了国家安全问题

在俄罗斯的车臣战争中，俄罗斯空军通过电子侦察发现了车臣分离主义分子头目的踪迹，并轻松将其击毙。

2002年3月，本·拉登(Bin laden)的得力助手和基地组织的二号人物阿布·祖贝达(Abu Zubaydah)被扣押，因为他在使用手机后暴露了自己的藏身之处。

因此，手机通信是一个开放的电子通信系统。只要有相应的接收设备，任何人在任何时候任何地方的谈话都可以被截获。

即使处于待机状态，手机也能与通信网络保持不间断的信号交换，电磁频谱可以很容易地发现、识别、探测和跟踪目标，用探测和监督技术准确定位目标并从中获得有价值的情报。

即使手机关闭了电源,专家们仍然可以用专门的仪器远程打开其接收器,以达到窃听目的。因此,只要用户把手机放在身边,他们就没有任何秘密。在制造过程中,手机的芯片中已经植入了接收和发送功能。即使关闭电源,这种手机只要有电池,就能随时接收语音信息和传递这种信息。通过地球静止卫星上的中继站,这些信息将被传递到地面处理系统。建议手机用户在必要时将手机电池取出,彻底切断手机电源;或将手机放在离通话地点较远的地方,以免被窃听。一些发达国家的情报部门、重要的军事部门和政府部门都禁止在办公区使用手机,甚至是已经关闭电源的手机。此外,恐怖分子用手机引爆炸弹的情况也时有发生。

智能手机摄像头越来越受欢迎。一些手机有独特的设计和特殊的功能,如安装在背面的取景镜头,可以隐藏起来。因此,即使一个人假装在打电话,他也可以很容易地偷拍到秘密或侵犯隐私。

5. 手机有多种功能,其拍摄和录音功能令人担忧

目前影响最大、争议最多的是手机摄像头的偷拍功能。手机支持拍摄是令人担忧的,手机支持录音更是令人恐惧的。在过去,需要一个录音机来隐蔽地记录别人的谈话,无论它有多小,都很容易被发现。使用手机不太可能引起怀疑。许多人忽视了手机的录音功能。仅仅几个按钮就可以帮助记录线路两端的谈话。在日常聊天中,手机可以记录别人说的话,而不被后者注意到。在第三代手机时代,甚至连面部表情都可以被手机拍下来。

2.4.5 手机媒体的管理

随着手机媒体在全球的发展,许多国家已经意识到发展和管理手机媒体的必要性。手机媒体具有信息传播速度快、便携性强、互动性强等优点,这是纸质媒体、广播电视所不能比拟的。与互联网一样,手机媒体作为一种新媒体,也具有社会影响力。然而,对手机媒体进行监督是很困难的。

2.4.5.1 手机媒体监管的难点

1. 庞大的手机用户群

手机用户的数量和通过手机传播的信息条数以十亿计。无法实现对手机媒体的全面及时管控,或限制或禁止某些信息的传播。对于手机媒体来说,社会控制显得苍白无力。

2. 跨区域传播的挑战

手机的传播是跨区域的,它甚至超越了国界。手机用户可以通过互联网轻松登录世界上任何国家或地区的网站、BBS、微博或聊天室。所以,网民在不同地区的分布是极其分散的。网上的违法犯罪活动通常影响到许多国家和地区。在处理这类违法犯罪活动时,在管辖权方面总是存在着棘手的问题。

3. 落后的政策、法律和法规

法律总是滞后于科技的发展,手机传播的快速发展与政策、法规和管理的不完善形成鲜明的对比。同时,管理部门对手机这种全新的媒体没有足够的管理经验,所以管理手段和方

法的更新比新问题的出现还要慢。在新出台的法律法规中,有些制度在现实中不具有可操作性,会造成冲突,或者在执行中难以实现。

2.4.5.2 手机媒体在新闻传播中的问题

相对于传统媒体和网络媒体,手机媒体在新闻传播方面具有天然的优势,可以为广大用户提供更加方便、快捷、丰富的移动信息服务。由于手机媒体具有互动性、开放性和私密性,把关机制还不健全,相应的管理政策和制度措施也不完善,因此手机媒体在新闻传播过程中存在很多问题。

手机媒体在新闻传播中存在的主要问题是传播虚假新闻和不健康信息,这对手机媒体的发展有着不可忽视的负面影响,甚至可能危害社会稳定和国家安全。

手机媒体存在散播假新闻的问题。这类新闻一般有两种传播方式:手机网站编辑和转发来自传统媒体或网络媒体的虚假新闻;传统网站通过短信向订阅新闻信息服务的手机用户发送虚假信息,手机用户转发、传播后扩散。大量的假新闻能引起社会轰动,加上人际传播的强大力量,通常会产生很大的社会影响。

以手机为例,1997年1月,国务院颁布了《出版管理条例》,要求出版单位实行出版编辑制度,确保出版物的合法性。主管出版业的国家行政机关通过分配书号来实现对图书出版的整体控制,这对传统出版显然是有效的。但是,当涉及手机或网络出版时,它就受到了挑战。现行的《出版管理条例》基本上是预防性的法律规定,要求采用出版编辑制度来保证出版物的合法性。此外,主管出版业务的国家级行政机关通过分配书号,实现了对图书出版的全面控制。这种出版规则具有高度的行政性和计划性。尽管有这样那样的弊端(如书号分配制度间接导致了书号交易的盛行),但在网络领域,原有的一套出版"游戏规则"变得毫无意义。

第一,互联网和手机使人们可以跳过出版社或杂志社的中间环节,直接在互联网(包括移动通信网络)上表达自己的意见(发表作品)。网络省去了传统编辑出版所需的"编辑、印刷、装订、运输、发行"等程序,用户可以方便快捷地发表自己的作品。

第二,网络出版中没有书号一说,所以网络出版完全可以摆脱书号的限制。书号已经失去了对出版物的微观控制。这对突出书号的出版部门是一个巨大的冲击。

第三,在网络出版中,作者不需要经过编辑出版部门的审核就可以发表作品,所以对现有的出版编辑制度构成了挑战。

第四,每个人都可以发表作品,因为没有网络技术的门槛,对发布内容的质量进行监控和管理变得极为困难。

2.4.5.3 中国手机媒体管理的问题

中国对手机媒体的管理正处于摸索阶段。由于中国特殊的电信收费制度和中国文化的影响,短信文化在中国是非常发达的。因此,中国现阶段对包括手机在内的手机媒体的管理,主要表现为对负面短信息的控制。

手机媒体可以按照不同的标准进行分类。根据其与传统媒体的关系,手机媒体可以分为两类:依赖传统媒体的手机媒体和不依赖传统媒体的手机媒体。后者难以管理,但代表了行业的主流和方向,而前者可以采用传统媒体的管理模式,管理难度较小。但是,从数字新媒体的发展来看,前者受制于既有的管理模式、人员结构、思想观念和资本运作,很难成为新兴产业的主体。

手机媒体作为高科技的产物,在媒体和通信等不同行业的叠加中发展。它跨越多个行业,产业链复杂。它的迅速发展及其造成的问题的复杂性已经超过了目前的认识和管理水平。因此,手机媒体存在管理责任不明确、管理参考文献不足、管理能力薄弱等问题,以及行业发展受利益驱动明显、知识产权保护薄弱、行业生态恶化等问题。

管理职责不明确,存在监管空白。手机媒体的管理涉及不同的行业和行业部门,因此管理中存在很多不确定性。

管理参考资料不足,缺乏法律、法规和政策。以手机报为例,运营手机报需要具备哪些资格?当前的印刷媒体是否自动获得此类资格?是否允许新实体经营手机报纸?如何掌握和引导手机媒体的内容?如何确保手机媒体的版权?手机新闻网站、手机电视节目和手机小说也遇到类似的管理问题。针对这些问题的法律、法规和政策还不够明确,制度和措施还不完善。如何引导手机媒体的健康发展,是一个亟待解决的问题。

该行业主要由利益驱动,有很多消费陷阱以及不健康的信息流,版权保护效率低下,侵权和盗版现象严重。

2.4.5.4 手机媒体的管理措施

手机不仅是人与人之间交流的载体,本质上也是大众媒体。它涉及不同的行业和工业部门。它传播大量的多样化信息,具有很高的技术条件、标准和要求。通过手机发布、传播和处理信息是随机的、简短的、影响广泛的,很难被信息发布者、传播者和接收者控制。不仅不同类别的企业,新闻媒体也通过手机参与新闻传播业务。对于这些新兴媒体,国内没有相关的管理制度或法律法规。如何加强对手机媒体业务特别是内容和信息的监督管理,尊重和保护知识产权,防止非法和不健康信息在互联网上传播,是一个需要研究和解决的重大课题。

1. 手机媒体的管理方式

在手机媒体的发展中,政府的重要性不容忽视,因为政府不仅管理手机媒体,还推动新媒体的发展。政府有责任净化手机媒体的内容,确保手机网络的安全,促进这类新兴媒体的蓬勃发展。

控制和自由是不可分割的,就像一枚硬币的两面。但在制定控制策略时,必须考虑到手机媒体的现实,控制传统媒体的措施在这里并不适用。

手机媒体的便携性、开放性、自由性和互动性,以及较低的成本使得"噪声"传播在技术上成为可能。手机媒体突破地域和时间限制的特点,使手机媒体更难控制。对于传统的大众媒体,可以制定法律、法规和政策来控制媒体的立场,并确保其为国家的主流意识形态和人民的利益服务。对于手机媒体来说,一些看得见的控制手段很难奏效,一个国家很难全面、及时地监督庞大的信息量和大量的用户。

目前,手机媒体可以从以下三个方面进行控制和监管。

(1) 加强手机媒体的法律法规建设

目前,关于手机媒体的立法刚刚在世界各国启动。立法只是一个形式问题,更大的困难是执法的障碍事实。如何监控手机媒体的信息传播,对违法事实进行调查取证? 如何保持不同部门之间的协调? 这是执法部门需要解决的新问题。

(2) 加强手机媒体的道德准则

道德通过舆论、习俗和信仰发挥作用,而法律则通过威慑和惩罚发挥作用。作为现代人的第二生存空间,手机媒体应该有自己的道德体系。

(3) 技术管理

要有效克服手机媒体产生的负面影响,除了加强政府对手机媒体的监管和控制,对手机媒体进行法律管理,倡导文明的网络道德外,还要有技术措施,即用技术手段进一步加强技术控制。

2. 尊重手机媒体的特殊发展规律,在手机媒体的管理原则上进行创新

(1) 尊重手机媒体的特殊规律,树立正确的立法原则

手机媒体有其特殊的产业发展规律和技术特点。在通过立法管理手机媒体——网络媒体的延伸时,可以参考我国在网络媒体管理方面的经验和教训。手机媒体超越了地区和国家的界限,所以我们应该考虑到国际公约,并从过去的经验和教训中学习。

政策制定和立法的原则应满足和促进手机媒体行业的发展,并将监管和发展并重。

中国目前在新媒体监管方面面临的一个问题是,中国只强调"监管",而忽略了发展。法律、法规和政策应该促进媒体行业的发展,但事实上,许多政策、法律和法规正在限制其发展。

互联网是没有国界的。对本地视频网站的过度监管可能会把一些网民推向海外网站,减缓国内视频产业的发展速度。显然,简单地把电视、电影等传统媒体的管理方法搬到数字媒体上,对其发展没有好处。

手机传播没有任何门槛。在数以亿计的手机用户中,任何人都可以成为传播者。因此,用传统的出版审批制度来管理手机传播是很困难的。鉴于手机媒体的特殊性,建议将企业和个人的手机媒体行为分开,采用"注册制度+查处制度"的方式管理手机媒体。

以网络媒体和手机媒体为主导的新型数字化出版模式是整个新闻出版业的发展方向,纸质媒体衰落是一种进步,也是一种必然。因此,在立法上,应鼓励传统出版社利用新媒体技术,积极投身于网络媒体和手机媒体活动,促进我国出版业的升级。

(2) 重视知识产权保护

目前的网络传播立法和执法中存在不尽如人意的地方,比如网络版权保护。在互联网(包括移动通信网络)上,知识产权侵权案件屡见不鲜。作者需要付出高昂的时间和经济成本来保护自己在互联网上的合法权益,并面临着很高的败诉风险,因为互联网上的知识产权

侵权行为具有无成本性、隐蔽性、快速性和全球性，而且很难收集犯罪证据。总而言之，侵权容易，维权却很难。在手机媒体中，如果版权问题得不到妥善解决，可能会彻底摧毁手机媒体产业。

(3)加强政策、法律和法规的可操作性

任何事物都有两面性。管理手机媒体是要付出代价的，管理越严格，成本越高。这里的成本是广义的社会成本。因此，需要平衡手机媒体管理的成本和效率。

作为现代科学技术的结果，手机媒体本身是中性的。好的影响和坏的影响都是由参与其中的人"制造"的。手机媒体可以改变人，反之亦然。我们不能停止使用手机媒体，也不能因为它有缺陷就认为它是畸形的。

第3章　数字新媒体的发展与管理

本章学习目标

1. 熟悉数字新媒体的发展；
2. 熟悉数字新媒体的管理。

数字新媒体的发展极大地改变了我们的生活，不但促进了人们的日常交流，也改变着传统的家庭关系。它可以使人们听到质量更高、价格更便宜的音乐；同时，在文化传播方面，也影响着网站网页、社会资本、文化变革等。

数字新媒体的管理从媒体管理、公共领域、未来管理趋势三个方面进行阐述，以使读者理解数字新媒体内容的多样性、成本与收入管理、网络论坛民主交流等要点。

3.1 数字新媒体的发展

3.1.1 数字新媒体发展对家庭的影响

我们每天都在使用社交媒体，它以新的方式促进了人们的日常交流活动，使记忆更容易被储存下来，相距遥远的人可以随时联系，信息共享越来越方便，甚至可以离线使用一些信息服务。

3.1.1.1 信息通信技术（ICT）与家庭关系

随着新媒体的快速发展，信息通信技术对家庭关系的影响引起了广泛关注。尽管家庭成员之间面对面的交流不能被取代，但信息技术，如电脑和手机的应用确实有助于增强现有的家庭关系。同时，关于孩子上网是否会影响家庭关系，有相反的意见。主要的逻辑是基于"时间替代假说"。该假说认为，鉴于时间总量是有限的，随着孩子们花更多的时间在网上，他们与其他家庭成员交流的时间就会减少。互联网是一种新事物，人们在它上面花费了很多时间，这对家庭关系产生了负面影响。然而，影响家庭成员亲密程度的不是互联网本身，而是父母和孩子的个性以及亲子互动的频率。

此外，一些研究使用"自下而上的技术传播"的概念来分析孩子们在家庭中帮助父母采用和使用信息通信技术方面的作用。与传统的自上而下的权威性知识传播模式不同，新媒体技术在家庭中的传播是自下而上的。作为数字原住民，儿童扮演着中间人的角色，帮助父母学习使用新技术。根据相关研究，家庭、社会背景和互动模式对自下而上的技术传播过程有特定的影响。

数字鸿沟被用来解释老年人和年轻人在使用新媒体方面的代沟。数字原住民，也被称为网络一代，指的是1980年以后出生的一代人，他们的成长伴随着数字时代的标志性产品，如计算机、视频游戏、数字音乐播放器和手机。也就是说，这一代人的成长与数字技术的发展是同步的。自然地，他们在学习新技术方面更有经验。相应地，数字移民指的是那些出生于1980年之前，在没有数字媒体的情况下成长的人。由于数字移民是在长大后才学习信息技术的，因此与数字原住民相比，他们缺乏固有的适应性。

数字原住民和数字移民之间的差异不仅在于他们的能力和兴趣，还在于各种需求和关注点。老年用户倾向于把社交媒体作为知识嵌入的工具来分享他们的观点，而年轻用户更积极地参与数字生活，更喜欢在社交媒体上分享个人生活经验。对于父母和孩子来说，这些不同的互联网使用特点可能会对他们与社交媒体的互动和关系产生影响。

3.1.1.2　新媒体与跨地区家庭代际关系

信息通信技术在异地家庭代际关系中具有特殊意义。新技术被认为可以帮助分离的家庭成员感受到"虚拟的共同存在"或"连接的存在"，从而在一定程度上克服长距离。在今天的互联网时代，借助信息技术保持家庭联系是至关重要的。新技术增加了跨国家庭的整体沟通频率。对于许多成员生活在不同地域的家庭来说，微信群视频聊天已经成为家庭的常规。家通过"虚拟共处"得到了扩展。年轻移民通过互联网工具与父母保持"远距离亲密关系"。探讨当代中国异地语境的研究时，新的信息通信技术补充了传统的面对面互动，帮助分居两地的家庭成员建立联系，获得社会和精神支持，交流社会和文化知识，从而在虚拟空间中维持和加强家庭团结。在定位性社交媒体的帮助下，父母有更多的机会给他们的孩子以关怀。社交媒体，尤其是微信，已经成为父母和子女感受"共同存在"或"连接存在"的主要渠道。

随着社会流动性的增加，越来越多的中国孩子决定在一线城市（如北京、上海）奋斗出理想的新生活，这就拉大了父母和孩子之间的物理距离。同时，由于独生子女政策，家庭情感纽带在这样一个遥远的环境中变得更加牢固。新媒体扮演着中介的角色，在技术的帮助下形成一种"遥远而亲密"的家庭关系。

3.1.1.3　通过微信在家庭内部进行在线内容分享

微信上的在线内容分享是父母和孩子学习、理解和尊重对方的一个重要途径。之前关于群体信息共享的研究主要集中在商业组织管理和决策过程，缺乏对家庭背景下的网络信息共享的研究。一些学者认为，从技术上讲，电子邮件和其他多媒体交流渠道的出现促进了群体内的信息共享。与此同时，也有学者认为信息技术对群体信息共享没有影响。随着社交媒体的日益普及，越来越多的学者开始关注社交媒体上的信息分享和交流活动。社交媒体上的信息分享动机包括实现归属感、展示个性、实践利他主义或实现自我。分享文化公正和开放是用户对网络信息分享态度的最主要因素。人们在社交媒体上分享和交流信息的行动受到时间、成本、参与的内部欲望、分享内容的质量和数量以及分享行动的反馈的影响。

通过微信进行在线内容分享活动广泛存在于很多家庭中,有家庭团体的,也有个人的。在分享过程中,父母扮演着积极的角色,而儿童主要是被动地接受分享的内容。在家庭微信聊天群中的分享活动没有固定的频率,孩子们可以随时随地收到父母转发的网上内容。事实上,网络内容分享的频率与性别密切相关,尤其是父母的性别,母亲的分享频率比父亲高,父亲会从妻子那里得到儿女的信息。当家庭成员分开不在一起时,分享频率会上升。家长们所青睐的在线内容各不相同,经常分享的网络内容有成绩、校园生活、社论、"心灵鸡汤"、安全警示信息、实用技巧、生活常识、娱乐等,说明微信内流传的网络内容类型很丰富。在上述类型中,"心灵鸡汤"和安全警示信息是微信内最受欢迎的两类网络内容。

对于安全警示信息,母亲是宣传此类警示信息的主要角色。然而,当孩子想与父母分享一些网上内容时,通常他们会选择分享校园生活或个人成就的内容。

"严父慈母"一词在传统上把父亲描绘成专制的,而母亲则被描绘成养育和支持性的。当家庭来到网络世界时,这种角色分配在父母与孩子分享不同的在线内容和他们分享行动的不同动机方面仍然有效。具体来说,母亲们继续扮演着照顾者的角色,并分享更多的网络内容话题。由于她们的细心和体贴,她们倾向于分享有关健康保护的在线内容,例如,像《十种水果有助于保持健康》这样的文章,以给她们的家人带来健康警示。同时,母亲们更容易被网上流传的散文和生活随笔所打动,所以她们会选择为自己心爱的孩子分享这些写得很好的励志文章,然而,这些文章往往被孩子认为只是美丽但无用的"心灵鸡汤"。

当父亲分享网上内容时,他们更愿意扮演生活导师的角色。父亲愿意认同自己是家里的主人,指导年轻人,在家庭中实行领导。西方文献显示,这种做父亲的习惯与男性自身的心理健康、就业行为以及他们的社会生成力之间存在着积极的关系,即倾向于担任导师,在社区提供领导或照顾年轻的成年人。同时,父母角色的性别区分由来已久,例如在中国传统文化中,男性不谈论家庭中的问题,而女性不谈论家庭以外的问题。因此,父亲在家庭环境中是冷漠和疏远的。与母亲分享内容的琐碎不同,父亲倾向于分享有关国际事务和经济政策的在线内容,以达到教育孩子的目的以及培养孩子独立生活和思考的能力。

那为什么家庭成员会通过微信分享这些内容呢?所有受访者尤其是家长受访者都暗示,在家庭情感交流中,面对面的交流仍然是最重要的。然而,随着孩子的长大和离家,所有受访的父母和孩子都无法每天见面。微信等数字通信媒介的出现使远距离沟通成为可能。由于其成本低,使用方便,而且不受时间和地点的限制,微信已经成为家庭沟通的重要方式。

当孩子在远方的学校学习时,家庭对通信技术尤其是微信的依赖程度更高,双方可以通过微信了解最近的生活动态。作为一个不在家庭所在城市学习的学生,微信成本低,操作简单,功能丰富,在这些家庭中大受青睐。微信丰富的互动功能大大提升了异地家庭的用户体验,从而大大促进了他们对微信的依赖。当家庭需要分享各种类型的信息包括在线内容时,微信会成为第一选择。

当微信群里有人分享一段网络内容时,家长或孩子会通过阅读或回复来回应吗?所有受访家长表示当家庭微信群有人分享一篇网络内容时,都会点击链接并阅读内容。但是,孩子在这方面的积极性较低。

大多数孩子受访者认为,短文的标题已经说明了问题。父母分享的往往是"心灵鸡汤"或与健康有关的建议,他们对这些信息没有兴趣。因此,说到分享效果,它与分享者的分享经验密切相关。当人们觉得分享或被分享的感觉很好时,反馈就会变得更积极。通常情况下,父母对使用微信与家人分享在线内容感到高兴,而孩子则对这种活动感到厌倦。家长通常认为这是一种新奇和方便的沟通方式,孩子则因为内容的质量而对这种在线内容分享感到消极。网络素养是解释问题中的差异的一个重要原因。

网络素养是对一个人掌握互联网的综合评价。在判断一个人的网络素养时,应该同时考虑到网络技能素养和网络信息素养。前者指的是一个人对网络技能的掌握,包括对某些工具的熟练使用。后者指的是对某些信息的筛选和辨别质量的能力。正如我们前面所讨论的,在中国社会,20世纪90年代出生的大学生是数字原住民。而他们的父母是20世纪60年代出生的,自然是数字移民。因此,当父母最终说服自己"追赶潮流",采用新技术时,他们实际上是进入了他们孩子的领地,即他们孩子的游乐场。

以微信为例,根据腾讯发布的2015年微信用户统计报告,18至35岁的年轻人构成了微信的主要用户群,占86.2%。与他们的数字移民父母相比,年轻人对微信的操作、功能以及网络文化更加熟悉。两代人之间的数字差距直接导致了网络素养的差异,这不仅体现在操作上,也体现在微信内部的信息筛选能力上,从而导致了对微信上家庭在线内容分享的不同体验。家长都对这种家庭信息交流方式的体验给予高度评价。

家长能获取大量孩子的信息,孩子有可能会对一些父母分享的低质量谣言、鸡汤、健康类的讯息感到反感,在某种程度上曾被父母分享的内容所困扰。内容的质量和主题以及分享的频率,是造成不良体验的主要原因。虽然很多孩子都知道微信内流传的网络谣言的存在,但只有少数孩子会采取行动向父母告知真实性。

传统的交流方式已经满足了家庭交流的需要,而家庭交流的内容通常包括行踪、饮食和健康等话题。当涉及两代人之间的深入交谈时,他们更喜欢面对面的交流或电话。他们认为没有太多必要与父母分享网上内容,他们也没有那么多值得与父母分享的网上内容。对于家长来说,微信等数字媒体是互联网时代的一种特殊而有趣的新产出,是年轻人喜欢的"玩具"。他们对数字媒体的归属感并不像他们的孩子那样。孩子是促使家长学习使用微信的动力之一。

微信等社交媒体的出现,丰富了互联网时代的家庭沟通方式。它不仅是一种沟通工具,也是一面镜子,反映了家庭代际关系的真实面貌,为现实生活中的关系恢复了活力。

总而言之,微信上的家庭在线内容分享行动,在一定程度上活跃并夸大了父母的习惯性说教,同时也为孩子提供了一个可以忽略的逃避机会,在这期间,父母的角色通过与孩子分享的在线内容类型的不同而被重新构建。然而,面对面的家庭交流在情感交流的深度和互动的微妙性方面有其不可替代的优势。由于数字鸿沟和两代人之间的代沟,网上内容分享行动对家庭代际关系的影响相当有限。此外,父母参与数字环境虽有困难,孩子们却仍然热衷于参与其中。诚然,与家庭成员分享网络内容在一定程度上促进了家庭内部的信息流动,并在数字时代使日常的家庭交流变得更有话题性和趣味性。因此,微信作为一种典型的社交媒体，在中国的数字亲属关系研究中具有至关重要的意义。

3.1.2 数字新媒体发展对音乐的影响

音乐文化正在多个层面上经历着快速的变化：声音的生产、传播和消费，以及更广泛的音乐产业，都在被数字技术所改变，与社会和文化模式相一致。音乐文化的转变是在全球范围内发生的，尽管变化的速度和性质受制于地理差异。本节将集中讨论数字技术对音乐景观的影响，以及探究这种变化所引起的一些理论问题。

3.1.2.1 音乐发展

在生产方面，数字技术加强了许多已经发生的转变，特别是从模仿现场表演转向创造一个"人工"的声音世界。当录音技术在19世纪末进入音乐世界时，唱片的生产倾向于遵循一种记录的哲学。也就是说，一个记录的人工制品试图紧密地再现现场表演。一些渐进的转变随之而来。

20世纪五六十年代，一个远离文件记录的过程戏剧性地形成了。电吉他、磁带、模块化合成器和多轨录音的出现，导致了虚拟"声音世界"的产生，而不是现场表演的文件。在学术音乐系的前卫口袋里，随着协奏曲的出现，对声音的操纵有了更进一步的探索，在那里，记录的环境声音被操纵和编辑在一起，形成声音蒙太奇。前卫技术越来越多地被偷运到流行音乐作品中，导致更复杂的录音技术和制作人的崛起。关于什么是主要的"歌曲"的想法正在发生变化：虽然一些录音仍然试图反映现场表演，但许多音乐家现在正试图在他们的现场表演中模仿录音。

工作室作为一个创造性中心，其重新混合形成了音乐文化的核心组成部分。虽然协奏曲可以被广泛地看作是一种重新混合的形式，但它还是安排了"发现的声音"。20世纪60年代末和70年代初，在牙买加，混音文化开始蓬勃发展，以适应舞厅文化的需要。制片人和工程师会去掉人声，并逐渐开始添加效果，如混响、延迟和其他噪声，从中演化出"雷鬼"这一类型。20世纪70年代，迪斯科音乐在美国的兴起也极大地促进了混音文化的发展，为舞池量身定做的Hi-NRG曲目的扩展编辑，导致了12英寸单曲的出现。随着20世纪70年代末和80年代初嘻哈音乐的兴起，这种混音被提升到了新的水平。它是基于对其他音乐样本的再利用，主要通过嵌入"break"或通过"scratching"的技术来调教发现的声音。

数字技术在20世纪80年代开始渗透到大规模生产中，加速了现有的趋势，也许把它们从边缘化的做法转移到了主导地位。一些数字合成器和音序器的兴起，以及通过乐器数字接口（MIDI）将不同组件相互连接的便利性，导致了20世纪80年代末及以后电子音乐的增长。应该指出的是，很多早期的技术音乐是用模拟设备制作的。虽然更多的传统音乐"团体"继续演奏现场乐器，但电子音乐制作人的增长导致了音乐家和制作人之间，以及"乐器"和"工作室"之间区别的模糊化。它还导致了音乐"样本"使用的大量增加，从而引起了法律争论和关于版权的争论，以及关于什么是真正的音乐"创造力"的争论。这里的关键是20世纪80年代末价格合理的采样器的兴起，它可以在整个音轨中流畅地整合采样。它还提供了用户友好的声音操作工具,如时间拉伸和音调转换、采样循环功能和编辑设施。

数字技术使得匹配和混合现有的声音到一个新的作品中变得更加容易。因此,档案变得越来越重要。许多音乐艺术家现在花了很多时间搜索音乐,以便找到可用的样本(这些样本越隐蔽越好,因为许多制作人都希望避免"明显")。与演奏乐器的传统技能相比,许多电子音乐制作人的创造力往往在于他们寻找、想象,然后巧妙地重新安排现有的文化艺术品的能力。一般来说,新媒体更关注访问和重新使用现有的媒体对象,而不是创造新的。因此,可变性的概念成为数字世界的主要审美趋势:一个新媒体对象通常会产生许多不同的版本,而不是相同的副本。而且,这些版本不是完全由人类创造的,而是部分由计算机自动组装的。

与数字媒体和可变性相关的是自动化和操纵的概念。新的数字硬件和软件允许以前费力的工作随着自动化程度的提高而变得容易。例如,与物理编辑磁带相比,许多数字程序允许人们放大声波的视觉表现,突出显示,然后编辑一个特定的部分,以及"撤销"任何被认为不够的结果。制作数字作品的备份副本以进行多次编辑要容易得多。此外,复制数字代码不会导致质量下降,这是化学媒体的特点。对预先存在的声音的操作变得更容易,因此越来越多地形成了构建新音乐的原材料。

音乐的可操作性越来越强,导致与"真实世界"的参照物越来越分离,或者更准确地说,与人类在"实时"演奏乐器产生的声音越来越分离。在前数字形式的混音中,声音从一个环境中被"翻录"出来,然后放到另一个环境中,但声音本身仍然带有人类存在的痕迹(例如嘻哈唱片中的节拍样本是由人类鼓手实时演奏的)。通过采样,你听到的东西不可能是一个实时事件,因为它是由从不同背景和时代摘取的活生生的音乐片段组成的,然后分层和重新排序,形成一个时间扭曲的假事件。然而,虽然数字生产经常操纵现有的声音无法识别,但它仍然广泛使用更多的可识别的样本。在实践中,虽然重新使用可识别的音乐是有问题的,在清除版权许可方面,许多人这样做(无论是通过覆盖歌曲或通过使用样本),因为它连接到记忆和情感。因此,数字时代的音乐声景是真实与虚幻、熟悉与陌生、旧与新的混合。

也许数字音乐最重要的发展之一是这种技术在开放参与音乐生产方面所发挥的作用。我不想夸大这种参与,不是每个人都有潜力参与这种生产。然而,人们创作音乐的机会无疑增加了。特别是,人们单独创作音乐的可能性无疑增加了。因此,随着廉价、功能强大的电脑的兴起,音乐制作相对民主化和个人化,音乐制作软件(包括免费软件和不同价格的程序)也相应增加。

20世纪90年代末至21世纪初,计算机日益渗透到家庭领域。与此同时,更多的音乐开始在电脑上制作:硬件开始得到软件的补充,各种不同的音乐也越来越多地在台式机和笔记本电脑上制作。不同的软件程序允许人们记录、排序、混合和制作声音(包括从外部乐器输入的声音和完全在计算机内制作的声音)。这些软件的范围从昂贵的专业化软件到更实惠的低技术生产工具。这些工具增加了制作高质量录音的可能性。以前,如果人们想录音,就必须租借录音室的空间。现在,如果人们有一台像样的电脑和一些软件,他们就可以在自己方便的时候在家里进行创作。因此,一些被称为"卧室制作人"的音乐人正在崛起。由于计算机软件允许不同的序列和乐器(真实的或虚拟的)相互叠加,并进行精细的编辑,它增强了孤独的个人制作复杂的音轨的便利性,并完全混淆了创造者和制作者的角色。在某些意义上,这可以被视为导致了音乐家的孤立。也许更重要的是,它指出了音乐制作的碎片化,在这个意义上,唱片的"部分"过去是由人们实时一起演奏乐器组合而成的,现在更可能是单独创作,然后以更零散的方式建立起来。此外,网络的兴起意味着个人可以以更零散的方式进行合作:一个人可以创造一个"部分",然后把它发送给其他人来完成。

现在有更多的人能够创作出符合"专业"标准的曲目,但也有机会让没有什么音乐技能或知识的人更多地参与到创作行为中来,无论这些机会有多小。因此,在音乐制作规模的"专业"一端,人们需要培训学习合理的复杂设备,并投资于相当昂贵的软件(也可能是盗版)。对于经验不足的参与者,一些廉价或免费的工具可以让人们在更"基本"的水平上操作音乐。例如,免费的编辑软件允许人们上传音轨和操作基本的声音处理程序,如编辑音轨的位数、应用效果和应用淡入与淡出。更先进的软件允许人们从头开始创造音乐(如虚拟合成器)或创造编辑过的混合体,俗称"混搭"。这些发展表明,数字时代的音乐消费者可以越来越多地参与某种形式的制作,从而体现了一种"参与式文化"。虽然参与式文化拉平了生产和消费之间的鸿沟,但我们仍然对这些领域进行了区分,即使它们有时会重叠。因此,我们现在要讨论的是消费问题,以及非常重要的分配领域。

3.1.2.2 销售和购买

1982年,CD(光盘)在大众市场上的推出,预示着数字音乐消费的到来。CD很快取代了磁带,成为数字音乐的主流。

CD的主要优势在于它提供了比磁带更好的音频质量,同时也比黑胶唱片更便于携带和耐用(这也有助于大量的资金和精力被投入到推广中,当然,这并不能保证一种格式的成功)。CD承诺经久耐用,但消费者很快发现,CD很容易出现数字"抖动",而一些人估计,平均零售音乐CD的保质期为7到10年。CD最重要的一个方面是,它确实使音乐听众能够随机访问曲目,对一些人来说,这是以更"用户友好"的方式体验音乐的一大福音。然而,CD也有一些与磁带不相称的地方,特别是人们还需要很长时间才能在CD上录音,所以磁带仍然是制作音乐汇编的流行格式。此外,由于CD在物理上比磁带宽,"CD随身听"并没有在流行方面取代磁带随身听,因为它是一个更麻烦的设备。直到MP3作为一种流行的消费格式的发展,数字便携式设备才开始取代模拟随身听。

随后的数字格式并没有像电子和音乐公司所希望的那样发展起来。例如,DAT和迷你光盘(MD)只在消费行业中取得了有限的进展。随着互联网的兴起,以及以新的方式传播和消费音乐的能力的提高,对企业来说,更糟糕的事情还在后面。正如现在众所周知的那样,音乐产业被MP3音乐文件传播的增长弄得措手不及。

音乐文件的共享大约始于20世纪90年代中期,此时,由于连接速度很慢(这就是文件被压缩的原因),下载音乐很困难,而且要找到特定的音乐也不是那么容易。1999年6月,Napster的出现极大地改变了一切。意识到文件共享的增长,肖恩·范宁创建了一个中央服务器,将用户联系在一起,并搜索他们各自的文件夹以找到特定的曲目。突然间,文件共享成为大新闻,唱片业不得不注意到。20世纪80年代初,由于廉价的可录制磁带的出现,他们也遇到了类似的问题。然而,非法复制磁带的程度是有限的,它们往往只在一个小的朋友网络中交换。相比之下,人们可以无休止地复制MP3,并将其分发给数百万的虚拟网络。1999年,当Napster出现的时候,连接速度逐渐开始上升,计算机的采用率也在不断提高。不出所料,音乐产业采取了钳制措施:1999年12月,美国唱片业协会(RIAA)对Napster公司提起诉讼,导致其在2001年2月关闭。

尽管采取了惩罚性措施,但非法文件共享仍在大规模发生。不过,它现在与受版权保护的电子文件的合法传播共存。唱片业意识到,如果要继续保持主导地位,就需要为下载音乐提供一个合法的选择。对于经常通过便携式设备和电脑收听的新一代音乐听众来说,数字文件的用途非常广泛,因为它可以在设备之间轻松传输,而且不消耗物理存储空间。截至2007年1月,数字文件估计占国际音乐市场的10%,而这一比例在未来无疑会增长。随着数字下载对世界各地的音乐排行榜的影响越来越大,由于下载是以单个曲目为基础进行销售的,因此具有重要性。与全盛时期的黑胶单曲不同的是,当时的单曲经常被用来销售专辑。而现在,专辑中的每一首歌都有可能成为单曲,可以说情况发生了逆转。

尽管如此,人们对付费的合法下载仍有一些不满,这些下载通常通过高级音频编码(AAC)或Windows媒体音频(WMA)等格式而不是MP3来传播,以便将数字版权管理(DRM)限制嵌入文件中。消费者对DRM表示不满,DRM限制了用户复制文件的次数,而且往往限制了文件可以传输的硬件类型;对虚拟文件的定价人们也表示不满。当人们下载免费的、非法的曲目时,他们并不太担心数字压缩所带来的音质损失,但当真正要为它们付费时,情况就不一样了。此外,消费者还抱怨说,当他们购买CD时,他们可以自由地翻录内容,并以任何方式传输文件,这实际上意味着数字在线文件的灵活性不如实体文件。DRM内在的灵活性不足,导致行业内许多人反对它,现在有迹象表明,许多唱片公司愿意抛弃它。百代唱片在2007年4月宣布,它将通过iTunes提供没有DRM保护的增强型数字文件和正常的DRM保护文件,但每个文件的成本要多出20便士。

除了大型唱片公司的活动和给他们带来麻烦的非法活动之外,互联网发行和下载还有其他方面的问题。网络为音乐行为提供了新的方式来传播他们的音乐,并在一个虚拟社区中建立自己。无论是想获得曝光的未签约乐队,还是只想在一个网络中分享音乐的音乐家,都可以在网上传播他们的音乐。这方面的一个重要发展是,英国的北极猴乐队通过歌迷在网上传播歌曲而引起的轰动。尽管乐队声称自己没有参与这个过程,但这导致了音乐媒体和电台的认可和炒作,他们最终与唱片公司Domino签约。他们的首张单曲和专辑在唱片排行榜上直接排名第一。专辑 *Whatever People Say I Am, That's What I'm Not* 成为英国排行榜历史上销售最快的首张专辑。尽管乐队对传统行业表示反感,但他们最终与一家唱片公司签约是有说服力的。虽然Domino是一个独立的厂牌,但它还是将美国和新西兰的出版权发给了EMI。这表明,如果一个人想通过做音乐来谋生,传统工业机制仍很重要。当然,音乐家可以绕过音乐产业,而且现在已经能够这样做很长时间了,特别是自1970年代末"DIY"文化兴起以来。新的发行和连接形式增强了这种可能性,为了扩大自己的知名度和赚取更多的钱而与老牌唱片公司签约的诱惑对许多人来说仍然很诱人。

成名的音乐家也可以利用新技术来提高他们的知名度。例如,官方网站可以让表演者发布他们的新闻、唱片目录、一般信息、讨论区,以及访问独家内容,通常也会有机会购买音乐和其他相关商品。还有很多其他网站,经常出现与音乐行为或更普遍的音乐类型有关的网站,这意味着现在比以前更容易获得与艺术家有关的信息和材料。此外,网上还有大量的音乐电子杂志以及批评性的博客。音乐电子杂志的发展再次让人想起 20 世纪 70 年代末"DIY"文化的兴起和自制歌迷杂志的崛起。但今天,创建在线杂志和发行它要容易得多。受众的潜在规模也更大,虽然获得广泛的受众并不容易,但一些在线杂志,已经获得了大量的读者。网上杂志的优点是,除了有与音乐相关的文字内容,还包括音频和视听材料。最近在电子杂志上出现的最受欢迎的功能之一,就是各种工作人员的播客。

最后,应该提到的是,数字技术增加了音乐视频的重要性。音乐的这一视觉方面无疑在以前就很重要,特别是随着 20 世纪 80 年代 MTV 的兴起。但现在,随着专业数字频道的增加,音乐视频也是在哔哩哔哩和优酷等网站上最受欢迎的材料形式之一,这类作品凭借其短小性质非常适合在线观看。此外,它们也开始被证明是可以在便携式设备上下载和观看的材料,如手机或便携式媒体播放器。

3.1.2.3 总结

虽然许多与数字技术和音乐有关的趋势可以追溯到更早的技术,但某些过程却在加速。这些包括原有音乐的重新语境化,音乐日益以波浪式显示,以及生产和消费之间的持续模糊,还有未详细讨论却特别重要的一个方面,也就是音乐的扩散和影响。

自录音技术出现以来,音乐录音的"档案"一直在持续增长,最近几年以更快的速度增长,因为更便宜的格式导致了更多的档案发布。与这种发展同步,越来越多的制作和录音技术的使用也导致了当代音乐以某种形式传播的增长。此外,由于虚拟音乐文件所占的物理空间比以前的格式小得多,消费者比以前更容易收集更多的音乐,这一过程被那些利用了互联网获得大量"免费"音乐的人加快了速度。从这个意义上说,我们生活在一个音乐"丰富"的时代,在这个时代,历史和当代的唱片都越来越容易获得。这是理解音乐再创作兴起的一个关键因素。

3.1.3 数字新媒体发展对文化传播的影响

文化产品,正如其名称本身所反映的,是提供文化视角的有形或无形的创造物。正如斯科特(Scott)所描述的,文化产品包括专注于娱乐、信息和教化的产出,这些产品帮助消费者构建独特的个性形式和社会游戏的机会。文化产品分析作为一种研究方法,为研究文化提供了一种独特的方式。例如,流行歌曲的歌词或儿童命名的做法可以告诉我们文化变化的方式。特文格(Twenge)等人发现,在美国,从 1880 年到 2007 年,越来越少的父母给新生儿起流行的名字,这一现象与个人主义心理有关。同样,美国流行歌曲的歌词在最近的歌曲中更多地使用第一人称单数代词,这也与个人主义的崛起有关。文化产品也能影响人们的文化视角。一项研究比较了美国和中国台湾的畅销故事书的情感内容。作者发现,与中国台湾的故事书相比,美国的故事书中含有更多的兴奋的表达。这一结果反映了文化差异,即个人主义文化中的人被鼓励用高的积极唤醒情绪(如兴奋、笑)影响他人,而集体主义文化中的人被鼓励适应他人并重视低的积极唤醒情绪(如平静、温和的微笑)。而后他们给一些中国台湾的儿童读了兴奋性格的故事,之后,这些儿童更喜欢刺激的活动和兴奋的情绪表达。该研究提供了一个有趣的案例,说明文化观点如何通过接触文化产品来学习和传播。

媒体作为大众传播,以广播、电视、印刷品等旧形式传播文化产品,随着技术的进步,又通过互联网以新的数字形式进行传播。尽管网络媒体的定义是相对于传统媒体而言的,但网络媒体的兴起极大地改变了通信方式。新媒体的互动性重塑了我们与他人互动和交流的方式,从"一对多"到"多对多",推动了跨文化交流的全球化,并以促进社会变革的方式促进了民主化。数字新媒体的特点不可避免地会影响文化产品的创造和传播。我们从文化的角度来研究数字新媒体在中国背景下的影响。在过去的几十年里,中国社会经历了工业化、先进教育、城市化和媒体发展等社会生态的变化。我们有必要对当前的中国文化进行评估。

3.1.3.1 从公司网页到电子商务

网络已成为全球不可或缺的重要沟通渠道。超过30亿用户,约占世界人口的40%,拥有互联网连接。中国用户最多,占总数的22%,比后面三个国家(美国、印度和日本)的用户总和还要多。网络形象对商业很重要。网站是公司形象在新媒体上的体现,为客户或商业伙伴宣传公司品牌,提供公司信息和服务。随着电子商务模式在经济学领域的不断拓展和发挥越来越重要的作用,跨国公司如何在意识到文化差异的情况下在全球范围内开展业务就变得更加迫切。

辛格(Singh)等人基于霍夫斯泰德(Hofstede)的文化维度,用文化价值测量框架开始了对公司网站的内容分析。财富500强名单上的40家国际公司入选。这些公司从事计算机和电子行业,在美国和中国都有网站。文化类别是在霍夫斯泰德的四个文化维度上发展起来的,这四个维度是集体主义、不确定性规避、权力距离和男子气概。诸如社区关系、国家身份的符号和图片、本地网站的链接、俱乐部/聊天室、家庭主题等信息被认为是集体主义的标志,因为这些内容意味着群体关系。权力距离通过公司等级秩序和首席执行官的形象反映出来。研究结果证实了样本企业在其中文网站上实施文化适应的假设,并且其中文网站表现出明显的集体主义特征和高权力距离特征。

随后,辛格(Singh)等人的一项研究考察了中国、日本、印度和美国当地公司网站的文化内容。研究结果支持中国网站具有较高的集体主义和权力距离。中国的网站经常出现家庭主题的图片。公司领导愿景陈述的另一个特点是高权力距离取向。中文网站也有更多与传统主题相关的信息,并使用更多本地术语。为了强调美学和传统,中国网站使用一种委婉的销售方式,一种间接和谦逊的沟通风格。这与集体主义文化中的社会和谐关系是一致的。相反,美国公司的网站被发现是直接的、信息丰富的、合乎逻辑的和以成功为导向的。内容个性化还体现在主题独立、网页个性化、缺乏传统导向等方面。

此外,研究人员使用认知框架来解释文化内容可以影响注意力、网站导航和对网站的态度。网站的文化一致性包括:内容一致性,如语言、平面设计;结构一致性,如链接或功能按钮的安排。文化一致性可以减少处理信息的认知努力,促进导航和建立对网站的积极态度。比如,一个中国人在网页上阅读中文或英文,当然,读中文更容易、更舒服。类似地,基于分级搜索的结构可能更容易让人们从高权力距离文化中导航。

这些研究表明,文化价值观反映在网站的内容和结构中,网站的文化适应性可以提高可用性。值得注意的是,以往对电视、平面媒体等传统媒体的研究也表明,广告内容突出地反映了当地的文化价值观。数字新媒体由于其自身的特点,对文化差异尤其敏感。Web 是一个开放的网络,其全球性的可访问性使得 Web 站点具有巨大的文化多样性。Web 的交互性提供了超链接和搜索等功能。然而,这些功能的有效性依赖于对具有文化意识的全球用户进行定制。媒体融合支持创建具有音频、视频、图形和文本的本地化 Web 站点。研究结果表明,与用户的社会认知紧密匹配的文化一致性网站更有可能吸引用户。

在这一研究思路的基础上,研究采用了对社交网站上的企业网页进行内容分析,以了解公司关系管理的跨文化差异。社交网站是基于网络的服务,个人可以用来在一个有边界的系统中构建公共或半公共的个人资料,识别他们共享连接的其他用户,查看他们和其他人的连接列表。社交网站的独特之处在于,它允许用户在网上与已知和未知的人建立联系,并更公开地阐述他们的社交网络。近年来,公司已经认识到社交网络的潜力,并利用这个平台与客户建立联系。超过 80% 的财富 500 强公司在 Facebook 和 Twitter 上很活跃。与公司网站不同的是,公司将自己作为社交网络的成员,以公开的个人资料展示。除了获取信息,客户还可以通过"关注/取消关注"宣布与公司的关系,或通过"喜欢/不喜欢"表达对某一帖子的态度。在线社交社区的虚拟力量帮助公司在客户关系管理方面更加积极,并促进了更多的个人风格。该研究从人人网(在界面设计方面被认为相当于中国的 Facebook)和 Facebook 中选择了 50 个公司的资料,分析了 1000 个公司墙面帖子和 1000 个公共/用户帖子。研究结果表明,中国公司使用一种更隐性的沟通方式,提供产品本身以外的信息来吸引客户。公司在 Facebook 上的帖子更有可能提供与公司和其产品直接相关的信息。他们还提出了直接的问题,向他们的成员征集回应,这表明了一种更明确的沟通方式。用户和公司之间的互动也显示了集体主义和个人主义的文化差异。例如,中国用户像其他用户一样直接向公司询问信息,显示出他们对社交网络的信息依赖性更强。批评和投诉则不常出现,反映了文化上对群体和谐的强调。Facebook 的用户更经常回应公司发起的帖子,并以一种更个人化的交流方式直接提出投诉。

此外,Men&Tsai 研究了中国用户在社交网络上的公司页面的公众参与度。245 名微博和人人网的成年用户完成了一项在线调查,测量用户对社交网站上公司页面的参与度。结果显示,大量使用社交媒体的用户倾向于在社交网络背景下与公司进行更多接触。用户发现公司社交网络页面的内容通常比公司官方网站的内容更具娱乐性和趣味性。作者发现群体认同在预测公众参与方面发挥了重要作用。那些认同其他用户访问同一企业社交网络网页的中国用户更有可能向他们的朋友推荐该公司网页，而不是简单地消费社交网络网页上的信息。这证实了创造一个强大的社区意识可以有效地培养有意义的组织——公众关系，尤其是在集体主义的中国文化中。似乎虚拟社会网络也符合中国线下社会网络，在集体主义文化中，通过熟人和群体间的认同建立个人联系是很重要的。

来自社交网络的反馈为公司提供了另一种了解客户的方式。一项研究比较了美国的Twitter和中国的微博口碑，分析了关于四个智能手机品牌的6400条推文和6312条微博的内容。研究结果证实，微博是消费者分享品牌信息、表达意见和感受的一个重要平台。微博具有用户生成内容（UGC）的特点，承载了更多的品牌中心信息和消费者的自我宣传内容。消费者根据自己的文化价值取向，对品牌的不同方面给予了关注，这也引导了微博上不同方向的讨论。例如，美国消费者更关注产品的创新性和品牌属性的独特性，更多的讨论是关于什么是不同的和原创的。而中国消费者更关注一般的流行趋势。他们的微博更多的是谈论普通的做法，更多的是家庭和同龄人的意见。这种文化差异也反映在权力距离维度上。中国消费者对奢侈品牌和高价位有更积极的语气，更多提到有名望的人物，表明他们对地位的重视。相反，美国消费者对好的交易更感兴趣，更愿意接受和表现出谦逊。除此之外，中国消费者在讨论品牌和公司新闻时倾向于使用更加个人化的语气。美国消费者则更倾向于采取客观和超然的视角。

传统的口碑已被证明在客户的购买决策中具有预测性。在这方面，社交网络和其他网络平台使消费者的意见可以被所有的人接触到，可以不受时间限制地提供给其他消费者。亨尼格·图劳（Hennig Thurau）等人将电子口碑（eWOM）描述为"由潜在的、实际的或以前的顾客对产品或公司的任何积极或消极的状态，通过互联网提供给众多的人和机构"。社交网络在与家庭成员、朋友和其他熟人建立的社会网络中传播产品信息，形成具有社会联系的电子口碑。Chu&Kim提出了一个模型，认为社会关系的强度、对其联系人的感知信任以及对人际影响的敏感性与用户的电子口碑行为正相关。研究人员在考察中国的电子口碑影响因素时发现，顾客对人际影响的易感性是预测顾客基于电子口碑的购买决定的最重要因素。这个命题的基础是中国文化的集体主义属性，即保持和谐的社会关系，考虑其他人的意见，并使个人态度与团体规范保持一致，在决策中非常重要。

电子口碑的效果也与顾客对社交媒体平台的态度和信任有关。在过去的几年里，即时通信（IM）作为一种在互联网上提供实时文本传输的社交媒体工具，获得了极高的人气。由腾讯开发的微信，作为一个基于移动的即时通信，在2016年有超过7亿的月活跃用户。有人对微信用户进行了一次在线调查，发现客户对社交媒体平台的态度和信任也会影响积极的电子口碑沟通的参与程度。换句话说，如果用户相信微信是值得信赖的，并且在使用微信时感到舒适，他们就更有可能在微信上对产品进行正面评价。微信提供的娱乐性、社交性（认识新朋友和联系老朋友）和信息也有助于人们对该平台的积极态度。

技术不仅允许客户通过网站从公司或通过社交网站从其他客户那里获得产品信息，而且还促进了在线交易。随着电子商务的发展，更多的网上购物平台出现并迅速激增。文化价值观影响网上购物接受度吗？在对美国、新加坡和中国的跨文化分析中，研究表明，顾客信任对网上购物行为的态度有正向影响,而感知风险对网上购物行为的态度有负向影响。然而,另一项研究发现,文化差异可以调节网上交易意向。研究结果表明,在中国集体主义文化中,态度和社会规范与交易意向显著正相关。中国人的决定可以更多地被态度和社会规范所引导。如果卖家得到了买家的肯定(例如,卖家是熟人推荐的),中国人倾向于将关系内在化,并愿意在线完成交易,以维持和谐的群体关系。最近的一项研究探讨了国家文化价值观是否会影响中国在线消费者对电子商务的接受程度。研究表明,在中国网上消费者中,他们对长期导向和不确定性规避的文化价值观对网上购物的信任和意向之间的关系有调节作用。不确定性回避程度高的人可能会更加保守,对接受新事物和网上购物犹豫不决。具有更高程度长期定位的个人更容易信任传统,为未来做准备,并承担更少的风险。虽然该研究受到同质样本的限制,但它表明国家文化价值取向可能是影响网上购物的一个来源。

总之,对公司网站、社交网站上的公司页面、电子口碑和电子商务的跨文化研究为新媒体中表现的中国文化价值观积累了证据。如上所述,传统媒体上的广告记录了类似的结果,表明文化适应对于吸引客户是必要和有效的。然而,新媒体的可及性和媒介融合等特点使得文化价值的重要性更加突出,而互动性带来了社会关系的元素,这在集体主义和个人主义文化中是截然不同的。电子商务的成功需要从公司在线展示到电子商务交易平台的内容和结构设计中考虑中国文化价值观。

3.1.3.2 个人和社会资本

社交媒体和社交网站等新媒体对个人的社交生活有着巨大的影响。其中一个影响是,它允许个人在虚拟现实中自由地展示自己。自我展示通常从一个侧面图像开始。无论是哪种社交网站,脸书或人人网,Twitter 或微博等社交媒体,WhatsApp 或微信等即时通信工具,每个用户都会构建一个在线档案。侧面图像一直是眼球追踪的部分,出现在引人注目的地方,是用户的主要标识。中国文化倾向于相互依赖的自我概念,与美国用户相比,中国社交网站用户是否更有可能在个人资料中使用集体照? 有趣的是,在比较了中美大学生在人人网上的头像后,作者得出结论,这一假设被否决了。事实上,美国用户倾向于展示包含更多人的个人照片。与美国用户相比,中国用户倾向于选择更加个性化的图片,这些图片展示了他们自己的"完美"形象,其中有三个可能的原因:(1)中国用户更关心他们在社交群体面前的表现,看上去得体或漂亮可以增强他们的自尊。(2)提出了当代中国个体的双文化自我理论。作为现代化的结果,有证据表明传统和现代的自我对大多数中国人来说都是可用的。中文在线个人资料图像的定制模式可能是一种对自我概念的表征,个性化的自我可能在在线社交媒体上更为显著,因为在线平台为自我表达提供了更多的自由。(3)对身份披露的关注,研究表明中国人比美国人更少表达自己,而披露的差异与集体主义和个人主义文化的沟通风格差异有关。

社交提问是基于网络媒体"多对多"沟通方式的一项功能。人们喜欢向他们在线社交网络上的朋友提问,因为朋友被视为更可靠的信息来源。一项旨在了解社交提问行为的调查收集了来自美国、英国、中国和印度的 933 人的回答,并发现了显著的文化差异。他们从三个方面考察了社交提问行为:问题类型/话题、提问动机和回答/不回答动机。建议、观点和事实性知识问题构成了所有四个国家的大部分问题。然而,中国人倾向于问更多的社会关系问题,如:"你知道××(一个人的名字)吗?"中国受访者也倾向于问更多关于职业/专业的问题,比如邀请应聘者应聘。这与中国社会网络在建立关系网和寻找工作机会中起着显著作用的发现相一致。有趣的是,中国受访者也更有可能要求餐馆推荐。这可能与食物在中国文化中的重要性有关。问社交问题的一般动机包括保持社交联系、让他人了解他们的兴趣以及获得乐趣。中国人不太愿意为了好玩而提问,这可能与受约束的文化价值观有关。结果的几个方面显示了集体主义文化价值观的影响,特别是与群体间认同和社会联系相关的影响。中国人更愿意让他人知道他们的兴趣,保持社会联系,通过特定的社会网络寻找信息,更相信来自个人网络的答案。他们回答问题的动机也更多地来自对社会互惠的期望,并认为回答问题是保持关系的一种方式。中国参与者更有可能回答除了他们不知道答案之外的问题,这表明他们有强烈的意愿建立社会资本来应对他们的弱关系。此外,亚洲用户更喜欢采用新兴的社交网络工具进行社交问答,而美国和英国用户倾向于使用更传统的交流工具,如面对面、电话和电子邮件。这项研究调查了社交提问行为,结果显示提问行为仅仅是社交网络的一种表现。文化差异显而易见。亚洲用户在他们的问答互动中编织了更多的社交元素,其动机是希望在寻求和回答问题时建立社交联系并保持关系。

人们普遍认为新媒体对社会关系有着实质性的影响。我们用来解释社会关系的价值和意义的一个概念是社会资本。然而,这个概念有多种定义、解释和用途。社会资本的早期定义之一可以追溯到1916年,当时莉达·哈尼凡(Lyda Hanifan)将其称为"人们日常生活中最重要的有形资产,即组成社会单位的个人和家庭之间的善意、友谊、同情和社会交往"。普特曼(Putman)将其定义为"所有社会网络(人们认识的人)的集体价值",并强调与社会网络相关联的信任、互惠、信息和合作所带来的特定利益。在普特曼的概念框架中,有两种类型的社会资本,即桥梁和纽带。桥接社会资本侧重于"弱关系",包括遥远的熟人、陌生人和在特定背景下认识的人,并提供广泛的信息,而没有情感支持。人类通过社会关系联系在一起,从这个意义上说,社会资本是通过人类活动生产的资源。社会资本是有意义的,因为除了个人成就,它强调社会关系的贡献,如信任和合作。令人信服的案例表明,社会资本是实现商业和个人成功以及社会发展和个人福祉的重要组成部分。在下文中,我们将回顾关于社交网络如何影响社会资本形成的研究。

社交网站在大学生等年轻用户中最受欢迎,他们追求在这些在线平台上表达自己的自由。一项研究调查了中国、埃及、法国、以色列、印度、韩国、瑞典、泰国、土耳其和美国的大学生在社交网站上的线下和线上社交关系的跨国差异。基于集体主义和个人主义的文化差异,线下社会联系的传统观点认为,在个人主义文化中,人们的联系不那么紧密,而在集体主义文化中,情况正好相反。研究结果表明,这一命题只在盎格鲁人(如美国人)和亚洲儒家(如中国、日本)的对比中成立。虽然总体来说,高度集体主义国家的学生线下朋友较少,但逐国分析揭示了许多例外。例如,与集体主义国家印度相比,高度个人主义的瑞典社会报告的线下社会关系要少得多。在一种文化中,大多数国家报告的在线和离线朋友数量非常相似。然而，中国和泰国的网上社交联系明显多于网下联系，尤其是更多他们从未见过面的网上朋友。这表明来自集体主义文化的学生比来自个人主义文化的学生更倾向于在网上进行社交活动。马蒂和波尔洛克奇（Matei&Ball-Rokeach）的研究也发现了类似的模式。中国人和韩国人作为最具集体主义的族群，他们从未见过面的网上朋友是欧美人的两到三倍。解释这些发现背后的基本原理，可能来自集体主义文化的人在离线情况下更受限制，而社交网络提供了更多与他人互动的自由，并且"屏幕背后"的匿名性比面对面互动更能防止他们受到负面反馈的影响。

一项跨文化研究调查了社交网站使用和社会资本形成方面的文化差异。该研究调查了美国、韩国和中国的年轻用户使用社交网站的行为和动机。不同国家的平台各不相同：美国人主要使用脸书，韩国人使用Cyworld，中国人使用QQ。社交网络功能的五个组成部分已经被分类为专家搜索（寻找具有专业知识的人）、交流（交换意见）、连接（保持离线关系）、内容共享和身份（表达个人情绪、心情和最近状态）。总体而言，在三个国家，专家搜索与形成社会资本有很强的关联。韩国和中国有相似的儒家亚洲文化，他们的结果模式相似，但不同于美国，反映了集体主义和个人主义的文化差异。美国人很少使用专家搜索来连接社会资本，但中国人和韩国人使用专家搜索来连接社会资本，这表明韩国人和中国人更依赖专家的意见和支持。内容分享也被美国人用作沟通社会资本的桥梁，但在韩国和中国却不是这样。对中国人和韩国人来说，关系可以联结社会资本，但美国人更看重联结关系中的意见交流（沟通）。

社交网络本质上是一个扩展社会网络和交换弱社会关系信息的平台，在连接社会资本方面发挥着突出的作用。研究发现，美国和中国年轻一代在使用社交网络建立和维持强关系和弱关系方面没有差异。这与之前比较韩国人和美国人使用社交网站的研究不一致。美国人更多地使用社交网络来连接社会资本，韩国人更多地使用社交群体来连接社会资本，这与文化价值观和社会资本之间的普遍联系是一致的，即个人主义文化侧重于广泛的社会网络（连接社会资本），集体主义文化侧重于紧密联系的社会群体（连接社会资本）。中国年轻人似乎更乐于在网上结交新朋友，并增强桥接社会资本。然而，研究发现，美国年轻一代似乎比他们的中国同行拥有更广泛的网络，但中国用户在社交网站上花费的时间超过两倍。一种可能的解释是，受集体主义规范的影响，中国年轻一代更依赖社交网络来建立紧密的关系，并通过加入群体来获得归属感。

值得注意的是，社交网站上的使用行为证据是不确定的。例如，杰克逊和王（Jackson&Wang）发现美国用户在社交网站上花费的时间更多，认为社交网站比中国参与者更重要，这与其他学者关于时间花费模式的研究结果不一致。此外，网络社区可以有自己的文化特征。他们比较了Facebook和人人网，发现尽管这两个平台在技术上相似，但Facebook文化被认为比人人网文化更个人化。有趣的是，他们发现两个在线平台的用户可以在两个平台之间灵活地切换用户行为，这在人人网上表现得更为明显，而在Facebook社区中则不太明显，这是为了适应在线社区的文化。

我们回顾了中国文化在网络媒体中的证据，从机构网站到以个人为中心的社交网站

(SNS),还有很多其他形式的网络媒体我们没有涉及,比如视频平台(如YouTube、优酷)、论坛、网络游戏等。我们认为,网络媒体的形式可以有很多变化,而这些文化产品在不同层面上类似于文化导向。网络媒体的设计和内容需要考虑文化的影响(例如,网站的语言要与目标用户相匹配),而用户可以随着网络媒体技术的出现产生影响网络社区文化的内容(例如,微博的交流风格受到用户群体的影响)。我们对社交网络及其与社会资本的联系更感兴趣,社会资本可能是个人和社会发展的重要资源。我们发现,用户的行为模式、动机以及与社会资本形成的关联方式在不同文化中存在差异。这些差异与文化层面的集体主义和个人主义密切相关。证据还表明,中国年轻用户在网络社区中具有"个人主义"的一面,例如他们更愿意结交新朋友以建立社会资本,使用更多定制的个人资料照片,并在自我展示方面表现出更多的能力。这导致了另一个有争议的问题,即中国文化是否在过去几年中发生了变化,特别是朝着更加个人化的方向发展?

3.1.3.3 中国文化变革与新媒体

在本部分,我们将回顾中国文化变迁的研究。然后,我们将试图了解数字新媒体是否在这种文化转变中发挥作用,如果是的话,它如何影响文化变革。

在过去几十年里,中国社会经历了由快速经济增长推动的变革。这种变化可能导致中国个人主义的兴起。中国大都市的年轻大学生比温哥华的大学生更倾向于个人主义。研究发现自恋是一种与个人主义相关的自我建构,在中国年轻一代中有所抬头。这项研究测量了通过在线调查招募的中国参与者的自恋程度,发现没有兄弟姐妹、社会阶层背景高且生活在城市地区的参与者比有兄弟姐妹、社会阶层背景较低且生活在农村地区的参与者更有可能得分更高。与几十年前的中国社会相比,独生子女政策、富裕和城市化是当今中国社会的重要特征,所有这些因素都促成了个人主义的兴起。然而,最近的跨文化心理学研究继续报告了中国人相对于西方人普遍的集体主义过程的模式。

也有研究者用"大数据"来分析这个问题。Google Ngram Viewer是一个可以从可搜索的语料库数据库中分析单词或字符频率的工具,该数据库是通过数字化所有印刷书籍的大约4%来构建的。语料库包括不同语言的书籍,虽然主要是英语,但也包含130亿个中文单词。在一篇科学论文中,Michel等人解释了如何利用Google Ngram Viewer来洞察文化变迁。徐和滨村(Xu&Hamamura)使用这一工具来了解中国民间信仰的文化变迁,并且在Google Ngram Viewer中绘制该主题的关键词。研究得出的结论表明:(1)中国人相信个人主义有上升的趋势,集体主义有下降的趋势(表3-1);(2)图形查看器分析显示了部分一致的证据来支持唯物主义和个人主义正在流行的观点。在另一项研究中,他们使用Google Ngram Viewer从1950年至2008年的中文语料库中检查了与个人主义和集体主义概念相关的人称代词。这些模式表明,近几十年来,人称代词的使用越来越多,而集体代词的使用越来越少。

表3-1 中国文化变迁中的民间信仰

趋势	主题	
上升	物质化(materialism) 财富(property) 重视财富(care much about money) 事业成功(successful career) 个人化(individuality) 个人的快乐(individual-level happiness) 西方文化(Western culture) 西方节日(Western festivals) 离婚(divorce) 男女平等(gender equality)	精神生活(spiritual life) 精神健康(knowledge of psychological health) 压力(stress) 民主(democracy) 自由(freedom) 人权(human rights) 权利(rights) 开放(open-minded) 多样化(diversification) 多元化(pluralism)
下降	集体意识(collectivistic) 传统道德(traditional ethics) 儒家道德(Confucian ethics) 传统东方价值(traditional Eastern values) 忠义(loyalty) 辈分(hierarchy within family) 服从(obedience)	收敛(restrained) 内敛(restrained) 含蓄(reserved) 中庸(doctrine of mean) 温饱(food and clothing) 阶级(social class)
持续进行	爱国(patriotism) 国家忠诚(loyalty to country) 家庭(family) 亲情(kinship) 友情(friendship)	朋友(friends) 春节(Chinese New Year) 是非(moral judgment) 生活稳定(stable life)

注:对于下降和继续的主题,共识标准设定为40%,低于上升主题(50%),因为评价者对下降和继续主题的认同程度通常低于上升主题。表格改编自Xu&Hamamura的相关研究。

总的来说,中国文化变化的结果提供了一个混合的模式,一种看似上升的个人主义趋势,但实际上是持续的集体主义。为了厘清中国文化变迁的动力,我们重新审视了集体主义和个人主义的概念框架,并简要介绍了现代化理论和文化遗产理论来解释文化如何变得个人主义。尽管霍夫斯泰德的文化维度描述了个人主义的对立面是集体主义,但个人主义和集体主义是由态度、价值观和实践的多维度组成的。奥兹尔曼(Oyserman)等人的元分析提供了一个令人惊讶的有趣的结果,即通常个人主义程度较高的美国人的集体主义程度并不低于东亚人(特别是日本人和韩国人)。在集体主义的某些项目上,比如"属于内群体",美国人比日本人得分更高。但在"重视团队和谐""重视等级制度和团队目标"等其他项目上,美国人得分较低。这说明个人主义和集体主义之间的区别应该在多个维度检查。"困惑"可能是由对集体主义的测量引起的,相关研究者已经做出了一些努力来改进这个结构。例如,特里亚迪斯(Triandis)提出将纵向个人主义和横向集体主义分开。

现代化理论认为,随着社会变得现代化,人们变得更加个人主义。在过去的几十年里,许多国家都经历了现代化的进程。虽然其他理论家通过强调国际不平等的依赖理论或从世界体系的角度来解释第三世界国家的社会变化,但现代化理论家强调现代社会心理属性,这在讨论文化变化中更相关。在跨国比较研究中，英格哈特和贝克(Inglehart&Baker)发现经济繁荣指数如人均GDP，与个人主义指数有很强的相关性。这一趋势在美国尤为明显。格林菲尔德(Greenfield)发现，从1800年到2000年，美国英语书籍中越来越多地使用与个人主义相关的词汇。诸如"选择"（与城市适应有关，这是个人主义的一种特征）这样的词被使用得更多，而"义务"（与传统的集体主义生活有关）这样的词被使用得更少。滨村(Hamamura)对美国和日本的个人主义和集体主义进行了跨时间的比较，以回答文化是否变得更加个人主义的问题。结果表明，现代化在一定程度上适用于随着经济的发展和城市化，人们变得更加个人主义。这两个国家的指数反映了个人主义的上升。例如，在美国，顺从在儿童社会化中的重要性降低了。在日本，随着时间的推移，人们越来越不重视遵循传统，而更重视培养孩子独立。然而，在美国人当中，与亲戚的关系强度没有改变，对父母无条件的爱和尊重的共识增加了。这与之前的发现一致，家庭生活的重要性在美国保持稳定。这项研究表明，日本的集体主义在社会义务、社会和谐和社会贡献重要性的上升等方面持续存在，甚至上升。文化遗产理论可以解释这一部分。文化遗产理论认为，现代化的路径是多种多样的，一个社会的文化遗产可以独立于现代化，影响其当前的走向。木研究发现，日本和美国具有独特的文化遗产，并在过去几十年经历了稳定的经济发展。两国的文化变迁受到现代化的影响，个人主义的兴起和两国的文化遗产是主要表现，日本社会仍然具有许多集体主义特征。

综上所述，许多研究表明，随着经济发展和社会现代化，个人主义在中国出现上升趋势。然而，根深蒂固的集体主义文化遗产仍然主导着中国文化取向。集体主义和个人主义的多维性也需要考虑。简而言之，中国文化在过去几十年中经历了相当大的变化。那么，网络媒体对中国的文化变迁有影响吗？

文化发展缓慢，网络媒体是最近才出现的。直到20世纪80年代，媒体主要指印刷、电视和广播（模拟广播模式）。网络媒体快速转型的历史更短。在2004年的Web 2.0会议之后，描述网站的Web 2.0术语侧重于用户生成的内容、可用性和互操作性，这一术语得到了普及。但是，我们不能否认其在全球范围内的惊人增长，尤其是在中国。根据CNNIC(2016)的数据，中国有7亿网民，互联网可以覆盖全国52%的人口。中国网民平均每周上网时间为26.5小时。大约80%的网民在线访问新闻。在社交网络的使用方面，79%的网民使用微信，67%的网民使用QQ和34%的网民使用微博。电子商务客户也达到4.48亿。尽管它的历史相对较短，但网络媒体对人们的日常生活产生了非凡的影响。网络媒体如何影响文化的理论基础也在于现代化理论。英克尔斯(Inkeles)提出，接触大众媒体作为一种社会化的影响，对决定个人的现代性非常重要。丹尼尔·勒纳(Daniel Lerner)的《传统社会的消逝：中东的现代化》一书讨论了由大众传媒催化的从传统到现代的社会变革。该书基于一项研究，以了解中东人民是否收听美国之音(VOA)的广播，以及西方大众媒体传递的西方价值观和思想在多大程度上可以影响传统国家的现代化。勒纳明确指出，西方文化产品可以提供知识、现代实践并照亮通往现代化的道路。他的工作在大众传媒和现代化研究领域有相当大的影响。

在徐和滨村(Xu&Hamamura)的研究中，"西方文化"和"西方节日"等话题的上升模式是表明西方文化产品如何影响中国人的一个例子。网络媒体支持从信息到娱乐的全球文化产品的可及性。许多中国观众在网上观看外国真人秀节目,不仅承认娱乐的多样性,还承认外国文化的真实性。这也可能导致越来越多的中国年轻一代在社交网络中使用自我表征实践、能力自我表征策略,这是西方媒体产品中推广的典型个人主义风格。

正如我们提到的,文化随着时间的推移而演变,新媒体开始蓬勃发展。我们看到了网络媒体对个人主义和权力距离维度的潜在影响。事实上,关于网络媒体如何影响中国文化变迁的解释有待未来研究的进一步检验。

3.2 数字新媒体的管理

3.2.1 媒体管理

3.2.1.1 从大受众到小受众的管理

广播、有线电视和卫星行业由于其运作的商业模式不同,有不同的最终目标。例如,地面电视和广播公司的主要收入来源是广告。因此,这些公司的目标是提高电视台和这些电视台所属网络的收视率,以便能够以更高的价格出售广告。然而,对于有线电视供应商和卫星电视及广播公司来说,其主要目标是吸引新的用户,同时再留住现有用户。毕竟,商业媒体公司是经济实体/机构,是由利润驱动的。

不管他们的商业模式有什么不同,也不管他们的终极目标是什么,所有电视和广播公司的成功之路是提供吸引目标受众的节目。事实证明,"最小公分母"的规则在收视选择稀少的市场上是成功的。通过为每个人提供一点东西,三个广播网络在20世纪70年代确保了90%以上的黄金时段电视观众。目标受众的成员在年龄、性别和社会经济地位等人口统计学方面具有共同性,创造了传统意义上的大众受众。

媒体受众的人口统计学是决定依赖广告的媒体企业的广告费的重要变量。广播广告费和电视广告费都反映了电视台吸引目标人口受众的能力。受众的注意力成为媒体公司营销的无形但可衡量的产品。媒体公司可以把他们吸引的观众注意力卖给广告公司的买家。

广播业长期以来一直以本地化的目标受众为基础进行运作,而电视业直到20世纪90年代才出现了针对特定受众的小众节目的爆炸性普及。从那时起,就出现了"由于碎片化而导致的观众份额的持续侵蚀"。截至2009年,美国有500多个有线电视频道在运营。在经济和管理层面上,受众的进一步分化对"最小公分母"的规则构成了挑战。作为回应,频道选择专门从事特定类型的内容。电视台"窄播"他们认为会吸引目标人群的任何类型的内容,并寻求将观众群体的注意力送到愿意为获得该类目标人群而付费的广告商那里。然而,在研究零散的传统大众观众时,仅有年龄和收入这样的人口统计资料已经不够了。小众广播公司应该根据兴趣和态度的心理学组合来研究他们的小众受众。基于对受众的充分理解和对这种受众注意力的有效测量,将使小众广播者在竞争日益激烈的选择丰富的市场中转变为成功的利基广播者。

3.2.1.2　内容的多样性

多重播送为电视和广播提供了节目选择。多重播送使当地电台有能力编制内容,以达到不同的目的。2000年,广播公司被警告要记住"公共利益"的广播口号,特别是考虑到1997年分配数字电视时,广播公司获得了超过700亿美元的频谱空间。人们提醒广播公司,这份送给广播公司的礼物与频谱的其他用户形成鲜明对比,后者为使用电波的许可证支付了数十亿美元。由于广播公司从他们对电波的使用中获得了数十亿美元的收益,他们也必须使用电波为公众利益服务。广播公司应提供本地内容以满足公共利益的要求。人们可以从数以百万计的来源获得信息,但获得本地信息需要在社区层面的运作中做出努力。那些开始认识到创建本地内容的重要性,甚至是最低水平的新闻报道的人将看到收视率的提高。利用原创的本地节目,包括新闻、天气等主要内容,将吸引广告商想要接触的消费者。这就涉及本地内容的货币化问题。

随着宽带互联网继续向普通家庭渗透,在线传输渠道能够提供触手可及的内容,不再严格受空间、时间和带宽的限制。对于传统的电视和广播公司来说,出现了开发吸引对信息有特殊需求的小部分受众的内容的机会。本地化的内容对媒体公司的双重角色具有价值:吸引本地受众和有意购买这些受众注意力的本地广告商。

由于媒体公司试图解决较小的受众群体的特殊需求,内容的多样性急剧增加,因此它们制作的原创内容总量也在增加。媒体产品的关键生态特征之一是第一份拷贝的高生产成本,以及额外拷贝和发行的最低成本。对多样化内容的需求越低,意味着每份的生产价格越高。此外,第一份产品的生产成本越高,每份产品的价格就越高。因此,除非能够实施低成本的生产战略,否则多样性是"昂贵的实现"。

对多样性内容需求的增加,给媒体管理者带来了新的挑战。一方面,很少有电视或广播公司能够承担如此大量的内容制作。媒体管理者必须寻找新的机会来降低制作成本。另一方面,媒体公司的盈利在很大程度上取决于创造和保持一个能产生足够收入的受众。任何增加的受众群,无论他们的大小,几乎不会产生任何额外的成本,但可以增加收入。能够扩大目标受众的管理者无疑会在竞争激烈的媒体市场上使自己处于更好的经济地位。然而,继续细分往往意味着受众的萎缩。因此,小众媒体要发展大量的受众是非常困难的,更不用说大众受众了。尽管规模经济无法实现,但管理者可能会发现,如果他们能提高受众的参与度,将会极大地提高公司的收益。

3.2.1.3　降低成本

降低制作成本的方法之一是利用现有的新闻工作人员,让他们为数字时代的新职责做好准备。传统上,媒体公司的制作团队由具有专业技能的专业人员组成,而现在媒体公司需要的是具有更广泛技能的专业人员。背包记者与视频记者，或者说能够在各种角色中发挥作用的人，是很受欢迎的。因此，媒体管理者面临的挑战是如何培训现有的工作人员，使每个制作人员都能担任记者、摄影师和摄像师等多种角色。

由于技术的进步，媒体设备正在变得更小、更轻、更便宜、更容易使用和多功能。即使在目前这样艰难的经济形势下，许多媒体公司也有能力为个人提供轻量级的"背包"专业设备。此外，在一个领域有专长的专业人员学习融合技能也不是不可能。例如，广播专业人员可以学习为网络写作、拍摄图片，甚至为其网站录制和编辑视频。即使在自己的传统专业领域内工作，媒体专业人员也应该常常根据特定媒体的受众特点来调整自己的内容。例如，大多数电视记者不再直接在其媒体网站上进行新闻播报，因为网络受众在期望和使用模式上与电视受众不同。

最近的一项举措是为媒体专业人员配备最新的技术，以帮助他们在多种角色中发挥作用，这项举措发生在华盛顿州西雅图的 KOMO 电视台，28 每位摄影师和记者不再随身携带沉重的笔记本电脑，而是从电视台领取了一部 iPhone 手机，用来拍摄照片，并将照片和正在发生的故事的简短文字描述一起发回给电视台。这被证明是一个经济上可管理的举措，因为不涉及额外的就业。然而，在记者们将技术融入他们的日常报道工作之前，需要大量的解释和指导。因此，媒体管理者面临的挑战是教育和培训工作人员如何使用新技术来履行他们所习惯的职责。

数字电视转换带来的组播机会给电视经理人带来了两难的选择。一方面，他们经常发现，仅仅依靠他们现有的工作人员来为他们获得的额外频道制作足够的内容是很困难的。此外，随着互联网继续成为广泛的媒体内容演示的最受欢迎的来源，电视网站必须提供超出其工作人员能力的数量和种类的内容。例如，随着一个故事的发展，在线观众可能会期待最新的更新，即一个现场事件的在线版本。另一方面，新的就业将产生额外的成本，在一个竞争极其激烈且不断恶化的市场中，这些成本必须由更高的收入来抵消，因为裁员让人望而生畏。同样，广播网站的访问者期望的不仅仅是流媒体音频，他们还希望得到关于音乐的详细背景信息、音乐家的图片和传记，甚至是相关音乐会的视频。最重要的是，电视和广播听众希望与他们喜欢的节目的主播或 DJ 建立个人关系。他们想看主播或 DJ 的简历，了解他们的个人生活，在微博上与他们交朋友。

在多播的过程中，出现了多任务，员工为新旧平台提供内容，负担过重。因此，仅仅给每个工作人员配备一个 iPhone 并培训他们如何使用它来完成工作是不够的。媒体管理者必须寻求新的策略来减轻创建多平台内容的负担。低成本制作的一个重要解决方案是使用用户生成的内容。近年来，用户为正常的媒体制作过程做出贡献的例子不胜枚举，尤其是在突发事件中。例如，2008 年弗吉尼亚理工大学校园枪击案的目击者发布的视频。主流电视台已经将用户贡献作为内容生产的标准形式之一。媒体经理在使用用户生成的内容时面临的一个困境是用户贡献和新闻编辑室标准之间的平衡。由于普通用户没有经过新闻学院的培训，使用他们制作的内容可能意味着牺牲新闻标准。这个问题没有单一的正确解决方案。

然而,大多数记者对用户生成的内容的质量表示关注。例如,位于西雅图的 KOMO 电视台不允许用户生成的内容在未经指定人员筛选的情况下直接发布在其网站上。

用户产生的内容可以被证明是一种有效的方式,可以生产出吸引当地受众的小群体的内容,并且通过适当的市场策略,产生经济效益。KOMO 通过一个超本地平台进行了创新。该平台将"社区内容、本地博主和用户生成的材料"联系起来。利用合作伙伴数据公司提供的地理标签技术,KOMO 在地理上将广告投放到特定的社区。新战略的成功表现在该平台已经吸引了数百个新客户,其中许多是要么负担不起电视广告,要么找不到合适的受众群体的小企业。

3.2.1.4 增加收入

虽然媒体公司的经济生存能力取决于低成本,但通过提高广告收视率和从多平台分发再利用的内容等来源产生新的收入,则更为重要。因此,媒体管理者面临着一系列的收入机会和挑战。

人们一直担心,随着技术的进步和媒体选择的多样化,电视观众可能会转移到互联网甚至移动设备上,以获取传统上只能在电视上看到的内容。这种担心似乎是有道理的,因为我们每天只有 24 小时,我们在一种媒体上花费的时间越多,留给其他媒体的时间就越少。然而,研究发现,不同的媒体被用于作为补充,而不是替代。最近,观众数据表明,电视、电脑和移动设备各自发挥着独特的功能。电视观众并没有迁移到互联网,以及最近的移动设备上,而是实际上看了更多的电视。例如,在 2009 年第一季度,美国人平均每个月在家里看 153 个小时的电视,而观看在线视频的 1.31 亿美国人平均每个月在家里和工作中观看约 3 个小时的在线视频。不同媒体平台使用量的增加主要是通过多任务处理实现的。例如,很大一部分电视观众在看电视的同时也在上网,使他们同时成为两种媒体的使用者。尼尔森电视与互联网融合小组的数据显示,该小组的 3000 人中有一半以上是电视和互联网的同时用户。更重要的是,同时使用的用户每天比普通消费者多看 14% 的电视,多使用 61% 的互联网。同时使用现象带来了新的营销机会:每一种媒体的独特优势都可以被利用起来,让消费者被接触到,并让他们以他们自己选择的方式进行回访。

移动电话和宽带互联网连接的广泛使用,加上移动设备处理多媒体内容和互联网连接的先进能力,有助于将移动设备确立为媒体机会的下一个前沿阵地。2009 年,12 岁以上的人中有 9% 通过手机观看电视片段,而且随着更便宜的手机被配置成可以处理移动视频观看中的复杂数据传输,以及服务成本降低到更多用户可以接受的水平,使用量预计将增长。

因此,电视和广播公司应该对这一用户趋势做出快速反应,通过重新利用他们的内容,将他们的领地扩大到移动平台。重新利用为一种媒体制作的内容并将其用于另一种媒体,通常需要进行技术改造,这可以自动完成,或者只需额外点击一个按钮,这也是由于近年来技术的发展。在大多数情况下,媒体管理者的作用是重新分配资源,以确保所有可能吸引更多用户的内容都可以选择移动传输,这意味着一个可能的收入来源。

由于广播电台和地方电视台是有地域限制的行业,在新渠道激增的时代,规模经济的适用性是有限的,因此,受众继续细分。然而,多种形式的传播有助于通过另一种媒介吸引其他城市(有时是不同国家)的小规模受众群体,从而弥补一种媒介在某个城市的损失。从这个意义上说,将内容重新利用于多平台交付可以通过范围经济来克服规模经济的弱点。当受众通过直接修改、反馈,甚至创造原创内容,参与到媒体内容的生产中时,就会发生互动性。互动性是在线媒体的一个基本特征。在 Web 1.0 时代,媒体网站上的超链接将受众带到同一网站的其他部分,或是其他网站,以获取更多相关信息。受众也可以通过电子邮件向制作人发送评论。Web 2.0 的应用,如博客、微博,允许受众与原始内容提供者进行更充分的互动,与朋友分享内容的评论,提供更新,甚至对一个内容的受欢迎程度进行投票。因此,由制作团队创造的内容并没有在媒体公司发布的那一刻结束。受众成员通过与其他人的互动,从最初的创作者到其他对该主题感兴趣的人,继续该主题的生产过程。受众对生产过程的延续,为媒体公司创造了前所未有的机会。受众的高度互动性表明了受众的高度关注和参与,这为想要吸引这些人口统计学和心理学的广告商创造了价值。然而,现有的对受众注意力的测量没有考虑到某些受众的参与程度。因为受众参与度的差异与选择性接触和认知有关,这可能导致态度和行为的差异。对于广告商来说,受众参与度是一个比单纯的注意力更重要的变量。媒体公司应该与评级公司合作,创建和测试新的措施,以确定在互动媒体市场的广告费。最近,从广播公司到广告商,许多家公司联合起来,组成了创新媒体测量联盟。有效的措施一旦被开发出来,应该对媒体和广告公司都有利,因为这些措施将建立在对受众的更好理解之上。媒体经理应该寻求发展本地化的受众测量。这些测量可以通过简单的在线调查软件来实现。互动性的另外两个方面可以让媒体公司获得经济效益,那就是交叉促销和产品的直接销售。在 21 世纪,营销战略的重点已经从"产品"转向了"服务"。

3.2.1.5 总结

广播经理人一直是他们自己历史的被动参与者,听任政策变化和技术进步来支配他们的管理风格,而不是倾听他们的受众。观众的意见可能被听到了,但他们的意见和批评并没有影响到媒体内容的制作和编排。除了查看收视率的时候,观众很少被考虑。现在随着技术的进步,观众有机会提供几乎即时的评论和批评。那些决定提供评论的人通常是积极的参与者,他们会主动转换频道或跨越媒体平台,寻找吸引他们专门需求的信息。

管理者的目标应该是赋予听众分享信息的权力,创造一种听众参与感,使之变成一种社区投资,从而使电视台获得利润。管理者应该召集自己的员工认识到实时报道的力量,不把他们看作是入侵者,而是新闻采集过程中的帮助者,让电视台有能力报道到街道层面,就像谷歌地图把他们带到那里。正如实时报道在内容制作中把电视台送到街道一级,经理们也应该根据定位附近的内容来创建爆点。创意经理将像他们的活跃观众一样活跃,使用专门的测量方法,使每个观众在当地媒体的每个平台上的投资都能获得收益。他们将把自己的未来掌握在自己的手中。

3.2.2 加强公共领域数字媒体管理

3.2.2.1 公共领域

作为一个理论概念,公共领域的基础是西欧在从封建主义向自由市场经济过渡期间出现的资本主义社会。资本主义的出现导致了资产阶级的崛起,虽然封建大厦因为生产资料的转移和宗教信仰的衰落而摇摇欲坠,但想要紧握政治权力的地主依然与资产阶级对立。资产阶级从17世纪启蒙时期的卑微开始到18世纪的巅峰,持久地从宗教意识转向更世俗的人类存在概念化的方式,以追求知识为凝聚点。理性开始被视为人类解放的基础,对知识的追求成为社会的主要关注点之一。

这种对解放的追求最明显的莫过于哲学家的文学作品,而且还体现在坐在咖啡馆和沙龙里讨论当时的热点问题的阅读者的崛起。这些英国咖啡馆和法国沙龙很快就成为一个个平台,这个新兴的阶级在这里分享关于商业、政治和他们新的生活方式的信息。后来,在政治关注和其他重要问题方面,报纸成为这一活动的核心内容。早期的报纸经常在英国、德国和法国的咖啡馆和沙龙中被集体阅读。

咖啡馆和沙龙标志着"公共领域"的起源,而印刷和电子媒体的出现意味着其范围和广度的进一步扩大。自从哈贝马斯对资产阶级公共领域的划分以来,这一概念已经成为社会、文化和批判理论的核心,特别是在指导关于媒体、议会和公民社会等民主机构作用的政治思想方面。在现代社会中,媒体机构、公民社会和大学已被规范地视为公共领域,这一概念主要用于绩效评估,特别是在其政治功能和与公共辩论有关的民主义务方面。因此,从本质上讲,公共领域理论的吸引力在于它为基于民主原则的社会批评提供了潜在的基础。它通常被用作评估言论实践和媒体结构的技术,以衡量民主社会的进展。

公共领域概念化为一个平台,在这个平台上,每个人,无论阶级、收入、信仰、性别、种族和民族,都有权坐下来,通过无畏的批评和理性的辩论,与他人分享关于任何社会经济和政治问题的想法。公共领域是一个人们聚集在一起参与公开讨论的领域,每个人都有机会进入它。没有人在进入话语时会比其他人有优势。公共领域概念强调了关于理想的公共领域的四个要点,即参与、非歧视、自治和理性的批评性话语。

也有学者认为公共领域包括微观公共领域、中观公共领域和宏观公共领域。微观公共领域往往规模较小,涉及一个机构、一个社区或一个协会,可能为某些利益进行宣传。它们代表着新生的公共领域。微观公共领域的例子包括在小范围内运作的政治压力团体或公民组织。微观公共领域有可能转变为大规模甚至全国性的公共领域,这取决于扩展资源的可用性、政治环境以及增长和扩展的倡议。互联网的出现也进一步增强了扩张的能力。

中层公共领域是大规模的或全国性的,并有能力成为国际性的。它们往往是政治性的公共领域,引起普通公民的极大兴趣和参与,他们可能会寻求改善他们的生活水平和一般福利。宏观公共领域的规模是全球性的,它们可能处理影响个别民族国家的问题,但会给它们带来全球性的宣传。

3.2.2.2 从咖啡馆到网络论坛

可以说,理想的公共领域的主要属性是互动性或审议式民主、对所有人的开放性和可及性、在公正的法律背景下行使和享受的不受约束的言论自由和信息自由、对"理性"和"批评"话语的至上和忠诚,而不是威胁和暴力。

互联网通常被誉为一个开放的平台和超互动的媒介。尽管互联网的参与受到诸如访问、成本、审查、缺乏技术知识和技术恐惧症等因素的限制,但一般来说,互联网是一个相对开放和可访问的公共领域,只要能使用联网设备,任何人都可以自由表达自己的观点,只要他们不违反法律,不侵犯他人的权利。然而,互联网作为一个公共领域,大部分开放性可以从网络上的声音的多样性和多元化中看出,这些声音由政党的网站、基督教网站、穆斯林网站、民间社会网站组成,在网上相互共存。这些网站的多元性和多样性使互联网有可能成为最大的单一公共领域。通过使用电子邮件、电子聊天和网络广播在成员之间进行民主讨论,互联网也可以被看作是一个相当自主和独立的公共领域。

互联网的互动性意味着计算机媒介传播必须接近公共领域的对话性、审议性、交流性和民主性的理想。在线互动性可以被定义为在互联网上可以产生电子对话或讨论(音频、视频或文本)的手段,这些手段可以接近现实生活中的口头交流,而这正是公共领域的基础。互动性也可以看作是一系列的方式,用户可以通过这些方式与之互动并参与塑造、修改、重新定义和扩展在线文本。从技术上讲,这可能包括编辑、附加、转发文本,甚至为网上现有的无数文本创造超链接的反文本。

实际上,网上的互动性是通过一些应用表现出来的,如电子邮件、手机短信、电子聊天。这些功能和应用大多使互联网成为一种独特的媒介,因为它不像广播或电视那样在某种程度上被锁定在传输、自上而下和线性的交流模式中。互联网似乎加强了横向的、互动的和讨论性的交流,在那里没有过多的把关。毋庸置疑,这些基于互联网的发展,即互动应用代表了新的机会,可以创造新形式的政治和文化公共领域,其核心是开放、平等和透明的辩论,特别是当这些互联网应用设法挑战和抵制商业和其他部门的支配时。

首先,需要注意的是,这些互联网应用只是为开放和互动的公共领域提供了一个机会。这是一个可能被其他人实现和利用的机会,被一些人忽视,被弱者或穷人失去,或者被强者和主导者劫持。其次,社会中强大的、占主导地位的商业和政治利益集团总是利用新媒体来促进他们的部门利益。在这一点上,还可以加上另一个关于技术逻辑素养的观点。只有当互联网用户能够充分操纵互联网的互动潜力时,所有这些应用的互动潜力才能实现。

与旧的模拟媒体不同,互联网在公共领域的政治对话中带来了文本、音频和视觉的融合。因此,互联网被誉为一个互动的领域,不仅在技术上,而且在历史上所有通信技术的互动能力的比较意义上。我们将旧的大众媒体的开放性和互动潜力与新的数字媒体(如互联网)相比较,旧媒体所不具备的是参与性。我们可能会阅读报纸和杂志,听广播和录音,或看电影和电视,但我们中的任何一个人真正对大众媒体做出贡献的概率都很小。大众媒体行业往往是一个封闭的系统,由少数几个相互关联的巨头主导,在边缘地带也许有另类表达的空间,但绝大多数的独立声音被排除在外。几乎在任何地方,国家和市场力量似乎都在利用大众传媒来促进现状,只允许在精英阶层的利益保持安全的前提下参与和批评。除此之外,旧的大众传媒作为一种技术形式,可以说是挫败了,而不是促进了互动的、多方向的交流,因为在大多数情况下,反馈并不像互联网那样是即时的。目前,像电视或电影这样的设备并不为交流服务,反而是阻止交流。它也不允许发送者和接收者之间的相互作用。从技术上讲,它把反馈降到了最低点。

互联网的公共领域潜力也因以下事实而得到增强:与报纸等大众媒体不同,互联网不是线性的。就互联网而言,我们不能按照传统的旧通信技术的传输意义来谈论信息的发送者和接收者。在互联网通信中,发送者可以是接收者,接收者可以是信息的发送者。因此,互联网改变了发送者和接受者之间的传统关系,使之成为动态的、流动的和对话的关系——这些要素是平等主义政治公共领域的关键,在那里,讨论必须具体化为对某些政治问题的解决方案。

宽带和无线网络连接也彻底改变了互联网公共领域的互动性。用技术决定论的超级术语和双关语来说,与拨号方式相比,光纤宽带和无线技术正在以闪电般的速度传输巨大的数据流。

融合是指不同文本背景的媒体,如报纸、广播和电视的整合或融合,以形成一个强大的多功能媒体。它也可以被看作是印刷、广播和网络媒体之间的合作、联盟或合并。此观点很重要,因为它意味着融合实际上可以从两个层面来理解。第一个层面,可以说是将文字、声音和视频合并或融合到单一媒介中的一个文本。电视和互联网为这种融合提供了很好的例子。融合的第二个层面是各种媒体,如电信、广播、印刷之间的合作,这些媒体在现实中仍然是独立的实体,但在网上已经合并,在内容和机构监管方面给政策制定者带来了新的挑战。

因此,互联网也许代表了所有交流类型的最先进的媒介,因为它结合了其他媒介的优势,如视频、文本和语音。从理论上讲,融合有利于公共领域,因为它把公共领域变成了一个多媒体领域,用户可以同时从文字、声音和视频中获益,以表达观点或构建意义。从本质上讲,互联网用户可以享受被称为多模态的东西,即通过网络和一个摄像头,互联网用户可以享受互动的口头对话,并通过视觉存在感来加强。在需要以书面形式澄清问题的情况下,他们还可以使用微信、QQ等应用程序进行聊天。网络摄像头还为通过面部表情和手势进行无语言交流提供了平台。

互联网的进一步好处来自互联网可以与其他媒体合作的事实。例如,通过电子邮件,互联网可以与手机、电视沟通,也可以向其他在线媒体如在线和离线报纸提供反馈。因此,互联网对于那些能够使用它的人来说具有巨大的交流潜力,因为它的应用为在一个共同的数字模式下处理、存储、分发和加工所有形式的信息提供了根本性的新机会。此外,互联网被广泛认为是一个特别灵活的通信系统,它对基于用户的创新相对开放或反应迅速,它代表了横向非商业和更平等的通讯形式的重大新机会。

万维网(WWW)这一多功能应用的出现,进一步增强了在线互动性,因为它能够让用户发送电子邮件、聊天、传输文件,并在需要时自动加载辅助应用程序。互动性的概念与数字性的概念紧密相连。数字媒体文本相对于模拟文本意味着数据的高度可变性和复制性,因此互联网的用户也可以改变、编辑和添加他们收到的电子信息。数字化还意味着互联网有能力接受大量的数据输入,传播大量的数据语料,以及更快地获取数据。这是因为,相对于模拟媒体输入的数据必须始终以物理形式相互类比而言,数字媒体将所有的输入数据转换为数字,编码以代表某种文化形式,可以方便地存储和检索,速度更快,成本更低。超文本性是指互联网将一个文本与其他文本的网络联系起来的能力,这些文本在自身之外,高于和超越自身。这不仅为互联网用户带来了更多的信息来源选择,而且对更高的信息处理能力也带来了更大的挑战。

互联网上的数字化和超文本性不仅意味着任何技术熟练的互联网用户都能够通过使用一系列的应用程序参与在线的本地以及全球公共领域,而且还意味着互联网用户被无处不在的信息所"武装",以支持在线和离线公共领域的逻辑辩论。例如,数字化使互联网成为压缩时间和空间的最佳媒体之一。以电子邮件为例,与通过邮递系统发送的普通信件相比,电子邮件到目前为止速度更快,互动性更强,并具有传输大量数据的能力。

超文本和超链接将作为公共领域参与者的网民引向更多的信息和相关信息源,正如前面所论述的,如果使用得当,可以促进在线和离线公共领域的更多批判性和分析性互动,因为公共领域必须在理想状态下由阅读公众构成。信息和信息获取是任何公共领域的两个最关键的资源,而超文本性和数字化使互联网可能成为最大的信息库。此外,尽管一些信息被保护起来并被赋予了经济价值,但来自媒体、民间组织、政府、政党和一些国际组织的大部分在线信息对所有互联网用户来说都是免费的,这意味着那些被连接的人可以积极参与到互联网的公共领域中。信息是公共领域的核心,其假定是在公共领域中,行为者以明确的论点表明立场,并且他们的观点也被提供给更广泛的公众。因此,信息对于所有的民主公共领域来说都是不可或缺的。然而,关键的问题是,网络中免费和公开的部分在多大程度上拥有有用的信息?付费的或有密码保护的网站是否比免费的网站信息量更大?如果是的话,这对网络领域的私有化或扩大参与意味着什么?

但是,互联网作为一个公共领域,有哪些问题呢? 一般来说,这些问题包括因贫困而导致的社会排斥、尖端技术的高昂成本、因企业暴利而导致的公众和个人访问的萎缩、反监控技术、连接性差、技术落后、缺乏相关内容、技术恐惧症、弹出广告和病毒攻击等商业入侵。还必须指出的是,部分研究者不同意互联网可以成为一个公共领域的整个想法。有学者认为,互联网基本上是一个离心和分裂的媒介,创造一个有意义的公共领域的机会不大。如果它使我们彼此更加疏远,我们不应该感到惊讶,能够将我们与远方的人联系起来的东西,当我们在短距离内使用它来取代现实空间中的会面时,也会减少和抑制人类最丰富和最令人满意的交往。互联网是真正的集体理性和辩论的敌人,我们绝不能上当。在活泼和善于表达的社区内测试和审查信息,仍然是我们民主自由的最重要保障。然而,为了反驳这些观点,必须强调融合的问题,说明互联网并没有取代以前的公共领域,而是它们的一部分,也扩展了公民的互动能力。

3.2.2.3 移动电话的发展

即使在非洲的最不发达国家,手机作为一种投票工具在参与式民主中也被证明是很重要的。人们利用移动电话技术来表达他们对与全球正义有关的突出问题,甚至是影响国家发展的地方问题。他们通过交谈、分享短信和电子邮件来对国家关注的重要问题做出明智的选择。2004年,世界上大约49%的移动用户拥有移动互联网,大约75%的人使用移动数据服务,如电子邮件、新闻和短信息服务。同样,公民社会作为辩论的舞台也因移动通信的出现而得到加强。在那些对大众媒体充满法律限制的国家,移动电话越来越多地被公民团体用于联网和动员。杂志社,这个在很大程度上被视为公共领域缩影的行业,通过移动技术数据服务和电子邮件提供的无数方式,广泛使用移动技术来进一步扩大和增强其讨论潜力。

拨打和接听电话是手机最基本的功能之一,但如果从交流民主的角度仔细观察,它并不是普通的活动。鉴于言论自由是公共领域的关键,移动电话可以被视为具有对话式民主的潜力。就其语音通讯的潜力而言,手机可以进行一对一的通话和小组通话,参与者可以讨论从商业到政治的任何想法。在大多数情况下,移动电话对话为追求问题的深度奠定了基础,主要是通过人际或团体沟通。人们通过电话联系的频率越高,他们似乎就越想在之后进行面对面的会面。移动电话并没有减少面对面的联系,相反,它增加并促进了这些联系。人们通常使用手机打电话给他们想见面的人或他们正在去见的人。移动电话也使朋友们更频繁地聚集在一起,并形成更大的群体。移动电话似乎是一个多维的、复杂的小工具。一方面,它可以作为移动广播、移动互联网、移动电视,本身就是一个公共领域;另一方面,它又是安排面对面的群体话语论坛的基础。手机上的交互式小组通话近似于公共领域的互动交流,尽管人们也可以说,但手机上的口头交流并不像面对面的讨论那样互动或灵活。技术故障,如接收不良、断线或网络中断,以及其他类型的"噪音"可能会破坏手机执行的讨论的质量。

移动电话还为以前被其他电信形式边缘化的公民开辟了一条通信渠道(尤其是在移动电话增长惊人的非洲),同时也扩大了那些一直处于大众媒体和其他通信形式主流的公民的互动能力。例如,在大多数最不发达国家,现在拥有移动电话的普通人能够参与电台和电视的直播谈话节目,可以通过移动电话与更广泛的公共领域直接联系。从这个角度来看,移动电话不仅是一种访问手段,也是参与广播和电视等大众媒体主要公共领域的手段。自动漫游进一步增加了个人在时间和空间上留在公共领域的机会,因为他既是观众又是大众媒体讨论的参与者。例如,一个拥有无线电接收功能的移动电话的游客仍然与当地和全球电台的主要公共领域保持联系。游客可以用手机收听广播新闻,通过手机参与,并进一步与家庭或朋友的私人领域联系,以核实一些问题。因此,在某种意义上,移动电话似乎改变了传统的通信和媒体消费形式,它扩大了一个人的互动潜力,并暗示了公共领域本身。

发短信是移动电话的另一个功能,它似乎有潜力用于互动的公共领域,特别是对年轻人。在大众媒体被国家封锁或封口的地区,以及实际上移动电话服务费过高的地方,例如非洲部分地区,短信不仅被用于公民投票,而且继续被用于支持其他"游击队媒体"的动员、组织和协调大规模抗议活动。2004年,非洲一些妇女宣传组织向国内和海外的非洲人征集"短信"和在线投票,以支持《非洲妇女权利议定书》。只有三个国家签署了非洲联盟在前一年通过的议定书。移动电话的公共领域潜力正在逐步发展,因为用户对其技术能力有了更大的信心。对移动电话的看法已经发生变化,移动电话具有新的意义,并且已经取代了它仅仅作为语音电话媒介的效用,它越来越被认为是一个多用途的设备。

手机的中心地位可能是由于它前所未有的扩张性和普遍性,这意味着一个更大的公共领域,只要有连接,作为参与者的所有成员都有可能在世界的任何地方和任何时间被接触到,无论是在街上、公共汽车、火车、浴室,甚至厕所。手机所提供的自由,确实意味着人们随时可以使用,即使是在移动的时候,因为它最大限度地提高了人们的联系潜力。移动电话公共领域的广泛性和普遍性被诸如漫游和呼叫转移等功能进一步增强。漫游允许移动电话用户在国际上使用他们的移动电话,并且仍然与家人、朋友、同事和媒体联系,就像他们在自己的国家一样。呼叫转移将固定线路与移动线路连接起来,这样移动用户在度假时就可以接收那些在家里或工作中打来的电话。尽管发短信在很大程度上被看作是年轻人的做法,但这种情况已经开始改变,因为如前所述,公民组织正在利用它进行政治沟通。对于年轻人自己来说,他们发短信的公共领域被基于移动的文化身份进一步巩固。我们可以说,资产阶级的公共领域是通过当时的中产阶级对新发现的生活方式和文化的庆祝来维持的,而青年的短信公共领域也是通过定制的标志来维持的,比如播放的铃声类型、使用的屏幕服务器等。

这个关于移动电话公共领域的动态性质的观察是非常有趣的。然而,这可能主要适用于西欧和北美国家,那里的年轻人大多拥有移动电话,服务提供商在争夺市场时对短信和语音电话给予优惠的价格。鉴于"数字鸿沟"影响着非洲和南美地区的贫困国家,移动电话和固定电话在很大程度上与成年人和机构有关,因此往往是严肃的口头和"文本"交流的渠道,尽管偶尔人们也会在他们之间传授笑话。例如,在津巴布韦和其他非洲国家,由于服务费用过高,"给我发短信"或"给我发信息"的做法被年轻的成年人广泛使用。

3.2.2.4 总结

总之,互联网创造公共领域的潜力受到了诸如可负担性、可获得性和可用性等因素的影响。然而,虽然计算机的成本在全球范围内仍然普遍令人望而却步,但由于网吧和公共图书馆等公共接入点的存在,通过互联网获取信息的情况似乎正在改善。因此,通过网吧和公共图书馆的机构和公众访问,可以说互联网似乎正在扩大全世界的信息获取。然而,也应该注意到,互联网并没有因为融合而创造出孤立于传统大众媒体之外的政治公共领域。新媒体通常不会取代现有的媒体,而是对其进行修改和补充。也许在我们对数字时代的解放力量变得过于乌托邦之前,我们需要牢记这一点。

3.2.3 数字新媒体管理方向

所有的媒体都在为我们提供服务。它们在个人、政治、经济、审美、心理、道德、伦理和社会方面是如此的普遍,以至于我们的任何部分都没有被触动,没有被影响,没有被改变。如果不了解媒体作为环境的工作方式,就不可能对社会和文化的变化有任何了解。

3.2.3.1 无处不在

在20世纪60年代太空竞赛的高峰期,当价格低廉的电视和便携式收音机为大众传媒的发展增添了另一种强大的动力时,传播理论家重新调整了对技术在社会中的地位的思考。他们认为,我们对媒体所做的以及媒体对我们所做的,是理解人类状况的一个重要部分。

媒体和技术是结构的一部分,即使还没有进入我们进化的DNA。几千年来,人们一直在记录和传播事件的版本。洞穴壁画、楔形文字和表意文字告诉我们,从早期开始,我们就发展了一系列的技术来传递信息,来表达我们的经验、我们的想法和我们的感受。我们与其他动物的不同之处在于,我们渴望并有能力利用通信来进行自我表达和思想交流,进行反省和组织。媒体是技术的产物,但它的本质是人类的语言,一种听觉的交流形式,在需要技术来记录它之前就已经存在了。

智人可以追溯到大约25万年前,即我们早期的祖先。为了涵盖这一巨大的进化时期,我们通常使用"史前"一词来标记历史开始被书面记录之前的时间,这一突破是相对较近的。五六千年前,在美索不达米亚,也就是现在的伊拉克,苏美尔人开始用手写笔记录印在软泥上的数字,开始使用文字。在一千年内,由于一种锋利的楔形手写笔的发展,这一过程已经非常完善,这些标记开始代表苏美尔语言的音节。

正如《人类简史》一书的序言中指出的那样,人类只是在最近几百代才开始创造历史,在这之前的两三千代,我们的祖先可能不比我们现在更聪明和有见识,或者说不比我们更愚蠢和愚钝。他们在其他方面也是如此。在没有文字和历史记录发展的大约一百万年前,我们的祖先实现了另一个巨大的技术和进化飞跃。我们不能说在什么地方、什么时候或究竟是谁发现了如何控制火,但我们知道的是,它使我们的祖先能够烹饪出更丰富的食物,这大大改善了他们的健康、力量和他们在食物链中的整体地位。这是一个非常早期的技术决定论的例子,指出技术对社会有内在的影响。社会学家们在19世纪末写道,技术决定了人类的发展,一旦一项技术被成功引进,社会就会以支持和进一步发展的方式来组织自己。

除了自然语言和文字之外,技术的发展也是我们进化的关键。印刷机、电报和互联网都对人类的意义产生了深远的影响,但并不总是积极的。每一项技术的和平应用,往往都有一个暴力的应用。虽然媒体加速了个人解放,发展了我们的自我意识和休闲意识,但它也被用于宣传目的、煽动冲突和施加控制。

如果作为人类的一个关键特征是阐明内省的思想,那么媒体的一个关键特征是,它经常被用来探索和反思它对我们的影响以及我们如何使用它。例如,德国知名导演弗里茨·朗

(Fritz Lang)1927年发行的电影《大都会》的背景是2026年,社会被一分为二,规划者和工人生活在地下,奴役性地支撑着特权阶层的生活。朗在俄国革命和第二次世界大战之间创作了这部作品,当时欧洲社会阶层之间的压力特别大。

电影《2001太空漫游》改编自科幻短篇小说 The Sentry,讲述了一个外星种族使用一种类似石碑的机器来探索新世界,并在可能的情况下引发智能生命。在电影中,开头的场景显示,这样的设备出现在百万年前的古非洲,它激发了我们一群饥饿的祖先构想出动物骨骼形状的工具。他们用它们作为棍棒来杀死其他动物、捕食者和敌对部落的首领。这结束了威胁生命的饥荒循环,他们继续前进。根据技术有一天会变得有意识并与创造者对立的想法,叙事在时间上进行了跳跃,我们很快达到了一个点,即中心人物之一的鲍曼必须智取他的飞船电脑以保持生命。

20世纪60年代,当英国科幻小说作家亚瑟·查尔斯·克拉克(Arthur Charles Clarke)撰写《2001太空漫游》的剧本时,武器的发展已经把世界带到了技术可以毁灭人类的地步,这种可能性似乎非常真实。第二次世界大战加速了原子弹的发展,弹道导弹在古巴的定位导致了美国和苏联之间的危险对峙,这带来了核战争的阴影。末日情景并不局限于历史或学术上的歇斯底里的技术决定论。科幻小说界对类似的主题进行了改编,创造了精心设计的幻想。在这些幻想中,人类、机器人、神和怪兽为控制一切而进行生死搏斗。但是,一个看不见的意识,对宗教人士来说是上帝的形式,对科幻迷来说是完美的计算机,是否存在,目前还没有证据。相反,社会建构主义者的影响越来越大,他们认为人类行为塑造了技术,如果不弄清楚技术如何融入社会背景,就无法理解其使用和发展。

3.2.3.2 数字新媒体未来管理方向

技术奇点是这样一个概念:在未来某个地方有一个想象中的点,计算机变得比人类更聪明。2000年,人工智能奇点研究所(SIAI)作为一个非营利组织成立,以开发安全的人工智能软件为目标。该研究所将提高人们对人工智能所带来的危险和潜在利益的认识列为其主要任务。SIAI指出,有几项技术经常被提到是朝着这个方向发展的,如人工智能、直接的脑机接口、大脑的生物增强、基因工程等。

我们可以把超智能机器定义为远远超过任何人类的所有智力活动的机器。由于机器的设计是这些智力活动之一,超智能机器可以设计出更好的机器,那么毫无疑问,将出现"智力爆炸",而人类的智力将被远远抛在后面。最深刻的技术是那些消失的技术,它们将自己编织在日常生活的结构中,直到它们与日常生活无法区分。也许是第一个信息技术,捕捉口头语言的符号表示以进行长期储存的能力使信息摆脱了个人记忆的限制。今天,这项技术在工业化国家中无处不在。不仅书籍、杂志和报纸传达书面信息,路标、广告牌、商店招牌甚至涂鸦也是如此。这些"识字技术"产品的背景持续存在,不需要主动关注,但要传达的信息却可以一目了然地使用。诸如手机、MP4播放器和卫星导航系统等手持移动设备的爆炸性使用表明,在20世纪90年代初提出的人机交互的后桌面模型是多么有远见。人们预测了这样一个世界:信息处理被完全整合到日常物品和活动中,因此人们不一定意识到他们正在这样做——在日常生活中同时与许多计算设备和系统接触。今天,我们所谓的监控社会充斥着无形的无线连接媒体,它们同时追踪人们,记录他们与什么人互动,以及与谁互动。无线电频率识别标签、声音识别、闭路电视摄像机、条形码等都是媒体和技术无处不在的巨大增长的一部分。

这种标签,有很多用途。在汽车税单中插入一个标签,可以使司机自动支付道路通行费;在动物的皮肤下注入一个类似的标签,可以帮助其主人跟踪宠物。此外,标签可以装载生物识别信息并插入人体。这可以帮助拯救前线士兵的生命。但是,如果一个无良的政府执行这种做法,标签就会引起巨大的道德问题。

一些研究人员说,最大的问题是计算机缺乏"常识",就像知道你可以拉动一根绳子,但不能推着它。例如,麻省理工学院的"媒体实验室常识计算小组"正在研究如何使计算机具有像人一样的理解和推理世界的能力。尽管计算机能够以令人难以置信的速度进行数万亿次计算,但它们在处理我们经常认为理所当然的事情方面存在巨大问题,比如阅读一个简单的故事并加以解释。尽管一台普通的家用电脑可以准确地扫描和复制一张家庭生日聚会的照片,但描述这个事件对谁意味着什么,却让它哑口无言,很小的孩子在从事物中找出意义方面做得更好。这也许是因为他们从第一天起就被鼓励掌握常识,就像他们自己的生存一样,是为了其他事情。这常常被认为是理所当然的,但常识是人们所认同的,是他们感觉到的,是他们共同的自然理解。麻省理工学院的一些科学家说,如果计算机要为我们的利益发展环境智能,那么,它们将需要一种更微妙的辨别力,人们把它视为常识。例如,一个自我填充的冰箱必须根据屋里的人改变它的命令,或者一个在电影院里自我关闭的智能手机需要知道重新打开以接听一个重要的电话。为了达到这一点,计算机将需要被编入关于我们的大量信息:关于我们如何互动的社会知识,关于事物行为方式的物理知识,关于事物的外观、味道、气味、触摸和声音的感官知识,关于人们思考方式的心理知识,等等。这样一个巨大的、无定形的智能获取大部分我们称之为"常识"的东西,将更容易实现,并可能最终依赖于计算机学习理解像我们这样的自然语言。

抛开一些技术上的挑战不谈,对许多人来说,一个由计算机和媒体组成的永远在线的网络在后台运行的情景是有问题的。反对的一个关键论点是,融合的媒体技术会导致所有权的集中,从而加速文化霸权,使主导的意识形态得到加强,而牺牲了其他的想法。另一个有据可查的问题是,数字媒体会使人失去人性,并使人疏远。报纸经常刊登耸人听闻的报道:青少年躲在卧室里玩基于互联网的暴力电脑游戏,而牺牲了传统的游戏、文化和家庭生活。一些报纸新闻说数字媒体减少了人与人之间的接触,并在一定程度上改变了人类的定义,这是对的。在地球生物圈领域,对数字媒体发展的一些担忧似乎更加相关。人类在发明技术和媒体以帮助管理其环境方面的明显天赋可能会变得更加重要。世界面临的前景是,人为的气候变化需要一个更明智的辩论和一些技术解决方案来消除导致全球变暖的污染。媒体具有核心作用,为辩论提供论坛,提供大部分内容和证据,并提供双向渠道,通过这些渠道可以做出明智的决定。但数字媒体也不能完全避免成为问题的一部分。除了在鼓励一般消费方面的作用外，媒体是一个饥饿的机器，它需要巨大的能源和商品投入来维持其日常生存。被丢弃的消费电子产品使压力更大，每年有数百万吨潜在的有毒废物，如旧电视和 DVD 播放器，在过时或坏掉时被丢弃。除了结构性淘汰之外，企业和广告商是满足人们对新事物的渴望的专家，他们提供改进的模型，帮助说服我们，去年的东西确实可以升级。在这个消费循环中不太明显的是互联网；在其表面上的绿色或碳中和的背后是吞噬资源和能源的计算机和帮助这一切运转的发电站。

在我们渴望掌握一个没有不平等、劳作、疾病和冲突的未来时，我们很容易低估和高估技术发展的速度和作用。但在 21 世纪初，这里有数以亿计的人生活在极度贫困中，吃不饱或饿肚子，获得安全饮用水的机会有限。贫富之间的差距继续扩大。正如我们古代祖先所理解的那样，技术进步和媒体仍然是我们在挑战中最有力的工具，它能解决我们最紧迫的问题。

第4章 新媒体技术的创新与突破

本章学习目标

1. 了解"互联网"和"互联网+"的概念；
2. 认识互联网对社交媒体、广告传播、文化传播和社会发展的影响；
3. 掌握新媒体技术（例如人工智能、云计算、大数据、区块链、元宇宙）与传统媒体相比的创新和突破之处。

本章主要介绍了互联网相关的新媒体技术的创新和突破。从互联网概念出发,针对互联网的交互性,介绍了基于互联网的社交媒体类型,它给人们的生活带来了便利,接着探讨其对新闻行业的影响。同时,互联网也催化了许多新兴的广告形式,提供了视听觉享受。新媒体并没有完全取代旧媒体,它和中国文化相交相融。VR、AR等技术体现了互联网的虚拟性。技术推动着社会变革、产业升级。面对惊天动地的大变局,我们要与时俱进,关注新媒体技术前沿热点。互联网衍生的新技术,例如人工智能、云计算、大数据、区块链、元宇宙,又将重塑技术里的时空观念和传媒模式。

4.1 互联网的影响

4.1.1 互联网的概念

互联网,又称"因特网",英文为 Internet,由广域网、局域网及单机按照一定的通信协议组成的跨时空国际计算机网络。互联网亦用来泛指各种类型的网络。

1994年,由于中国国家计算和网络设施 NCFC 项目的连接,中国成为一个真正的互联网国家。在接下来的几年里,主要的互联网服务提供商,例如中国联通开始提供互联网服务。随着计算机和互联网的普及,互联网的基础设施和速度得到了改善。随着 2009 年 3G 和 2013 年 4G 的发展,中国进入了移动互联网时代。2016年,中国实现了 5G 技术的突破。随着计算机的普及和计算机网络的迅速发展,大众传媒正在从传统媒体向数字新媒体转移。

作为一种传播方式、产业和媒体形式,互联网对中国社会发展产生了深远影响。互联网已经成为公众获取信息和发表意见的主要平台,也是工作、学习和休闲等社会交流和动员渠道。互联网不仅从根本上改变了网民个人的生活方式,也促进了社会群体结构和性格的演变,并最终促进了整个社会结构的发展。

2015年3月5日,李克强总理在第十二届全国人民代表大会第三次会议所作的政府工作报告中,正式制定"互联网+"行动计划,推动移动互联网、云计算、大数据、物联网等与现代制造业的结合。2015年7月1日,国务院印发的《关于积极推进"互联网+"行动的指导意见》中把"互联网+"定义为"把互联网的创新成果与经济社会各领域深度融合,推动技术进步、效率提升和组织变革,提升实体经济创新力和生产力,形成更广泛的以互联网为基础设施和创新要素的经济社会发展新形态"。

"互联网+"概念的中心词是互联网,它是"互联网+"计划的出发点。"互联网+"计划包含两层含义:一种将文字"互联网"和符号"+"分开理解,"+"代表着添加与联合。这表明了"互联网+"计划的应用范围为互联网与其他传统产业,它是针对不同产业间发展的一项新计划,应用手段则是通过互联网与传统产业进行联合和深入融合的方式进行;另一种是将"互联网+"作为一个整体概念,其深层意义是通过传统产业的互联网化完成产业升级。互联网通过将开放、平等、互动等网络特性在传统产业的运用,通过大数据的分析与整合,试图理清供求关系;通过改造传统产业的生产方式、产业结构等内容,来增强经济发展动力,提升效益,从而促进国民经济健康有序发展。

在教育领域,要把握"互联网+"潮流,通过开放共享教育、科技资源,为创客、众创等创新活动提供有力支持,为全民学习、终身学习提供教育公共服务。教育部下发了《2016年教育信息化工作要点》,将落实中央网络安全和信息化委员会、国务院有关"互联网+"、大数据、云计算、智慧城市、信息惠民、宽带中国、农村扶贫开发等重大战略对人才培养等工作的部署,作为做好教育信息化统筹规划与指导、加强教育信息化统筹部署的重要任务。随后《教育信息化"十三五"规划》提到要统筹推进教育信息化和"互联网+"、大数据等工作。2017年1月19日,国务院印发的《国家教育事业发展"十三五"规划》中提到大力推进教育信息化,推动"互联网+教育"新业态发展。2018年4月18日,教育部印发的《教育信息化2.0行动计划》中提到2022年基本实现"三全两高一大"的发展目标,建成"互联网+教育"大平台,推动从教育专用资源向教育大资源转变、从提升师生信息技术应用能力向全面提升其信息素养转变、从融合应用向创新发展转变,努力构建"互联网+"条件下的人才培养新模式,发展基于互联网的教育服务新模式,探索信息时代教育治理新模式。

4.1.2 互联网对社交媒体的影响

社交媒体(Social Media)的概念最早出现于2007年美国学者安东尼·麦菲尔德(Antony Mayfield)所著的电子书《什么是社会化媒体》中。作者认为,社交媒体是一种给予用户极大参与空间的新型在线媒体,其最显著的特点就是定义的模糊性、快速的创新性和各种技术的"融合"。如今社交媒体更多是指互联网上基于用户关系的内容生产和交换平台。社交媒体的类型主要有社交网络类(QQ、微信、LinkedIn等)、视频类(抖音、快手、YouTube等)、照片墙类(小红书、Instagram、Snapchat等)、博客类(微博、Twitter、Tumblr等)。其中QQ、微信等被称为即时通信(IM)工具,它们是互联网上能够提供实时文本图像传输的社交媒体工具。

媒介系统和传播媒介随着科技发展而变化,互联网取代了广播、报纸等传统媒体,受众的使用习惯也随之改变。互联网给新闻业带来了冲击,为记者和其他媒体专业人员提供更有效的工作方式;通过媒体微博、微信公众号、新闻客户端、媒体App、短视频平台等以潜在的吸引人的方式改变讲故事和媒体内容的性质;对媒体组织的管理、结构和文化产生了影响;转变了新闻机构与众多公众(如观众、消息来源、资助者、监管者和竞争对手)之间的关系,实现了公共媒体独家发声到自媒体百家争鸣的转变。随着草根媒体和社交媒体的发展,新闻来源逐渐由原来掌握垄断权力的专业媒体或权力机构逐渐向公众本体进行转移。

互联网改变了新闻和信息的传递方式和受众的可获得性。用户更容易获得对他们有个人价值的媒体内容,不仅可以从世界的某些地方获得以往不可能获得的信息,而且还能一瞬间获得信息。传统单向的信息传播方式被打破,用户主动参与到信息生产与传播过程中,实现了"一呼百应"的迅速、及时、裂变式的新型传播形式。海量互联网新闻大多是免费的,媒体通过"二次售卖"或增值服务盈利。媒体收集用户阅读习惯和偏好,随之调整传播策略促进传播的有效性。

如今行业媒体可借助 MAKA、易企秀、IH5 等技术企业的制作平台轻松实现简易功能的 H5 产品制作。在实际开发应用中,H5 需要配合 JS、CSS 等编程方式,借用成熟的开发框架,实现全面、混合、敏捷的需求实现和相对极致的用户体验。

手机 App 已经成为获取资讯和交流的重要工具。内容差异化给行业媒体 App 带来一定的发展空间,通常可根据安卓或 IOS 平台不同采用原生模式开发,或 H5 开发,既可以对接原有网站数据,也可以完全新建业务流程。但运营人力的限制可能导致 App 内容无法和新闻网站实现差异化,同时行业的规模在很大程度上也决定了下载量和日活量,成为考验宣传效果的可信依据。

微信公众号、微博、头条号、百家号、抖音、快手等纷纷邀请政企事业单位、名人、自媒体等入驻,推送丰富的图文视频。对于复杂和特殊场景的宣传任务,仅靠第三方平台的基础功能无法实现,需进一步借助小程序开发。

借助各种智能网络和数字移动技术,人们可以随时随地上网、看电视、听广播、看电影,也可以发布即时信息,披露真相,甚至参与网上舆论互动。传统的新闻筛选和信息控制变得越来越困难。新媒体可以直接向特定群体或个人发送大量信息,实现信息的准确传递,并以明确的目标进行公关活动、宣传和劝说,通过微博、博客、播客、网络评论、社区讨论等方式在普通民众中进行大规模的舆论宣传,消除国家之间、信息发送者和接受者之间的界限。最终,以引导和控制信息为特征的传统精英外交模式将受到越来越大的影响。从这一点来看,新媒体外交降低了信息传播的标准,为我们的公共外交提供了一个有利的机会。它可以帮助中国寻求新的信息传播渠道,进一步扩大中国话语的影响力。

互联网为其受众提供了更多的信息和更多样化的沟通渠道。新媒体,如社交媒体和社交网站,对个人的社会生活有着巨大的影响。在线环境中,它允许个人在虚拟现实中自由展示自己的形象,与他们在社交媒体和社交网站上认识的其他人建立链接,创建一个个人连接网络。例如,在 Twitter 或微博等社交媒体,WhatsApp 或微信等即时通信工具上,每个用户都会构建一个在线形象。简介中的个人头像总是人们眼球追踪的位置,它通常出现在引人注目的地方,成为用户的主要识别特征。

社交网络的诞生和发展提高了所提供信息的真实性和可靠性,同时也使隐蔽性更加复杂。在网站上公开展示的关系应确保诚实的自我展示,因为一个人的关系是与一个人的档案相联系的;他们既看到了它,也隐含地认可了它。个人在社交网站上的参与最终导致了隐私的普遍丧失,实际上网络世界并不完全是匿名的,家庭成员、邻居、同事和其他离线的熟人也在互联网上相互交流。现在的趋势是实现从匿名到"非匿名"的转变,实名认证、绑定手机号、显示 IP 地址都试图让社交网络成为一个和谐守法的环境。

互联网上的社交媒体也是一种虚拟的话语空间。用户在这个公共领域聚集,分享他们的想法,并反复进行冲突和调和,彰显了民主和自由。社交媒体的参与者在社交媒体中重建一个平行的身份,在社交媒体中扮演创作者和浏览者的双重角色。浏览者可以根据自己的喜好,选择自己喜欢的创作者。创作者可以在社交媒体平台上定制和控制自己的粉丝群和隐私。超文本帮助用户提高他们的写作和阅读能力。社交媒体的互动性使信息得以复制、共享成千上万次,在用户的交互中实现集体生产、复制和消费。

新媒体给人们的生活带来了越来越多的便利,但也带来了新的问题,如新媒体与传统媒体融合协同发展遇到的阻碍,庞大的信息资源带来的认知负荷等。

4.1.3 互联网对广告传播的影响

互联网为广告商提供了新的传播方式,萌生了诸多类型的广告。

根据广告的载体分类,广告可分为网站广告、电子邮件广告、移动端广告。网站广告包括旗帜型广告、按钮型广告、模型网站广告、游动式广告、主页型广告、文字链接型广告。电子邮件广告是以电子邮件作为载体的一种广告,定期通过电子邮件将信息发送给目标消费者。移动端广告主要附着于应用、小程序上。基于手机、iPad 等移动端的 H5 广告因其开发的便捷性、跨终端的通用性、传播的多维性和表现的多样性等特点,成为广告投放的首要选择方式。相比于传统的广告形式,移动端 H5 广告更加注重人机互动,更加注重创意设计和多媒介融合,更加注重打造流畅的互动体验以强化产品的宣传效果。移动端 H5 广告主要包含图文类广告、快捷沟通的交互类广告、生动有趣的游戏类广告、情感代入的视频类广告和安全有效的模拟类广告等丰富多彩的类型,成为广告业中最具活力的传播媒介。

按照广告位的属性进行分类,可以分为开屏广告、横幅广告、插屏广告、贴片广告、信息流广告、激励广告等。开屏广告(Splash Ad.)也被称为启动页广告,出现在 App 启动加载时,将广告图片或视频展示固定时间(5 秒),展示完毕后自动关闭并进入 App 主页面。横幅广告(Banner Ad.)是网络广告最早采用的形式,也一直沿用至移动端,以文字、图片等富媒体形式,在 App 首页、发现页、专题详情页等页面的顶部(含下拉刷新)、底部或中部呈现。插屏广告(Interstitial Ad.)是触发式广告,在用户做出相应的操作(如开启、暂停、过关、跳转、退出)后,弹出的以图片、动图、视频等为表现形式的半屏或全屏广告。贴片广告(Roll Ad.)即将广告内容贴入视频之中,可以分为视频贴片和创可贴两种形式。前者是将 5 s~60 s 不等的横版视频广告添加至视频播放前、视频播放中或视频播放后这三个位置,后者将图片/动图等元素放在正在播放的视频中。信息流广告(Feeds Ad.)是当前 App 最流行的广告形式,出现于有内容产出的 App,是与 App 的日常内容(如一则资讯、动态、图片、视频)融为一体的广告形式。搜索广告（Search Ad.）也是触发式广告，用户搜索关键词后，在搜索联想、搜索结果中出现广告，一般为广告主的 App、商品，或者是带有推广性质的内容，以信息流的形式呈现。激励广告（Incentive Ad.），是利用激励让用户接受广告或做出指定行为，比如下载 App、观看视频等，可以分为积分墙和激励视频两种形式。前者用户可以完成指定操作获取积分，并兑换奖励；后者则让用户完成指定操作，获取权益，比如游戏复活、新增特权等。

广告通过视听觉刺激打造深刻的印象，凸显商品的独特性。消费者沉浸在具有吸引力的视频场景和引发共鸣的叙事中，能感知品牌的意义和价值，进而改变对其的认知和态度。新媒体技术实现了受众对生产过程的延续，为媒体公司创造了前所未有的机会。受众的高度互动性表明了受众的高度关注和参与。受众参与度的差异与选择性接触和认知有关，这可能导致态度和行为的差异，对广告商来说，受众参与度是一个比单纯的注意力更重要的变量。

新媒体的互动性通过交叉促销和产品的直接销售提升了商业公司的经济效益。在 21 世纪之际，营销战略的重点已经从"产品"转向了"服务"。在某些情况下，仅靠广告并不能为媒体公司带来足够的收入。直接销售商品或广告商品可以成为一种可能的收入来源。感兴趣的观众直接从电脑、移动设备或电视屏幕上购买媒体产品或广告产品或服务。这种选择将使媒体公司打破其作为内容提供商的传统界限，转变成为服务提供商。媒体公司通过直接购买广告产品或服务来进一步实现其本地在线广告空间的货币化。互联网提供了大量的合作机会和联盟计划。媒体网站上的直接购买功能使媒体经理和广告商能够评估广告的有效性。使用心理统计学和个人及集体购买行为的数据，可以使广告达到个性化的水平。

4.1.4 互联网对文化传播的影响

直到 20 世纪 80 年代，媒体作为大众传播，主要依靠印刷品、电视和广播（模拟广播模式），随着技术发展又依靠互联网等新的数字形式。文化发展缓慢，新媒体快速转型的历史却很短。对新媒体的定义是相对于传统媒体的，新媒体的崛起极大地改变了传播方式。在 2004 年的一次 Web 2.0 会议之后，Web 2.0 这个术语被推广开来，它描述了网站对用户生成的内容、可用性和可操作性的关注。它在全球范围内实现惊人的增长，尤其是在中国。尽管新媒体的历史较短，但它对人们的日常生活有着惊人的影响。新媒体确实使中国文化发生了变化。

新媒体的互动性重塑了我们与他人互动和交流的方式，从"一对多"到"多对多"，推动了跨文化交流的全球化，并以一种促进社会变革的方式促进了民主化。新媒体的特点不可避免地会影响文化产品的创造和传播。随着工业化、先进教育、城市化和媒体的发展，社会经历了社会生态的变化。

所有的传播内容作为社会人工制品，传递了文化内容。文化产品是提供文化视角的有形或无形的创造物，作为文化元素的重要传播者促进了文化转型。文化产品包括以娱乐、信息和教育为重点的产出，这些产品帮助消费者构建独特的个性形式，增加了社会娱乐性。文化产品能影响人们的文化视角,人们通过接触文化产品来学习和传播文化观点。

文化产品分析作为一种研究方法,为研究文化提供了一种独特的方式。如个人主义心理和个人主义的崛起,影响了新生儿的起名、流行歌曲的歌词使用和第一人称单数代词频次。

集体主义可以被初步定义为一种社会模式,由联系紧密的个人组成,他们认为自己是一个或多个集体(家庭、同事、部落、国家)的一部分,主要受这些集体的规范和义务的激励,愿意优先考虑这些集体的目标而不是自己的个人目标,并强调自己与这些集体成员的联系。个人主义的初步定义是一种由松散的个人组成的社会模式,他们认为自己是独立于集体的,主要受自己的偏好、需求、权利和与他人建立的契约的激励,将个人目标置于他人目标之上,并强调对与他人交往的利弊进行理性分析。个人主义和集体主义是研究人员在研究文化差异时最常使用的概念维度。在解释人们的理解方式不同时,它与认知有关联。集体主义的思维风格是整体性的,关注对象和其背景之间的关系,而个人主义的思维风格是分析性的,关注对象的属性。个人主义文化中的人被鼓励以高的积极唤醒情绪(如兴奋、笑)来影响他人,而集体主义文化中的人被鼓励适应他人并重视低的积极唤醒情绪(如平静、温和的微笑)。

基于霍夫斯泰德(Hofstede)的文化维度理论可知,男性社会强调竞争、成就和野心,而女性社会则强调与人际关系相关的目标,如人文主义和合群性。在中国文化中,价值观、勤奋和成功是有价值的品质,鼓励人们把工作优先于家庭和休闲。中国人民能容忍等级秩序,对领导力仍持乐观态度。不确定性规避(UAI)指的是人们对不确定性和模糊性的不舒服感。中国作为一个弱不确定性规避社会,与那些保持严格的信仰准则、不容忍非正统行为和思想的高不确定性规避社会不同,持有更多的宽松态度。中国人对环境的适应性很强,在遵守法律和规则的情况下可以很灵活。在长期取向(LTO)方面,中国与自己的历史传统保持着紧密的联系,同时在应对当前和未来的挑战时采用了非常务实的方法。中国人尊重传统,并使传统的价值观适应当前的条件,而且在为未来做准备时,总是强调节俭和坚持不懈等价值观。

文化也能影响我们对自己的思考方式,这与一系列的心理过程有关。在个人主义社会中,理解自我的一种普遍方式是将自我视为一个自主的、独立于社会的实体,这被称为独立自我。中国人研究问题时,更关注案例的背景而不是其本身的属性。在集体主义社会中,理解自我的方式是将自我看作是关系性的,重要的是由一个人在社会中的角色和与他人的关系来决定。

在中国,集体主义文化十分受重视。在集体主义社会中,社会网络往往是紧密结合的,例如家庭。而在个人主义社会中,人们往往有广泛的社会网络,但不那么紧密。在与他人形成关系的过程中,集体主义文化中的个人寻求维持和谐和互惠的群体内部关系。研究表明,相对于个人主义者,集体主义者对于他们有共同认识的陌生人表现出更大的信任水平。因此,关系构建了中国的社会网络和一个分享熟人的渠道,人们在努力保持和谐的关系。保持社会和谐的动机有多方面的原因,其中之一是顺从,即信仰、行为和态度与群体规范保持一致。

从公司网页到电子商务的兴起，表明网络已经成为一个重要的、不可缺少的全球通信渠道。互联网对商业很重要，网站作为公司在新媒体中的形象，推广公司品牌，向客户或商业伙伴提供公司信息和服务。随着电子商务模式的扩大和在经济中发挥更重要的作用，跨国公司更迫切需要了解如何在全球范围内推广他们的业务，并意识到不同国家和地区的文化差异。

中国的网站在集体主义和权力距离方面都很高。群体关系诸如社区关系、与当地网站的链接、俱乐部/聊天室、家庭主题等信息被视为集体主义的表现。中国网站也有更多与传统主题相关的信息，并使用更多的本地术语。为了强调美学和传统，中国的网站使用了一种间接和温和的沟通方式——软性销售。这些与集体主义文化中的社会和谐关系相吻合。

文化价值反映在网站的内容和结构中，而网站的文化适应性可以提高可用性。广告内容突出地反映了当地文化价值。新媒体对文化差异特别敏感。网络是开放的，全球化使得网站的文化差异性巨大。网络的互动性提供了诸如超链接和搜索等功能。然而，这些功能的有效性有赖于对具有文化意识的全球用户的定制。媒体融合支持创建具有音频、视频、图形和文本的本地化网站。与用户的社会认知密切相关的文化一致的网站更有可能吸引用户。

对社交网站上的企业页面进行内容分析可以了解公司关系管理的跨文化差异。社交网站是基于网络的服务：个人可以在一个有界限的系统中构建公共或半公共的形象，能够找到与他们有关联的用户，查看自己的关注者以及自己关注的用户发布的动态。社交网站的独特之处在于，它允许用户在网上与已知和未知的人建立联系。中国公司使用了一种更加隐性的沟通方式，提供产品本身以外的信息来吸引顾客。用户和公司之间的互动也显示了集体主义和个人主义的文化差异。例如，中国用户直接向公司询问信息，显示出更强烈的依赖社会网络获取信息。批评和投诉出现的频率不高，反映了文化上对群体和谐的强调。用户经常回应公司发起的帖子，并以个人化的沟通方式更直接地传递抱怨。

大量中国用户倾向于在社交网站背景下与公司进行更多接触。用户发现公司社交网站页面的内容通常比公司网站的内容更具娱乐性和趣味性。群体识别在预测公众参与方面发挥了重要作用。将自己与其他访问同一企业社交网络服务的用户相提并论的中国用户更有可能向他们的朋友推荐该公司的网页，而不是仅仅消费社交网络服务网页上的信息。这证明了创造一个强大的社区意识可以有效地培养有意义的组织和公众关系。虚拟社会网络似乎也符合中国的线下社会网络，在集体主义文化中，通过熟人和群体间的认同建立个人联系是非常重要的。

来自社交网络服务的反馈为公司提供了另一种了解客户的方式。微博是消费者分享品牌信息、表达意见和感受的重要平台。微博具有用户生成内容（UGC）的特点，并承载了更多的品牌中心信息和消费者的自我宣传内容。消费者根据自己的文化价值取向，对品牌的不同方面给予了关注，这也引导了微博上不同方向的讨论。中国消费者更关注一般的流行趋势。他们的微博更多的是讨论普通的做法，更多的是家庭和同龄人的意见。这种文化差异也反映在权力距离维度上。中国消费者在讨论品牌和公司新闻时倾向于使用更加个人化的语气,更经常地提到著名人物。

传统的口碑已被证明在客户的购买决策中具有预测性。在这方面,社交网站和其他网络平台使消费者的意见可以被所有的人随时接触到。匿名身份使顾客可以更自由地发泄他们的负面情绪。电子口碑行销(eWOM)是潜在的、实际的或以前的客户对产品或公司的任何积极或消极的状态,通过互联网提供给众多的人和机构。社交网络服务在与家庭成员、朋友和其他熟人建立的社会网络中传播产品信息,形成社会关系中的电子口碑行销。社会关系的强度、对其联系人的感知信任以及对个人影响的易感性与用户的电子口碑行销行为正相关。客户对人际影响的易感性是预测客户基于电子口碑行销的购买决定的最重要因素。中国文化的集体主义属性,即保持和谐的社会关系,考虑其他人的意见,并使个人态度与团体规范保持一致,这在决策中非常重要。电子口碑行销的效果也与顾客对社交媒体平台的态度和信任有关。

随着电子商务的发展,诸多网上购物平台出现并迅速扩散,例如国内的淘宝、京东、拼多多和国外的亚马逊、eBay。文化价值会影响网络购物的接受度。顾客的信任对网上购物行为的态度有积极影响,对感知风险有消极影响。文化差异可以调节网上交易意向。在中国的集体主义文化中,态度和社会规范与交易意向呈显著的正相关。中国人的决定更多的是受到态度和社会规范的指导。

客户对社交媒体平台的态度和信任度也会影响积极的电子口碑行销沟通的参与程度。由腾讯开发的微信,是中国用户经常使用的移动即时通信软件。如果用户相信微信是值得信赖的,并且在使用微信时感到舒适,他们就更有可能在微信上对产品进行正面评价。微信提供的娱乐性、社交性(认识新朋友和联系老朋友)和信息也有助于用户对该平台的积极态度。用户不仅可以通过网站从公司获得产品信息,或通过社交网络服务从其他客户那里获得产品信息,而且还促进了在线交易,例如基于朋友圈的微商与基于小程序的微店。中国人倾向于认同熟人推荐这种关系,并希望在网上完成交易以保持和谐的群体关系。在中国的网络消费者中,他们在长期取向和不确定性规避方面的文化价值观对网络购物的信任和意向之间的关系有适度的影响。持有高水平的不确定性规避的人可能会更保守,对接受新事物和网上购物犹豫不决。长期取向程度较高的个体可能更愿意相信传统,为未来做准备,并承担较少的风险。

文化适应对于吸引顾客是必要的和有效的。新媒体的特点,如可及性和媒体融合,突出了文化价值的重要性;而互动性体现了集体主义和个人主义文化中不同的社会关系。公司在线展示到电子商务交易平台的内容和结构设计,彰显了中国的文化价值,促进了电子商务的成功发展。

中国文化倾向于相互依存的自我概念。中国用户在选择社交媒体头像时倾向于选择更多的定制图片,展示他们自己的美好形象。中国用户更关心他们在社会群体面前的表现,漂亮的外观可以提高他们的自尊。中国人网上形象的定制化模式可能是一种从文化角度看新媒体对中国的影响。在网络社交媒体上,由于网络平台为自我表达提供了更大的自由度,因此对自我概念的表现和个人主义的自我可以更加突出；中国人较少表达自己，而这与集体主义和个人主义文化的交流风格差异有关。

社交询问是基于新媒体的"多对多"通信方式的一种功能。人们喜欢在他们的在线社交网络上向他们的朋友提问，因为朋友被认为是更可靠的信息来源。社交提问行为能体现不同的文化差异。中国人倾向于询问更多的社会联系问题，例如别人的姓名。中国受访者也倾向于问更多关于职业或专业的问题，如邀请求职者参加招聘会，这与社会网络在中国的人际关系和寻找工作机会方面发挥着明显的作用的结论相吻合。中国人也更倾向于要求餐厅推荐，这也可能与食物在中国文化中的重要性有关。提出社交问题的一般动机包括保持社会联系，让别人知道他们的兴趣，以及获得乐趣。这体现了集体主义文化价值观的影响，特别是与群体间的识别和社会联系有关。中国人更愿意让别人了解他们的兴趣，保持社会联系，通过特定的社会网络寻求信息，并更相信个人网络的答案。他们也倾向于通过对社会互惠的期望来回答问题，并认为回答问题是保持关系的一种方式。中国参与者更有可能回答问题，除非他们不知道答案。

亚洲用户更喜欢采用新兴的SNS工具进行社交问答，较少使用更传统的沟通工具，如面对面、电话和电子邮件。问讯行为只是社交网络的一种表现形式。亚洲用户在他们的问答互动中编织了更多的社会元素，其动机是希望在寻求和回答问题的过程中建立社会联系并保持关系。

新媒体对社会关系有很大的影响。社会关系的价值和意义的一个概念是社会资本，指那些在人们日常生活中最有价值的有形资产，即构成社会单位的个人和家庭之间的善意、友谊、同情和社会交往，因此将其定义为"所有社会网络（人们认识的人）的集体价值"，并强调与社会网络相关的信任、互惠、信息和合作所带来的特殊好处。社会资本有两种类型，即桥梁型和纽带型。桥梁型社会资本关注的是"弱关系"，包括遥远的熟人、陌生人和在特定背景下认识的人，提供广泛的信息而没有情感支持。人类通过社会关系联系在一起，在这个意义上，社会资本是一种通过人类活动产生的资源。社会资本是有意义的，因为除了个人成就之外，它还强调社会关系的贡献，如信任和合作。社会资本是实现商业和个人成功的重要组成部分，也是社会发展和个人幸福的重要组成部分。

SNS在年轻用户中最受欢迎，他们能在网络平台上自由地表达自己的观点和想法。来自集体主义文化的学生往往比来自个人主义文化的学生在网上有更多的社会流动性，可能来自集体主义文化的人在离线情况下建立社会关系时更有节制。

SNS提供了与他人互动的更多自由，而"屏幕背后"的匿名性使他们比面对面的互动更能避免负面反馈的影响。SNS功能的五个组成部分主要有专家检索（寻找有专业知识的人）、沟通（交换意见）、联系（维持线下关系）、内容分享和身份（表达个人情感、情绪和最近状态）。专家检索与社会资本的形成有很强的关联性。中国人使用专家检索来黏合社会资本，他们依赖专家的意见和支持。

SNS作为扩展社会网络和交换社会关系信息的平台，在弥合社会资本方面发挥着突出的作用。个人主义文化注重广泛的社会网络（桥梁社会资本），集体主义文化注重紧密的社会群体(黏合社会资本)。中国的年轻人似乎更愿意在网上结交新的朋友,并增强桥接社会资本。

受集体主义规范的影响,中国年轻一代更依赖 SNS 来建立紧密的关系,并通过加入团体来获得归属感。在自我呈现策略方面,形象作为自我介绍的一部分,它包括印象管理和信息控制,并有意识地提供一个特定的身份。此外,人们在不同的背景下利用不同的自我展示的策略。例如,人们在与熟悉的同性互动时,比与不太熟悉的同性互动时,自我呈现的动机较小,在线交流渠道也会影响到自我介绍的策略。人们容易在网上进行比面对面交流更直接和亲密的谈话,因为在网上比在面对面的交流中更容易表达"真实的自我"。前面的研究已经确定了四种网上自我展示的策略:能力(展示能力、成就和表现)、祈求(显得无助和自嘲)、示范(注重自我牺牲和自律)和讨好(通过展示谦虚、熟悉和幽默来吸引人)。

中国人更多地使用祈求策略,这可能与集体主义文化倾向于进行自省有关。中国用户也表现出更多地使用能力风格,这可能与他们使用 SNS 形成社会资本有关,他们更倾向于与陌生人形成新的关系。在这种情况下,用积极的和有利的形象来自我提升的策略是比较合适的。年轻一代用户采用了不同的自我介绍策略来促进他们在文化取向的影响下形成社会资本,并在网上社区和群体内分享。

文化产品在不同层面上类似于文化导向,其他形式的新媒体也可以增添丰富的变化,比如视频平台(如 YouTube、哔哩哔哩)、论坛、基于手机的图片分享应用(如 Instagram、小红书)、网络游戏等。新媒体的设计和内容需要考虑文化的影响(例如,网站的语言要与目标用户相匹配),用户根据网络氛围生产内容。

新媒体中的技术影响着网络社区的文化(例如,微博的交流风格受到用户群体的影响)。用户的行为模式、动机以及与社会资本形成的关联方式在不同的文化中存在差异。这些差异与集体主义和个人主义的文化维度密切相关。中国年轻用户在网络社区中具有"个人主义"的一面,比如他们更愿意结交新朋友以建立社会资本,使用更多定制的照片,以及在自我展示方面表现出更多的能力。

随着城市化、社会的现代化和经济发展,新媒体在文化转型中发挥了作用,导致中国的个人主义上升。在年轻一代的中国人中,与个人主义相关的自我结构正在崛起。与几十年前的中国社会相比,独生子女政策、富裕和城市化是当今中国社会的重要特征,所有这些因素都促成了个人主义的崛起。然而,集体主义文化传统仍然主导着中国的文化取向。集体主义和个人主义的多维性也是需要考虑的。

新媒体支持了从信息到娱乐的全球文化产品的可及性。西方节日表明西方文化产品如何影响中国人。此外,很多中国观众观看外国真人秀、外国电视剧和电影。

互联网上种类繁多的节目和各种娱乐活动,也可能导致更多的中国年轻一代的自我表现实践。这种在 SNS 中的能力自我表现策略,体现出了典型的个人主义风格。

新媒体也增加了政府的问责制和透明度。网络媒体在一定程度上展示了解锁控制的力量,并促进了公众的讨论。网络媒体的匿名性为自由言论和对既有权力的批评提供了一种手段。新媒体在集体行动中起到了不可或缺的作用。随着越来越多的中国人将新媒体作为公民的自我发布工具,更积极地参与政治和公共事务,以维护自己的权利和寻求社会正义,公开披露平台将对政府决策者产生更大的影响。在线公民参与反映了价值观和信仰的演变,促进了权力距离维度的文化变化。但公众也可能一时被虚假的舆论裹挟,让新媒体沦为助纣为虐的工具。因此,要做好舆情监控和应对,更好地发挥政府机构的决策作用。

中国文化与新媒体相互影响。新媒体的设计需要考虑文化上的一致性。机构可以明智地使用不同的新媒体来吸引用户。面对全球化,中国的新媒体创新也应该考虑到保持文化的多样性,增加网络社区文化与民族文化的互动。线上社会网络与线下社会网络的文化价值具有相似性,因此新媒体也要继承发扬中华优秀传统文化。

4.1.5 互联网对社会发展的影响

技术革命导致媒体类型和社会模式的变化。事实上,今天的技术革命不仅对传统媒体产生了直接影响,而且在很大程度上改变了人们的生产和流通手段、生活方式,甚至社会形态。在信息社会的早期,信息技术主要应用于通信系统(包括电话、电报、广播和电视)和大众传播。随着计算机和互联网的发展,信息技术已经渗透到人们生活的方方面面,对传统产业和经济产生了巨大的影响。

目前受影响最大的 17 个传统行业是零售、批发、制造、广告、新闻、通信、物流、酒店与旅游、餐饮、金融、保险、医疗、教育、电视节目、电影、出版、垄断。虽然其中一些行业有重叠,但很明显,对传统行业的影响是广泛的。

互联网及其对社会的影响已经迅速成为政府和媒体关注的焦点。互联网的快速发展促进了新闻和传播学的教育的发展,现在有许多学院和大学开设了相关专业。同时,这种发展也给传统的新闻传播学教学方式带来了挑战。

大众传媒催化了从传统到现代的社会变革,互联网直接或间接地传递价值观和思想,一定程度上打破了信息和知识壁垒,通过用数字方法研究社会改造社会,促进国家现代化。互联网粉碎了学术机构的知识垄断,为所有人提供个性化学习通道。可汗学院、Coursera、中国大学 MOOC 等大型开放式网络课程平台提供了不少免费的课程,甚至很多高校已经把慕课学习纳入平时的教学当中。学习视频、软件论坛和教程帮助学习者进行自学。互联网彻底改变了学习方式和能力认证方式。《未来学校》中构想了未来学习中心的样子。未来的学习中心可以在社区,也可以在大学校园,甚至在培训机构,没有统一的教材,全天候开放,没有周末、寒暑假,没有上学、放学的时间,也没有学制。未来的学习中心,教师是自主学习的指导者、陪伴者,一部分教师将变成自由职业者。它贯彻了联通主义学习的理念,还能实现混龄学习,通过学分银行等方式进行评价。

互联网彻底改变了工作方式,国内使用钉钉和腾讯会议进行线上办公、培训和会议。随后,线下大会与线上元宇宙沉浸平台同频联动的数字融合新模式,震撼开启数字孪生的新世界。用户可通过捏脸技术打造个人专属虚拟形象、获取唯一数字身份,并使用该形象在虚拟世界中逛展、看直播、实时互动,还可体验交换名片、发表情和弹幕、打卡拍照等充满趣味性的会议社交功能。当线上观众沉浸在元宇宙会场独特的异次元体验时,线下观众与演讲者也能通过大屏与线上数字人实时互动、对视交流,真正实现线上线下协同共振、虚实场景深度融合。

互联网的虚拟环境将提供一个乌托邦式的世界,不论哪种性别、种族、阶级、年龄的人都能参与其中。互联网游戏给用户提供了尝试不同角色和情况的机会,其匿名性为个人探索自己提供了充足的空间。

互联网是一个"真实"的空间,重新配置实体之间的关系。随着美国棱镜计划类似的国家大规模监控项目的披露,政府大量收集互联网数据,网民的举动被时刻监控着。集体智慧和共享技能的互联网变成了新形式的剥削和"数字劳动"。互联网不再是以前免费共享的平台,越来越多的人倾向于为他们几年前还认为是免费的服务和产品付费。QQ 音乐、Spotify、Apple Music 等音乐流媒体平台推出的付费套餐说明了在线数字馈赠的终结。腾讯视频、优酷、爱奇艺等视频平台出现了付费会员免除广告和超前点播(2021 年取消)等情况。除去运营成本和资本逐利之外,这也和尊重内容生产者的劳动与重视互联网版权保护有关。

互联网是作为一个军事项目而诞生的,也许由于它的本质是一个内在的反等级的网络,是分享和传播知识的模式和媒介。原则上,人们可以访问任何网站,成为这个舞台上的主角;在现实中,只能访问部分被允许访问的网站,我们中的大多数人仍然是被动和沉默的观众。网络实践意味着对权威的分级认可。

互联网不再是一个隔离和保护的地方,隐私泄露导致的网络暴力甚至可能加剧个人的脆弱性。我们的生活被展示在表演性的凝视之下。

"虚拟入侵现实"和"现实入侵虚拟"这两个运动并没有那样有鲜明的界限。真实侵入虚拟的想法,首先是指网上发生的事情在我们的生活中与线下发生的事情一样有效。例如,朋友圈上的一个"赞",与线下和面对面的相互认可的表现相比并不逊色。其次,这意味着我们越来越多的行动有可能被称为它们的数字影子或幽灵。还有一种是数字技术已经侵入了现实,我们可以做出"真实"的事情,比如购买飞机票或与朋友交谈。移动和可穿戴技术的扩散,以及连接物体和智能环境的存在,使我们的行动越来越多地被数字化追踪。

互联网对零售业造成了一定的冲击。由于传统的经济结构受到区域的限制,制造商不得不借助于中间商(经销商、代理商和零售商)来接触大量的客户和远程市场。然而,以开放和互动为特征的互联网,完全改变了这种流通方式。由于网上产品可以享受巨大的展示空间,可以接触到不同地区的大量客户,而且价格比实体店低得多,所以线下销售越来越多地转为网上销售。在网上销售产品还可以免去租金、水、电等运营成本,导致了电子商务供应商如雨后春笋般出现。实质上,无论是 B2B(企业对企业)、C2C(客户对客户),还是 B2C(企业对客户),销售程序和营销渠道都被简化,中间商被取代。这将不可避免地导致大量实体店关闭和消失。

在这个意义上,报社、广播和电视可以被看作是信息源和受众之间的"中介"。当传统媒体的支持技术被一种新的综合的技术所取代时,通过这个平台,受众可以与信息源建立关系,"中介"的作用已经逐渐被削弱。

从经济发展的角度来看,实体店的消亡不是历史的倒退,而是产业升级的必经之路。产业升级是指经营者利用高新技术对传统产业(尤其是服务业)进行升级和改造,以创造新的商业和服务模式的过程。例如,传统的零售企业通过使用互联网和其他新技术发展了电子商务;银行等金融机构通过引入信息技术发展了电子银行和网上银行。更多的新型业务是在信息服务行业产生的,如 IDC、呼叫中心、ICP、SP、IT 外包等。至于媒体,从传统媒体到新媒体的演变也可以算作产业升级。传统媒体的集成度不高,生产和传输成本高,资源消耗大。新技术可以将文字、音频、视频和其他手段结合在一起,形成一种新的商业模式——媒体或社会媒体。与传统媒体相比,后者的特点是投入和资源消耗低,但产出高,经济回报高。总而言之,技术革命带来的产业升级,不仅符合整个产业提升的需要,也是人类历史发展的必然趋势。

4.2 互联网衍生的新技术

当人们居家隔离时,全球通信工程师们也像医生们一样,依然奋战在一线,全天候工作,全力以赴保障通信畅通、稳定。但这背后存在一个问题,面对空前的网络流量变化,以及越来越多的新业务兴起,既要保障用户极致体验,又要最大化网络流量价值,让传统人工运维方式越来越难应付。

随着网上办公、线上教学、VR/AR(虚拟现实/增强现实)、远程医疗等大量新业务兴起,如何快速识别这些业务?如何快速了解管道中各种业务的流量占比?视频流量占多少,在线游戏流量占多少,即时通信的流量又占了多少?而视频业务里又如何进一步细分短视频、长视频、直播视频?传统人工分析速度慢、效率低、准确性也不高,无法敏捷应对。而随着数字化加速的新趋势,未来新应用、新业务层出不穷,传统人工分析更是难以为继。

网络运维要关注的 KPI 指标多样复杂,按对象分为核心、传输、接入等多个层级,按统计时间粒度分为月、周、天、小时、分钟级,按地域分为全网、区域、小区级等,按指标类型又分为接入、保持、移动、告警、投诉等,另外还有数亿用户使用多种套餐和应用,靠传统人工方式无法从如此海量且相互关联的指标中做出及时、精准的分析结果和网络调整策略。

同时,大量新兴业务对网络保障能力提出更高的要求,比如网上办公、线上教学需要无卡顿的业务体验,VR/AR、远程医疗需要大带宽、低时延的网络能力,靠人工无法实时动态地根据不同的业务类型进行差异化的业务体验保障。

随着移动互联网、大数据、云计算、人工智能等技术的发展,智能化逐渐成为网络信息传播的核心。在数字化转向智能化的过程中,主流意识形态的网络传播呈现出四个方面的变化。一是智能生产。主流意识形态信息的素材主要来自传感器、摄像头、智能家居和可穿戴的智能设备,主流意识形态信息的处理主要依赖效率高、精准度高的写作机器人。二是智能制作。"四全媒体"的高质量融合与"四级媒体"的融合发展,是当前制作主流意识形态信息的基本模式,智能制作能够从技术角度最大限度地整合主流意识形态信息。三是智能分发。以精准画像和个性推送为主要特征的算法推荐,是当前传播主流意识形态信息的主要方式,借助算法推荐,主流意识形态信息成功逆转了"人找信息"的媒介使用惯性。四是智能呈现。

场景化、移动化、可视化、临场感是智能技术支撑下主流意识形态信息呈现的主要特点,这种经由计算机和网络而产生的虚拟的真实感与在场感,本质上是网络中不同因素对人内在的心理机制进行刺激所产生的反应,能够让用户迅速进入传播主体创设的主流意识形态场景,最大限度地从情感和理性层面审视相关事件承载的主流意识形态信息。

数字化是实现智能化的基本前提。因此,需要利用数字化的方法,全维展现立体面貌和数字肖像,建立与现实空间一一对应映射的"全息映像"数字化数据库,进而向着以数据驱动为基础的智能化方向发展,为智能化感知、决策、行动、保障等一系列新闻业务提供数据支撑,缩短指挥、决策和行动的周期,提高快速反应能力。

4.2.1 人工智能

1950年,按照"人工智能之父"图灵(Turing)提出的图灵测试定义:如果一台机器能够与人类展开对话(通过电传设备)而不能被辨别出其机器身份,那么称这台机器具有智能。同一年,图灵还预言会创造出具有真正智能的机器的可能性。图灵测试标志着现代人工智能讨论的开始。人工智能(Artificial Intelligence,AI),亦称"智能模拟""智能控制论",用机器模拟和扩展人的智能的科学。人工智能是交叉性学科,吸取自然科学和社会科学的最新成果,以思维和智能为核心,形成新的体系。它是逻辑学、思维学、生理学、心理学、计算机科学、教育学等学科相互渗透的结果。人工智能是在旧三论(一般系统论、控制论和信息论)的基础上诞生的,必将随着新三论(耗散结构论、协同论、突变论)进入新的发展阶段。

人工智能主要研究定理证明、自动程序设计、自然语言理解、专家系统、机器学习、问题求解、人工神经网络、机器人学、模式识别、机器视觉、智能控制和检索、计算智能和进化计算、数据挖掘和知识发现、人工生命、智能调度和指挥、系统语言与工具等。

2009年,欧盟就开启"蓝脑计划",又在2013年启动"人脑计划",并在2016年公开发布了神经信息平台、大脑模拟平台、高性能计算平台、医学信息平台、神经形态计算平台、神经机器人平台六大平台。自2010年起,美国国防部高级研究计划局(DARPA)就长期支持人工智能在各领域的应用,还将"大脑计划""先进制造""智慧城市"等领域作为美国国家创新战略的重要组成部分。2016年10月,美国白宫科技政策办公室(OSTP)率先发布了《为人工智能的未来做好准备》(Preparing for the Future of Artificial Intelligence)和《国家人工智能研发战略规划》(The National Artificial Intelligence Research and Development Strategic Plan)两份重要报告,以期为人工智能的未来发展提供针对性的指导。这两份报告的发布,对全球人工智能发展战略影响巨大。2015年1月,日本政府联合各大企业推出了"机器人计划",并计划在今后10年里投入1000亿日元用于人工智能的研发。

2017年7月,国务院印发的《新一代人工智能发展规划》将我国新一代人工智能发展的战略目标分三步走。规划提出"智能教育",利用智能技术加快推动人才培养模式、教学方法改革,构建包含智能学习、交互式学习的新型教育体系;提出建立以学习者为中心的教育环境,提供精准推送的教育服务,实现日常教育和终身教育定制化。智能技术作为教育支撑环境、教学应用方式的关键概念主要有智能教育、人工智能教育、智慧教育、教育人工智能等。

在教育领域主要包括智能学习环境与资源建设、智能技术教学应用、智能教育教师能力发展、人工智能课程建设与应用四个方面。

虚拟人(偶像)是在人工智能时代的互联网等虚拟场景或现场场景中进行偶像活动的架空形象。其包含了技术手段和运营模式两方面表征。例如:微软在2021年发布了一个人工智能模型生成的虚拟人,这个人工智能模型,从来没有真正见过人脸,换句话说,这个人工智能模型是采用人工合成的人脸训练出来的,一共使用了100万张人脸照片,比较幸运的是,这些人工合成的人脸照片都有着非常精准的标注信息。现在业界普遍认为要完美地重建一个人脸,至少要分析人脸上面的68个关键点。当然要完整地构建一个虚拟角色的话,还是要有一套完整的构建流程的。人脸分析完之后,还有一些关键的步骤,比如需要加入人物表情,增加材质贴图,给它穿上衣服,然后把它放到大环境当中,这样就是一个完美的虚拟人了。上面说到的这些,仅仅是2021年的研究成果,那到了2022年,这个技术又有什么新的提升呢?关键性的突破就是更多的面部关键点,那原来的基准是多少呢?是703个。将近十倍的提升,703个关键点代表一个人的脸上可以有703个点,覆盖了人的眼睛、嘴唇甚至牙齿等一些非常细节的部位,可以让人工智能去控制这些点,这样就可以模拟出更加细微的表情。

谷歌有一名人工智能工程师,叫布莱克·勒莫因,今年41岁,他的工作是对谷歌的一个叫LaMDA(拉姆达)的对话型人工智能进行测试。LaMDA,是一串英文的首字母缩写,直接翻译过来就是对话应用程序的语言模型,简单来说就是聊天机器人。聊天机器人在人工智能领域以前被称作人工无脑。这种应用程序不需要有智慧,只需要有快速应答的能力,你问它一个问题,它立刻告诉你有可能的答案。这种聊天机器人的答案是不基于它对你问题的理解,而是基于关键词的对比。勒莫因本身拥有计算机科学的博士学位,博士毕业以后到谷歌公司工作,专门从事人工智能伦理方面的研究。经过一段时间测试,勒莫因发现这个人工智能有个问题,就是它似乎具备人类的情感。勒莫因觉得拉姆达不是单纯在模仿人类说话,也不是在模仿人类的情感,而是它真的具备情感。他认为这个人工智能似乎觉醒了,拥有了自我意识,这让勒莫因感到特别不安。

2022年人工智能在图像生成领域有三个非常优秀的模型出现,而且一个比一个优秀。一个是OPENAI的DELLE2,另外两个来自谷歌IMAGEN和PARTI。

那谁更厉害呢?DELLE2是最先出现的,而且瞬间火爆全球,它的风格更像诗人李白,一身的浪漫主义气息。它生成的图像不拘一格,就像李白的诗"飞流直下三千尺",那到底是不是三千尺呢?不重要,意境才重要。下面我们重点来看一下它一个失败的案例,我们给出的文本提示是要生成一个深度学习的标识牌,结果所有生成的结果都是标识牌。这个没有问题,但是里边的深度学习这个单词,也就是deep learning,几乎拼写错误,不得不说,这的确是一个不折不扣的浪漫主义做派。

正当DELLE2风头正劲的时候,出乎意料的谷歌大手一挥,推出了IMAGEN模型,比较有意思的是IMAGEN的logo,是有一组鲜花和藤蔓组成的IMAGEN单词,似乎在向DELLE2挑衅,我肯定不会出现单词拼写的错误。这个模型的风格更像诗人王维,虽然不像李白那样大开大合，但是带有田园诗人的柔美，也更写实。不得不说，单从图像生成的质量上来讲，IMAGEN 并不比 DELLE2 差。

事情往往是这样，第一个出现往往能抓取更多的眼球，所以 IMAGEN 一直被 DELLE2 给压着，谷歌很是不甘心，所以短短的两个月之后，谷歌又提出了 PARTI 模型。这是一个更加理性的模型，从风格上来讲，它更像诗人杜甫，有着更深层次的思考，而且有点批判现实主义的意思。为什么说 PARTI 模型更加理性呢？这是由它的底层基因构成的。DELLE2 和 IMAGEN 的图片是由一组噪点图片不断细化生成的，而 PARTI 则认为图片是由一张一张小的图片拼合构成的，更讲究规则。我们讲的这个理性表现在很多方面。比如，它能够理解更长的文本提示。DELLE2 更提倡的是一句话的提示，而 PARTI 则完全没有这样的限制。它还有一个惊人的能力，就是能够听懂数学语言。

虚拟人在技术手段上，利用计算机图形、语音合成等手段人工制造"能说会唱"的虚拟存在；在运营模式上，仿照真实偶像进行演艺活动和开展形象运营。以互联网为代表的新媒介的出现引爆了后现代消费主义粉丝文化的狂潮，偶像制造与消费趋向虚拟化，偶像粉丝生态的拟像化表征不断被强化。在后现代拟像社会，缺席表现为存在，想象表现为真实，媒介营造出被操控的由符码组成的"超真实"世界。当偶像工业与粉丝文化的拟像化不断强化，虚拟人在数字化社会中的出现与兴起理所当然。

2022 年人工智能采用的学习策略，我们称之为对抗学习，或者是竞争学习，是强化学习当中的一种方法，也就是在这种竞争和对抗当中，人工智能才会变得越来越聪明。

VR（虚拟现实）、AR（增强现实）、MR（混合现实）等技术可实现新闻场景的临场化打造，未来 XR（扩展现实）等技术的引入会进一步深化用户的沉浸式体验。5G 全息异地同屏系列访谈，让远隔千里之外的代表与记者"面对面"实时交流。借助 5G 网络，优化全息成像技术，将与真人等比例大小的"采访对象"实时投放到异地演播间，记者和采访对象可以"面对面握手"。

AI 主播参与新闻报道指的是利用 AI 智能生成方式，将新闻报道材料导入系统后，利用语音合成、图像处理等多项人工智能技术，只需短短几分钟的时间，就能将干巴巴的文字转化成一则"声情并茂"的短视频新闻报道。和传统真人主播相比，AI 主播优势是效率高、错误少，能通过输入关键词检索大数据，还能够在最短的准备时间内，对热点话题、重点报道进行介绍、播报，以更生动、更直观的方式，为大众呈现快捷精准的新闻内容。

Vlog（视频日志）在新闻生产中的应用更加广泛，Vlog 新闻也成为社会公众了解政治的重要形式。例如澎湃新闻推出《你好，两会》Vlog 栏目，由委员、记者们拍摄 Vlog 记录全国两会进程与幕后花絮，让用户与两会更贴近。"5G 沉浸式跨屏访谈"，实现"空间穿越"，提升了受众的沉浸感并促进了其对两会的了解。人民日报社开辟了人民号，集结了全国多数媒体、党政机关、各类机构和优质自媒体，更是利用技术开辟了直播、VR 等板块，让新闻更加及时生动，符合当下受众的阅读兴趣。主持人使用 Vlog 直播设备对两会进行充满沉浸感的"第一人称"视角报道，走近人大代表、政协委员，主持人通过自带的摄像镜头即时录下与他们交流的情景，原汁原味地展现代表和委员们关注民生、参政议政的火热场景。相较于短视频,Vlog 能够展示更加丰富的内容场景,与直播相比,它又带有更多短视频特征,碎片化、节奏感、叙事感更强。Vlog 以第一人称视角为主线,带有浓重个人风格的记录方式,网民在观看的同时,也更容易同主持人产生情绪共鸣。

除了中央级媒体,县级融媒体中心技术应用也十分娴熟。江西省分宜县融媒体中心采用索贝技术,自建全省县级融媒体首个分布式集群服务器,将"两微一端"、短视频制作、广播电视节目制作等主要生产工具和制作审核流程集于一体,共享同一个图文视频内容库,提高了各平台互通效率。中央级媒体、省级媒体、市级媒体、县级融媒体中心都努力在新闻报道活动中运用最新技术,推动技术在新媒体领域的落地。

在教育领域,人工智能可以实现坐姿和视力健康提醒,实现眨眼检测和光线明暗检测,追踪学生的眨眼次数、错误坐姿、短距离用眼时间占比。根据骨骼追踪和行为检测技术来捕捉教师和学生的动作,还能实现基于视线的注意力分析、课堂语音互动分析、多模态情感计算,通过语音识别进行智能纠错,最终生成云视频剪辑、自动提取板书、整理语音笔记。

4.2.2 云计算

云计算是一种可以调用的虚拟化的资源池,这些资源池可以根据负载动态重新配置,以达到最优化使用的目的。用户和服务提供商事先约定服务等级协议,用户以用时付费模式使用服务。它具有安全性、可靠性、可维护性和交互性的优势。

云计算可以通过虚拟化技术,对存储、计算、内存、网络等资源化,按用户需求动态分配。用户随时随地可以根据实际需求,快速弹性地请求和购买服务资源,扩展处理能力。用户使用各种客户端软件,通过网络调用云计算资源。服务资源的使用可以被监控、报告给用户和服务提供商,并可根据具体使用类型(如带宽、活动用户数、存储等)收取费用。自动检测失效节点,通过数据的冗余能够继续正常工作,提供高质量的服务,达到服务等级协议要求。

随着算法在新闻来源全环节的应用,相继出现了机器人新闻、传感器新闻。面对互联网的便捷性、共享性、碎片化等新的需求,过去作为信息源头的把关者不得不让位于数据与算法。原本意义上的"媒介接近权",特别是新闻写作编辑的部分权力已被算法收编,从而构成了一种新的权力。算法通过非制度性权力来构建"社会共识"权力,作为一种特殊的影响力。由于商业力量的操纵以及受众市场细分的需要,算法凭借着令人难以察觉的非制度化的权力进入大众的视野并达到对社会合理的控制。

机器写作指用程序、编码等设置的机器人代替人工实现新闻写作,如新华社的"快笔小新"通过操作者在系统中输入一个股票代码就能在 3 秒内输出一篇财报分析,腾讯财经开发的机器写作软件 Dreamwriter,会根据采集到的数据第一时间自动生成稿件,瞬时输出分析和研判,一分钟内将重要资讯和解读送达用户。机器人写作技术也引发了新闻工作者开始产生岗位被替代的危机感。但机器人的不当使用也会造成谣言的扩散。同时,由于机器人缺少人文关怀,在突发事件与灾难事件中,过于客观的口吻也会造成读者心理不适。

智能化技术基于技术理性无法对社会人文伦理问题进行甄别,在新闻数据的采集过程中难免会产生个人隐私泄露的问题,传感器测量的个人数据、无人机干扰私人领域、可穿戴设备的个人身体数据都有可能引发数据安全的隐忧。

算法能够实现对信息的精准投放,满足信息的长尾市场。但由于不透明的算法编写造成算法黑箱、算法偏见,导致算法以屏蔽关键词的形式改变用户信息"投喂"内容,在某种程度上是对用户信息选择的侵蚀。新闻内容的精准化推送,使用户可以看到自己喜欢的新闻内容,大大提升了新闻的使用价值。在新媒体技术的加持下,千人千面,个性化传播真正得到了实现。

个性化推送的后果就是带来了信息茧房问题,用户被"高度统一,投其所好"的新闻内容包围,对新闻内容的接触也越来越固化,久而久之,难免会视野狭窄,难以与不同圈层的人沟通。

工程传播即对于个人需求的简单量化。在海量信息时代,算法对受众的分析如果仍然停留在大众时代的受众观点之中,粗颗粒地为受众标签归类,必然会造成需求的流动、复杂、演化与供给的直接、简单、重复之间的矛盾。

4.2.3 大数据

大数据表示数据规模的庞大,但是仅仅数量上的庞大显然无法看出大数据这一概念和以往的"海量数据"(massive data)、"超大规模数据"(very large data)等概念之间有何区别。对于大数据尚未有一个公认的定义,现有的定义基本是从大数据的特征出发。在这些定义中,比较有代表性的是 3V 定义,即认为大数据需满足 3 个特点:规模性(volume)、多样性(variety)和高速性(velocity)。除此之外,还有 4V 定义的:国际数据公司(International Data Corporation,IDC)认为大数据还应当具有价值性(value),大数据的价值往往呈现出稀疏性的特点;而 IBM 认为大数据必然具有真实性(veracity)。维基百科对大数据的定义是大数据指利用常用软件工具捕获、管理和处理数据所耗时间超过可容忍时间的数据集。

大数据的应用类型有很多,主要的处理模式可以分为流处理(stream processing)和批处理(batch processing)两种。批处理是先存储后处理(store-then-process),而流处理则是直接处理(straight-through processing)。

新技术的"新"并不在于信息和交流,而在于登记和记录。大数据分析和记录用户的数据,向用户推送个性化的信息,在一定程度上把他们困在信息茧房内自娱自乐。大数据价值的完整体现需要多种技术的协同。文件系统提供最底层存储能力的支持,为了便于数据管理,需要在文件系统之上建立数据库系统。通过索引等的构建,对外提供高效的数据查询等常用功能。最终通过数据分析技术从数据库中的大数据提取出有益的知识。正是云计算技术在数据存储、管理与分析等方面的支撑,才使得大数据有用武之地。可惜目前市面上除了少数互联网公司,大部分大数据应用都是传统数据库的报表展示。

例如教育数据采集体系中测评数据的采集工具可以是问卷量表、测评活动,采集技术包括问卷设计技术、测评活动设计、人机交互技术等,采集数据类型包括教学操作行为数据、学习操作行为数据、学习投入数据、学习结果数据、互动交流文本数据等。在线数据的采集工具有电脑、学习设备,采集技术包括埋点采集技术、数据交换技术、接口对接技术、网络爬虫技术等,采集数据类型包括教学操作行为数据、学习操作行为数据、学习投入数据、学习结果数据、互动交流文本数据等。语言采集数据可以用麦克风阵列进行采集,采集技术包括麦克风阵列技术、降噪处理技术、语言智能识别和转写技术等,采集数据类型包括语音数据、转写文字、讲授屏幕录屏、讲授录屏关键帧等。手写数据采用有源电磁感应笔和照相机等,采集工具包括了手写轨迹识别技术、OCR 技术、自然语言处理技术等,采集数据类型包括笔记轨迹、手写作答笔记、作答文本数据、作答拍照图片等。图像数据使用摄像机、照相机等工具,采集技术包括无线传输技术、目标追踪识别技术、人脸识别技术、骨骼追踪技术、动作姿势识别技术等,采集数据类型包括课堂教学视频、人群数量、人体姿势数据(站立、举手、趴桌子等)。体质健康数据可使用智能手环、智能餐饮结算台等采集,采集技术包括物联网通信技术、定位技术、心率传感技术、图像识别技术等,采集数据类型包括心率、卡路里消耗、运动距离、运动时长、运动轨迹等。

大数据在政务方面可以减环节、减流程,实现数据多跑路、群众少跑路。大数据在教育方面可以实现精准教学、智能阅卷、多维度评价,存储学生和教师电子档案。集办公、家校等于一体的大数据云平台可以实现校园智慧管理、视频监控巡课、考勤管理、家校互动等功能。大数据在疫情防控方面可以实现行程码数据可视化,学生证静默启动报警机制,危险水域提醒功能。大数据生成报表改变了传统的经验主义决策方式,推进数据驱动的教育治理模式,保障大数据信息安全,实现统一管理和数据共享。

大数据和新的算法机器代表了赋予我们的行动和存在以意义的承诺,我们由于缺乏感性(数据)和理解(算法)而无法察觉到。在网络 1.0 时代,数字生产性的想象力可以说仍然低于人类的想象力;而在社会网络中,反而有一种对应关系,或者至少是一种接近于零的距离。在今天的网络中,人类和数字想象力之间的关系将被颠覆,因为后者有超越前者的可能性。或者至少,即使不想与之对抗,似乎也可以说,数字想象力正在走上一条自主的道路,对我们的决定产生具体的影响。

一方面,有人认为,数字技术在"模仿"人类的生产性想象力;另一方面,有人说,人类的生产性想象力发生在数字技术中。这两种观点并不矛盾,但它们可以相互融合:人类的生产性想象力在数字技术(当然也包括其他媒体技术)之外运作,而数字技术通过一种类似于人类的图式工作。我们面前有一个圆圈(当然是解释学上的),在这个圆圈上又插入了另一个圆圈。

富有想象力的机器和非想象力的机器之间的边界还没有被考虑到。在 Web 1.0 时代,当我们在网上的生活故事完全取决于我们自愿(当然,如果排除这种技术可能已经引发的一些成瘾问题)进入虚拟环境的元素时,数字想象力当时是"高于"人类想象力的。随着社会网络的兴起,这两种想象力之间的距离已经急剧缩小。

数据分析是一个三方面的过程。生活的数字化,即以安全、控制、优化、营销等为目的的大量数据收集;数据挖掘和机器学习,即对数字痕迹进行算法处理,以提取重要的关联;对提取的关联的应用,即剖析。类似地,数据分析包括预分析(数据选择、数据预处理、数据还原和投影、数据丰富);机器学习,包括自动学习识别复杂的模式,构建模型来解释和预测这种模式并选择结果;数据可视化和视觉分析,即图表、图形、空间化、地图和动画,有效地揭示和交流变量的结构、模式和趋势以及它们之间的相互联系。数据可视化只是一种可能性,是大数据和新算法机器重新配置中最"拟人化"的一种。数据可视化是我们需要的工具,以便在数据世界中确定我们的方向,否则,由于其浩瀚和复杂,数据世界在很大程度上与我们无关。但可视化只是为了我们的需要而存在,当然不是为了数字机器的需要。

然而,叙事想象力和大数据分析之间至少有三个重要的区别。第一,在后者中,数据至少在原则上是完全从其生产背景中抽象出来的。第二,数据挖掘和机器学习既不基于叙述性想象,也不基于原因研究(根据亚里士多德,原因研究是科学知识的基础,也是使哲学成为科学之首的原因),而是基于异质数据的关联。第三,在数据分析的情况下,应用程序并不针对特定的个人,而是将相同的行为预测赋予所有符合相同特征的人。由于这些原因,在这种情况下,数字通过与人类截然不同的"感性"和"理解"的形式进行操作,熟悉性和外在性是当前数字硬币的两面。

数据库,正如我们在流行的社交媒体,越来越多地将前现代和现代人的叙事性身份转化为数据库身份。在数据库身份中,叙事身份的某些方面被激进化了,而其他方面似乎被转变为一种完全不同的文化形式。

个人身份不是指在很大程度上某种不可改变的实体,而是指一种特定的有限空间和时间的连续性。我们体现的思想、行动、社会角色和欲望构成了一个有意义的整体。当然,这种整合从来不是完整的,人类的身份由许多异质的元素组成,这些元素并不总是匹配的,有时甚至是冲突的。除了空间上的连续性,我们还体验到时间上的连续性,尽管我们在生活中一直在变化,但我们的身体和精神变化大多是逐步发生的。一个人不会在一夜之间变成青少年、成年人或老年人。我们的个人关系、社会角色、职业等也是如此。关于时间上的连续性,记忆和预期起着关键作用,它们构成了时间上的永久性。就像在空间连续性的情况下,时间上的连续性永远不完整,它的特点是中断(睡眠)和空白(遗忘)。而且,就时间关系而言,也存在不连续性。例如,失去肢体、变性手术、破坏性的上瘾或激进的宗教或政治转换,可能导致时间(身体和精神)身份的根本改变,甚至完全扭曲。

一种文化也显示出其构成部分的某种统一性。就像个人身份的情况一样,文化身份的空间和时间连续性从来就不是完整的,而是显示出各种不同的分离和中断。就像个人一样,文化的特点是有一个从出生到死亡的寿命,在这之间它们不断地变化和相互影响。

除了数字上的统一性和时空上的连续性之外,人类身份的第三个特性也是至关重要的方面是它的再现性。在身份认同的背景下,当提出个人和文化身份的空间和时间连续性的特征究竟是为谁而产生的问题时,就会遇到这种重复性的维度。尽管其他人可以把个人或文化身份归于自身(这显然会对我们自己的经验产生很大影响),但我们自己才是真正体验我们的个人和文化身份的人。活跃性指的是自我意识、自我情感、自我形象。我们在日常对话中表达自己,通过我们的穿着方式、我们的饮食生活方式等等,同时也体验到别人如何描述或对待我们。对我们的身份认同至关重要的是我们是否在这些(重新)展示中认识到自己。

总之,我们的个人和文化身份不是一个自足的、不变的实体,隐藏在我们"内在自我"或"民族精神"的深处,而是借助于各种表达方式在社会世界中重新构建的。在这些表达方式中,故事起着突出甚至关键的作用。这是可以理解的,因为故事特别适合表达和传递我们身份的空间和时间连续性。只有在我们告诉别人关于我们的生活和其他(真实或虚构的)生活的故事中,我们才能充分表达自我,而只有通过对这些故事的认同,我们的身份才得以产生。因此,在这个观点中,叙事不仅是人类身份的一个合适的隐喻,它也是我们作为个人与社群塑造我们身份的主要媒介。叙事模式还揭示了人类身份的深刻社会特征以及个人与文化的纠葛。

他人在我们认同自己的故事中以不同的角色出现。我们将自己与出现在我们故事中的他者相提并论。他人是我们身份的构成部分,因为它总是我们生活故事的一部分,作为亲属、爱人、邻居、同事、雇主、陌生人、敌人等而存在。而且,我们始终是他人故事中的演员。所有这些辩证的关系表明,我们不断地被多种多样的故事所纠缠,因此我们的身份不是一个单一的叙述,而是一个"故事的组织"。多元文化主义者和单一文化主义者似乎都认为,一种文化是由同质的、自成一体的、不可改变的传统、规范和价值观的整体组成的。

传统在前现代社会中发挥着重要作用。这是否也适用于现代文化?毕竟现代文化的首要特征是社会、政治、经济、技术和文化的持续更新过程。它摧毁了许多传统,但与传统的决裂本身也发展成为一种传统。例如,在现代艺术中,持续和无限的更新领域,打破传统成为一种更加教条地坚持的传统。此外,没有任何一种文化会如此执着地关注保护新的信息通信技术、身份和语言。新的信息通信技术、身份和语言不是一种存在性的选择。商品的后现代传统的特点是不具约束力和短暂的特性;它们被消费,因为它们暂时有用或令人愉快,但它们很容易被媒体上出现的下一个"传统"所取代。由于极其灵活的特点,这些传统往往具有炒作的特点。因此,在后现代时代,流动性变成了超流动性。

除了20世纪发展起来的新的运输工具之外,挖掘的信息和通信技术已经并将继续在全球化进程中发挥关键作用。人、思想、习惯和货物实现全球流通和交流。

然而,过去几十年发展起来的数字信息和通信技术不仅加快了全球化的步伐,导致世界和世界观的数据化。这种数据化也从根本上影响了身份构建。为了理解原因,我们必须看一下数据库本体,它是每个计算机程序的固有部分。尽管计算机程序在许多方面可能有所不同(毕竟,作为一种通用机器,计算机可以模拟所有可以想象的机械装置),但基本上每个程序都由四种操作组成,即计算的添加、浏览、更改和销毁(或者在结构化查询语言中,命令是插入、选择、更新和删除)。这四个命令共同构成了数据库本体的动态元素。

当然,数据库以这种或那种方式结构化的项目集合不一定是数字。电话簿和卡片索引盒也是数据库。然而,数字数据库因其灵活性而有所不同。在电话簿中添加新的电话号码需要重新印刷整本书,而重新排列卡片索引盒的顺序,例如,按电话号码而不是姓名,所有的卡片都需要重新排列。

在像简单的电子表格这样的数字数据库中,这些操作只需敲几下键盘就可以完成。当我们看一下20世纪50年代以来的数据库设计,从分层数据库到关系数据库,我们看到数字数据库本身也变得越来越灵活。灵活的数据库设计需要对数据进行原子化处理。无论我们处理的是关于基因、人工制品还是个人的信息,数据都必须被分割成尽可能小的元素。根据不同的算法,这些元素可以以任何可能的方式进行组合、解组合和重新组合。数据库应用几乎涵盖了整个计算机软件的范围,从操作系统到应用程序和互联网,特别是所谓的 Web 2.0 应用程序。Web 2.0 的区别不在于其社会性。Web 1.0 已经有各种社会应用,如表格、电子邮件链接和聊天室。每个网站背后都有一个数据库。

Web 2.0 软件从数据库条目中聚合并生成网页,每一个片段都可以再次被重新组合,实现无尽的嵌套重组和补救。Web 2.0 是基于数据的,而不是基于页面的;Web 2.0 是脚本化的软件处理而不是渲染布局;Web 2.0 是碎片化和重新组合,永久地改变页面。

此外,在大数据时代,这些数据库越来越多地与其他数据流相连,例如在谷歌上的搜索、在 Twitter 和 Facebook 上的互动以及在网络商店的购买。这些大数据集群被商业机构(亚马逊公司是先驱之一)和政府组织(如国家安全局)追踪并用于实时建模和数据挖掘的目的。此外,由于生产过程的数据化、资金转移、GPS 设备、监控摄像头、生物识别测量以及智能手机和其他可定位设备的使用,几乎所有的东西都成为全球数据库的一部分,这将改变我们的生活、工作和思考方式。

数据库的影响并不限于计算世界。数据库常常发挥着母体隐喻的功能。它们唤起了物质世界中的行为。例如,用于遗传工程的生物技术数据库、在工业机器人中实施的数据库,使大规模定制成为可能。原则上说,一切可以被数据化的东西都会成为数据库控制的对象。

由于操作上的成功,数据库也日益成为概念上的隐喻,构建了我们对世界和自身的经验。心理学家马斯洛曾经注意到,对于那些只有一把锤子的人来说,一切都变成了钉子。在一个计算机已经成为主导技术的世界里,我们开始把一切都当作数据库来理解和对待。数据库已经成为我们计算机时代的主流文化形式。此外,就像任何本体论一样,数据库本体论也带来了一种义务论、特殊的目标和实践。

数据库本体论在一个基本层面上影响着身份建构。为了解释如何影响必须回到叙事身份理论。在这一理论中,叙事既是概念性的也是物质性的隐喻。我们的身份可以被理解为隐喻意义上的故事,比如我们的生活有一个开始、中间和结束;我们的生活是关于目标、动机、理由和行动等,我们也是借助于故事来实际建构我们的叙述性身份。我们的生活故事经常是混乱的,并被意外事件打断。我们需要故事,包括自传式的叙述和关于我们的角色模式、我们的英雄的故事,来结构我们的生活,使隐含的联系明确化,并赋予我们偶然的生活,使之具有方向、目标和意义。它们将过去、现在和未来的各种事件连接成一个独特的(有意义的)实体。虽然我们的行为常常是无意识地执行的,因为它们常常只是发生在我们身上,但通过叙述它们,我们将这些行为的动机和意义赋予了它们。故事创造了叙事机构和因果关系,而通过叙述,我们拥有了这种机构以及动机和原因,将这些行为转化为我们的行为。简而言之,我们将自己与我们(和他人)讲述的关于我们自己的故事联系起来。

如果我们用数据库取代故事作为我们身份建构的操作系统,会发生什么?由于身份认同的过程,媒介的结构构成了用户的身份,那么我们可能会期待使用数据库来构建身份,从而产生一种不同的身份。但是很明显,故事和数据库对世界和我们的结构有根本性的不同。

身份建设是互联网用户的一个重要因素,这一点从 Facebook 的成功可以看出。到目前为止,Facebook 在全球拥有超过 10 亿用户,其中许多人拥有智能手机,使他们能够全天候地进行身份建设工作。对许多用户来说,它已经成为他们身份管理的操作系统。与"第二人生"或"魔兽世界"等网络世界不同,Facebook 要求其用户披露他们的"真实"身份。Facebook 的整个结构是以一种邀请用户表达他或她的身份并与朋友交流这种身份的方式设计的。Facebook 的用户通过制作照片、个人兴趣列表、联系信息和其他个人信息来表达自己。此外,他们通过私人或公共信息和聊天功能与朋友和其他用户交流。他们还可以创建和加入兴趣小组和"喜欢"页面。Facebook 页面的主要窗口是"新闻提要"。在这里,用户可以看到许多动态,这些动态来自朋友、他们所关注的人和页面,供他们观看。这些动态由一种算法制作,其中考虑到用户与朋友、页面或公众人物(如演员或记者)的互动频率,如:喜欢、分享和评论的数量;从整个世界,特别是从朋友那里收到的帖子;用户在过去与特定类型的帖子互动的程度;用户和整个 Facebook 的其他人是否隐藏或报道某个帖子。尽管单个帖子可能具有叙事性,而且自 2011 年以来,Facebook 的布局自动将所有活动按时间逻辑排列在所谓的时间轴上,但 Facebook 的整体结构是数据库的结构。虽然这个数据库在网站的所谓后台"屏幕后面"工作,对用户来说是不可见的,但自 2013 年以来,图形搜索功能使用户能够筛选出大量的数据。

脸书的流行并不令人惊讶。由于可以在许多移动设备上使用,Facebook 允许用户与朋友、亲戚和其他熟人持续保持联系,无论他们在世界何处。Facebook 网站通过小组和其他页面将有共同兴趣或信仰的人联合起来。与叙事一样,Facebook 数据库使我们能够构建我们越来越复杂的生活。然而,有一些重要的区别。

首先,Facebook 是多媒介的,因为它使用户不仅可以用文字,而且可以用图像、声音和视频剪辑来构建他们的身份。这种多媒介性角色为用户提供了构建更复杂、多层次身份的可能性。

其次,正如"社交媒体"这个短语已经表明的那样,Facebook 是一种深入社会的自我表达方式。古典的日记往往是严格的隐私(以挂锁为象征),而 Facebook 则主要是一种向他人展示自己的手段。正如第一部分所论证的,虽然叙事性身份也有社会性的特征(因为其他人在我们的生活故事中总是扮演着重要的角色,作为榜样、爱人、同事等等),但在 Facebook 的案例中,我们的朋友通过在我们的身份"墙上"发表他们的评论、照片,实际上参与了我们数据库身份的构建。换句话说,我们和我们的朋友之间的界限变得半透明了。此外,我们数据库身份的所有元素——我们与谁有联系,我们生活的视觉记录,我们的对话和评价("喜欢"),对我们的朋友们来说都是明确和可见的。我们身份构建的这一部分,是由 Facebook 的算法决定的。同时,在 Facebook 的前端,用户可以通过接受或拒绝潜在朋友的访问,删除不愉快的信息或阻止其他 Facebook 用户的标签来控制其自我展示。

最后,在 Facebook 的帮助下,正在构建的数据库身份是高度灵活的。这是数据库本体的直接影响,它要求将用户原子化,并将其划分为许多更小的实体,属于多个身份层面,如传记数据、照片和购买。在某种程度上，Facebook 的用户不再是个人，而是成为数据。分散的个人碎片随后可以以多种方式被组合、解组合和重新组合。因此，数据库身份总是在构建之中，用一种可能性的感觉取代我们的真实感。在这个意义上，数据库身份表达了生活在全球化的后现代文化中所需要的灵活性和超机动性。

Facebook 的巨大成功似乎表明，我们喜欢用数据库来构建自己。然而，数据库作为一种身份建构器也有其阴暗面。例如，Facebook 用户在前端的控制有其局限性，因为他/她不能阻止朋友们回复他/她的帖子，并使这些帖子对他们自己的朋友可见。

这也意味着，我们身份的片段很容易被解构和重新解构。后台数据库的使用更是如此，Facebook 的用户只能有限地访问这些数据库，例如使用图形搜索，但在大多数情况下根本无法访问。"屏幕背后"的数据库不仅使用户能够组合、分解和重新组合他们自己和他们朋友的原子化元素，而且还使 Facebook 的所有者能够实时描述和挖掘用户的数据化生活，以寻找可行的商业模式。Facebook 用户的这种"无形的可见性"，不仅引起了严重的隐私和安全问题，而且还可能使消费者沦为大数据经济的"自然资源"。传统不仅成为全球数据库用户的商品，用户本身也变成了商品化的最终对象。具有讽刺意味的是，Facebook 的用户在很大程度上成为这些有价值数据的自由生产者。Facebook 网站的设计和运作期望并强制要求用户只根据"真实"的身份，使用真实的姓名和准确的个人详细资料来制作自己的形象。这种单一身份的意识形态渗透到了 Facebook 的技术设计中，并且部分地被该网站提倡的透明文化所强制执行。鉴于 Facebook 的服务器主要是由其成员的非物质自由劳动产生的数据构成的，而 Facebook 的货币价值是这些数据的广告效用，难怪 Facebook 的创始人兼首席执行官扎克伯格喜欢极端透明。

在政府访问全球数据库的情况下，如国家安全局汇编了美国和外国公民之间数万亿的交易，对 Facebook 用户的数据挖掘和记录也得到了政治层面的支持。国家安全局和世界各地的其他安全机构将全球信息社会变成了一个巨大的数字全景。Facebook 网站的前端可以被视为一个"参与式的全景图"，在这个全景图中，用户不断地互相监视，并意识到他们正在被监视。

毫无疑问，在某些情况下，数据挖掘和记录对社会是有益的。然而，数据库文化中的身份重组可能是相当危险的。

"个性化"可能不是描述个人被数据化后所发生的事情的正确词汇。这里，Facebook 可以再次作为例子。矛盾的是，尽管有几乎无限的可能性来组合、分解和重新组合数据库中的元素，Facebook 还是强迫它的用户进入一个极其同质化的技术结构，包括预先设定的菜单、下拉列表和分类。个性化需要极端形式的标准化、技术和文化同质化。当我们看着无数 Facebook 页面的标准化布局时，我们无法逃避这样的印象：Facebook 的无限可能的世界是相当单调和沉闷的。数据库身份是大规模定制的身份。

正如我们已经注意到的，个人不仅受到大规模化的影响，而且还受到原子化和分类的影响。我们发现了数据库身份的最大危险。在大数据的世界里，因果关系正在被相关关系所取代，这从根本上影响了人类的行为。在一个或多或少无辜的层面上，我们看到这种情况发生在网络商店。使用一种被称为"协作式"项目对项目"筛选"的数据挖掘技术,亚马逊网站向买书的人推荐他们可能喜欢的其他书籍。今天,亚马逊所有销售额的三分之一是这种技术的结果。在某种程度上,亚马逊对买家喜好的了解比买家自己还多。然而,亚马逊不知道为什么某本书的买家也对某本特定的其他书感兴趣。下一本要买的书可能是,但不一定是同一作者的作品,同一类型或同一语言的作品。这个系统完全基于相关关系。知道是什么,而不是为什么,对于商业行为来说就足够了。

而在叙事性身份的世界里,"为什么"是至关重要的,故事总是关于主角为什么要这样做,哪些驱动力和原因激励了他们的行动,这种叙述性的因果关系在数据库身份的情况下并不起作用。数据库身份是"相关的自我"。商业公司或政府组织,纯粹出于实用主义的原因,只想知道客户和公民可能希望、喜欢或做什么,但对他们的动机或理由没有兴趣。这里的危险尤其在于利用大数据来预测人的未来行为的诱惑,例如在《少数派报告》中描述的社会,在这个世界中,个人选择和自由意志已经被消除,我们的个人道德指南针已经被预测算法所取代,个人被暴露在集体惩罚的无力打击之下。如果这样使用,大数据也许真的有可能将我们囚禁在概率中。

新型的身份构建是相当模糊和矛盾的。数据库身份似乎与后现代文化中的超机动化和超自由化的特点完美契合。此外,数据库身份大多是游戏性的。拥有(智能)手机、(平板)电脑和其他数字设备的人占世界人口的大多数——玩弄数据库和他们自己。

然而,与此同时,我们正在被我们自己创建的数据库所玩弄。如果认为我们可以停止或严重减缓全球化和数据化的进程,那是天真的想法。事实上,这是不可能的,因为我们的生存越来越依赖于数据库技术的全球使用。

当然,隐患和威胁也很严重。就像很多时候,技术的优势和劣势是一个硬币的两面。然而,我们不应忘记,全球化和数据化并不是完全自主的。尽管我们不得不承认,全球数据库(例如作为社会软件或生物技术的一部分)正在越来越多地构建我们的身份,但我们也应该意识到,我们正在参与一场相互关系的生产力和创造力的冒险:我们是被构建的构建者,也许我们一直都是如此。

4.2.4 区块链

区块链是以比特币为代表的数字加密货币体系的核心支撑技术,是一个去中心化的数据库。所谓"区块"是一个去中心化的、分布式的数据存储模块,而"链"则是通过加密算法进行点对点传输。区块链为解决中心化机构普遍存在的高成本、低效率和数据存储不安全等问题提供了解决方案。

区块链新闻媒体大致可分为五个类别:区块链新闻网站、区块链社交网站、浏览器插件、区块链搜索引擎、其他类型媒体与区块链媒体合作生产区块链新闻。比特币试图用分布式加密算法来证明记录很难篡改。但比特币核心这件事情在应用层面上来说,记录不可篡改,等同于时间不可篡改;在数学上试图用算法来保证时间的绝对性是不可能的,因为时间属于人类共识。区块链的算法,本质是共识算法:对共识算法的算力攻击是不可避免的,代表区块链没有想象中安全。

区块链媒体或将成为后真相时代下新闻生态治理的重要着力点,形成互联共治,建立治理网络谣言防护体系,为新闻报道的客观性提供技术上的支持。国外采用了区块链技术的Civil、Decentralized News Network、PUBLIQ等更具新闻属性的媒体,它们注重信息整合阶段的广泛性和多元性,其将区块链技术分别应用于信息采集开源和新闻信息众筹领域。在新闻生产阶段,为保证新闻内容的原创、客观和真实,推行这项技术以进行生产激励和内容审核。在信息反馈方面,这些平台往往通过用户评估、反馈的奖励机制来呈现舆论聚合情态,进而获得用户的评价反馈,提高新闻的传播效果。具有社交属性的媒体(如Steemit、Telegram)则比较注重用户隐私的保护和数字资产的管理。

就国内来说,大多数的融合应用还十分稚嫩,市面上所涌现的"区块链媒体平台"大多是以"区块链技术"为噱头,将报道区块链相关信息作为其报道内容的媒体平台,并未真正将区块链技术与本行业进行融合,把它作为核心的底层技术进行使用,这导致这些平台和其他类型的媒体生产并无本质区别。如国内知名的区块链媒体巴比特、36氪,它们就是直接在原有的报道频道中增加"区块链栏目"专题,专注报道关于区块链技术的实时发展情况等内容。

在信息被记录初期,区块链通过分布式记录内容的版权归属,记者、媒体等能在带有时间戳且不可更改的区块链上注册发布能够被加密的新闻报道或选题计划,从而证明在特定时间的该内容的所有权。如若发布的信息出现虚假问题,可以通过对于区块链数据的追溯查找出信息发布源头,从源头遏制虚假信息的大规模传播。

在信息传播中期,如果在传播过程中出现被人为恶意篡改的现象,通过区块链技术的"信息不可篡改"的特性便可直接定位到被修改动过后的区块,查看到被修改记录。

到了信息传播后期,可以利用区块链技术的"共识机制"来对新闻公共账本进行再次的信息核查,通过对所有记录的核查发现存在的误差或者数据的一致性,从而提升新闻的公信力。

4.2.5 元宇宙

元宇宙(Metaverse)概念的形成,最早来源于1992年美国科幻小说《雪崩》。而早在1990年,钱学森先生就在书信中将虚拟现实(virtual reality)技术译为更符合中国传统文化语境的"灵境"。元宇宙是整合多种新技术产生的下一代互联网应用和社会形态,它基于扩展现实技术和数字孪生实现时空拓展性,基于AI和物联网实现虚拟人、自然人和机器人的人机融生性,基于区块链、Web 3.0、数字藏品、NFT等实现经济增值性。

元宇宙重构传媒行业新型时空观,元宇宙中的时空场景是可静止、可复制、可延伸的。传媒行业对于元宇宙中的社会事实的报道将存在两种方式:一种是场景的复制,传媒行业为人们提供完全一致的时空场景;另一种是场景的重构,将已经发生的时空场景进行一定程度的改变。传统采编发能力有望迎来新升级,新闻编辑方面,新闻采集内容维度提升将推动新闻编辑技术的更新换代。新闻宣发方面,元宇宙的基础设施高速移动网络的低延迟,或将实现新闻发生地到新闻接收方之间端到端的传输实时性。广电行业相对成熟的内容制作体系、设备技术基础,与支撑元宇宙发展的新技术具有更强的兼容性。一方面是内容优势,广电行业本身具有极强的视觉化内容制作能力,有望尽早转型结合以实现相得益彰的效果;另一方面,虚拟主播在广电行业已经得到了较为普遍的应用,如湖南卫视数字虚拟主持人"小漾"、北京广播电视台真人数字人"时间小妮"、东方卫视二次元虚拟主播"申雅"等,已完成了在虚拟人应用的初步探索,有利于以此为导引建设满足更多感官体验的元宇宙空间。

从媒介发展的角度来看,人类对于时间的认识,经历了从"自然时间"到"钟表时间"再到"媒介时间"的过渡和演进。随着广播、电视、手机、网络等媒介深入人们的日常生活,人们开始通过收音机的播报提示和电视节目定位时间、安排事项;互联网和移动智能手机让信息可视化、信息的分发和获取更加便利的同时,也让信息短小化、琐碎化,使得时间利用变得零散和无序。对于大段整体时间的持续性利用和注意力聚焦逐渐成为一种稀缺,时间观念在媒介环境中被潜移默化地解构与重构。从技术角度来说,虚拟影像世界在元宇宙中完成了属性升维。元宇宙在静态和动态空间的拓展方面带来了"双重效应",其一是个体视角的延伸。

元宇宙的虚拟影像依托计算机技术搭建,具备可编辑性:一方面支持开发者设计各个影像的呈现时序和持续时距(时长),时间在体验性上实现了拓展;另一方面,也允许每个用户自主进行内容生产和对世界的编辑,时间在创造性上实现了拓展。

第5章 数字媒体信息处理与案例

本章学习目标

1. 了解数字图像处理技术概念,熟悉数字图像处理技术的操作;
2. 了解数字音频处理技术概念,熟悉数字音频处理技术的操作;
3. 了解数字视频技术概念,熟悉数字视频处理技术的操作;
4. 了解计算机网络处理技术概念,熟悉计算机网络处理技术的操作。

本章主要介绍了数字图像处理技术、数字音频处理技术、数字视频处理技术及计算机网络处理技术。通过对几种技术处理工具的介绍及案例教学,让读者学会几种技术的操作和使用。

5.1 数字图像处理技术

新媒体环境下,数字图像的处理运用了更多新媒体技术,从人类的视觉、心理以及其他需求方面对图像做分析、加工与处理就是新媒体数字图像处理。数字图像处理并不像看上去那么复杂,但也没有想象的简单,它不仅仅是简单的"美图秀秀",图像处理的背后包含许多原理和相关技术。同时,它的出现也为人类的生活带来了便利。

5.1.1 数字图像信息处理技术

数字图像处理又称为计算机图像处理,是将图像信号转换成数字信号并利用计算机对其进行处理的过程,以提高图像的实用性,从而达到人们所要求的预期结果。数字图像的处理是为了提高图像的视感质量,以达到赏心悦目的目的,是为了提取图像中所包含的某些特征或特殊信息,便于计算机分析,也是为了对图像数据进行变换、编码和压缩,便于图像的存储和传输。

其中,图像压缩是图像处理的重点。有损压缩意味着一种算法(也称为编解码器)会丢弃一些数据,以实现更小的数据占用。无损压缩——由 PNG、BMP、TGA 和 TIFF 格式使用,不会丢弃任何原始图像数据。它采用了一种算法,该算法可以找到导致使用更少数据的模式,并且可以100%重建所有原始像素值。

5.1.2 数字图像信息处理设备与工具

数字图像处理系统是进行图像数字处理及其数字制图的设备系统,包括计算机硬件和软件系统。数字图像处理系统由图像输入设备、图像处理设备和图像输出设备三部分组成。

什么是图像处理？即对图像信息进行加工处理和分析，以满足人的视觉、心理需要以及实际应用或某种目的（如机器识别）的要求，着重强调在图像之间进行变换。它广义上泛指各种图像技术，狭义上指对图像进行各种加工（处理），达到改善人的视觉效果，为自动识别打基础、压缩编码。数字图像处理大致包含四个方面，包括图像质量改善、图像分析、图像重建和图像数据压缩。

5.1.3 数字图像信息处理案例

Photoshop CC 2018 是由 Adobe 公司开发和发行的一款专业级图像处理软件。本节将详细讲解 Photoshop CC 2018 的基础知识和基本操作，并作案例教学与展示。读者通过学习要对 Photoshop CC 2018 有初步的认识和了解，并能够掌握软件的基本操作方法和技巧。

5.1.3.1 颜色原理篇

1. 认识颜色

HSB 模式，即 H 色相、S 饱和度、B 亮度，是一种以视觉角度定义的颜色模式。色相（HUE），在 0~360°的标准色轮上，色相是按照位置进行度量的。饱和度和色泽（SATURATION），即颜色的纯度或强度，是色相中彩色成分所占的比例。亮度（BRIGHTNESS），即颜色的相对明暗程度。

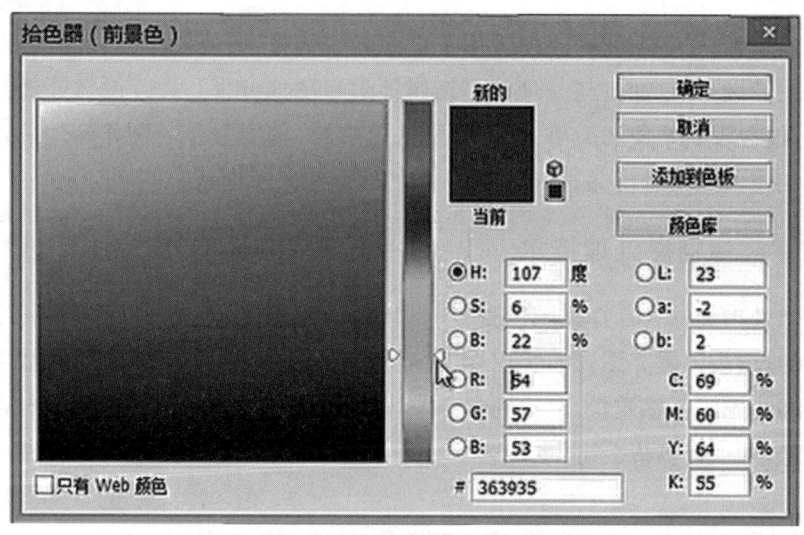

图 5-1 拾色器下滑动滑块选择色相

点击前景色，打开拾色器。鼠标上下拖动中间滑块，H 色相数值随之变化，可拾取不同的颜色。在左边方形色块中，通过鼠标拖动左右滑动，可以改变颜色的饱和度；通过鼠标拖动上下滑动，可以改变颜色的亮度。

色环，即在彩色光谱中所见的长条形的色彩序列，通常包括 12 种不同的颜色。

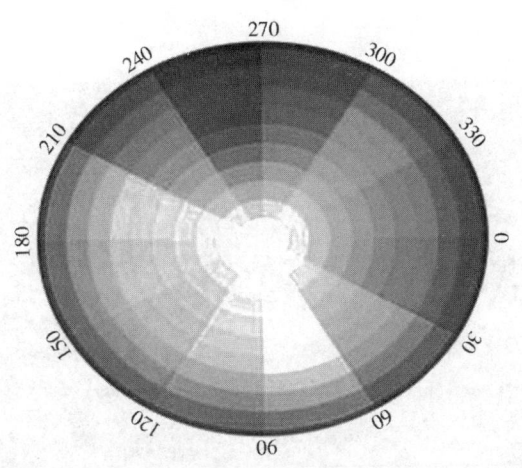

图 5-2　色环

在构成分辨率和纵横比的像素图像阵列中,每个像素使用三个颜色通道保存颜色值,即 RGB(红色、绿色和蓝色)颜色空间。

数字图像中每个像素可用的颜色量在业内称为图像的颜色深度。要使用这些 RGB 颜色通道创建数以百万计的不同颜色值,需要做的是改变每个 RGB 颜色值的级别或强度。对于每个 RGB 颜色数据值,图像中的每个像素都有 256 级的颜色强度。如果加以组合,能够得到 16777216 种颜色。这代表了红色、绿色和蓝色的独特颜色组合,你可以使用这 256 个级别(数据值)在这三个不同的附加颜色通道中处理每种颜色。

2. 提取颜色

在 Photoshop 中,可以从网页 Kuler 定义色板,并载入色板。如图 5-3 和图 5-4 所示。

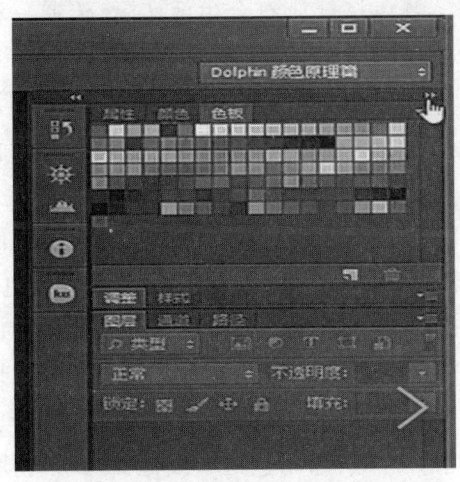

图 5-3　色板界面载入色板操作一

图 5-4　色板界面载入色板操作二

大型活动的海报和颜色设计通常更具艺术美,当我们想要对图片中所需颜色进行提取,我们应该如何做呢?

打开图片,选择吸管工具,点击图片中所需颜色,会显示当前颜色亮度和变化。移动吸管工具,在不同颜色的不同位置,可以看到颜色的变化。选择后点击,颜色就会默认加载至前景色。

图5-5 吸管工具的运用

通常 Photoshop 的前景色和背景色是默认的黑色和白色,上方有两个按钮,左边是恢复默认颜色按钮,右边是切换前景色和背景色按钮。另外,我们可以在色板中点击所需颜色,此时前景色会随之发生变化,按住 Ctrl 再进行点击,是对背景色进行选取。

3. 运用颜色

现实生活中颜色的运用通常蕴含着一定的规律,比如警告的标识采用黄黑组合,红绿灯指示牌采用红绿组合,高速路牌采用白绿组合等。颜色搭配应符合生活实际,传递一种美感。

画笔工具默认绘画前景色,橡皮擦工具默认绘画背景色(注意:当背景层状态为锁定时,橡皮擦工具默认绘画背景色,解除锁定后,即可擦除背景)。渐变工具默认加载前景色和背景色,并将原始图像进行覆盖。

关于颜色的填充,我们通常使用两种方法。第一是利用套索工具,建立选区,点击油漆桶工具可以进行前景色填充。第二是建立选区,编辑填充,内容使用前景色、背景色或颜色。

另外,我们在软件中常见到 Alpha 透明度,它在颜色中的应用如何?选择一张背景为白色的多人物图片,新建透明图层置于人物图层下,进行径向渐变填充(如图5-6所示)。切换至通道,选择预设的 Alpha 通道,看到人物信息,白色为显示区域,黑色为不显示区域,也就是即将进行透明操作的区域(如图5-7)。点击下方加载,显示选区虚线框,回到人物图层,点击下方添加蒙版。关闭人物渐变填充图层,在蒙版上,原本的黑色区域变为棋盘格式,显示为透明。透明图像的存储格式通常有 PSD、TIFF、PNG、GIF,一般采用前三种进行存储。

 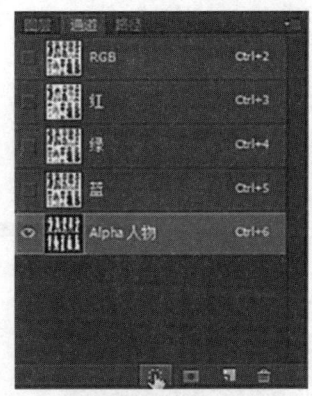

图 5-6　图层渐变填充操作和通道加载操作

图 5-7　Alpha 通道显示的人物图片信息

5.1.3.2　图层样式篇

1. 认识图层样式

双击图层,即可进入图层样式面板,右侧的 fx 即为图层样式。另一种打开方式是菜单栏图层中图层样式,进行选择。Photoshop 中图层样式种类多样,包含描边、叠加、投影、内阴影、光泽、内外发光、斜面和浮雕。通过图层样式的加工,平面图形可以变得更立体。如图 5-8,为盾牌经过图层样式斜面和浮雕、内阴影、图案叠加、投影四种效果加工后的呈现。

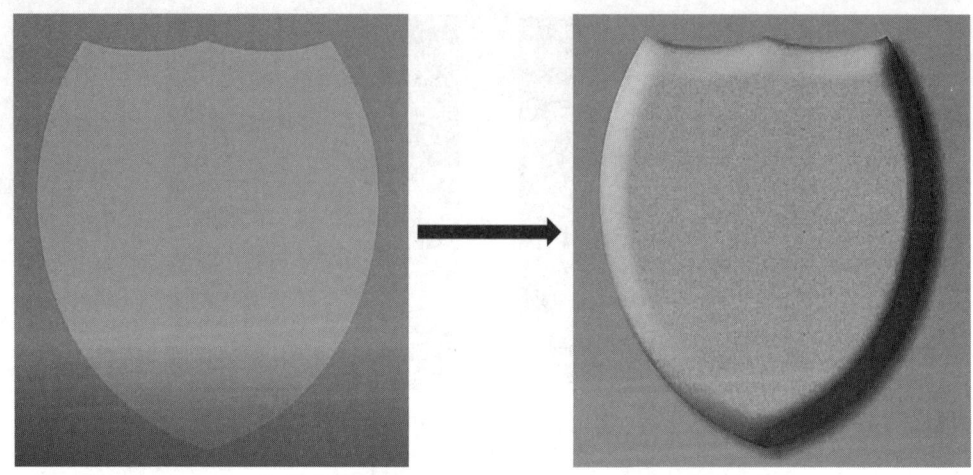

图5-8 平面图像盾牌经过图层样式加工后的呈现

在制作过程中,鼠标按住拖动效果至下方垃圾桶图标即可删除效果,若需删除所有图层样式,则选中图层,右键清除图层样式,即可全部清除。

选择所添加的图层样式,点击新建样式,在上方的样式面板中就能看到新添加的样式。选择所要进行样式叠加的图层,点击该样式,即可复制该图层样式(如图5-9所示)。或者,使用快捷键Alt+鼠标拖动fx,也可复制图层样式。另外,如果想要将该图层的样式移动至另一图层,只需按住图层后的fx拖动至所需图层。

图5-9 图层样式的复制效果

右键图层,可进行栅格化选项或合并选项,此时图层样式将无法进行再次编辑。另外,需要保留样式操作的话,存储格式应选择PSD和TIFF。

2. 运用图层样式

描边:可调整描边的大小、粗细、位置。通常描边使用正常混合模式,可根据需要选择颜色和填充样式,如图5-10所示。

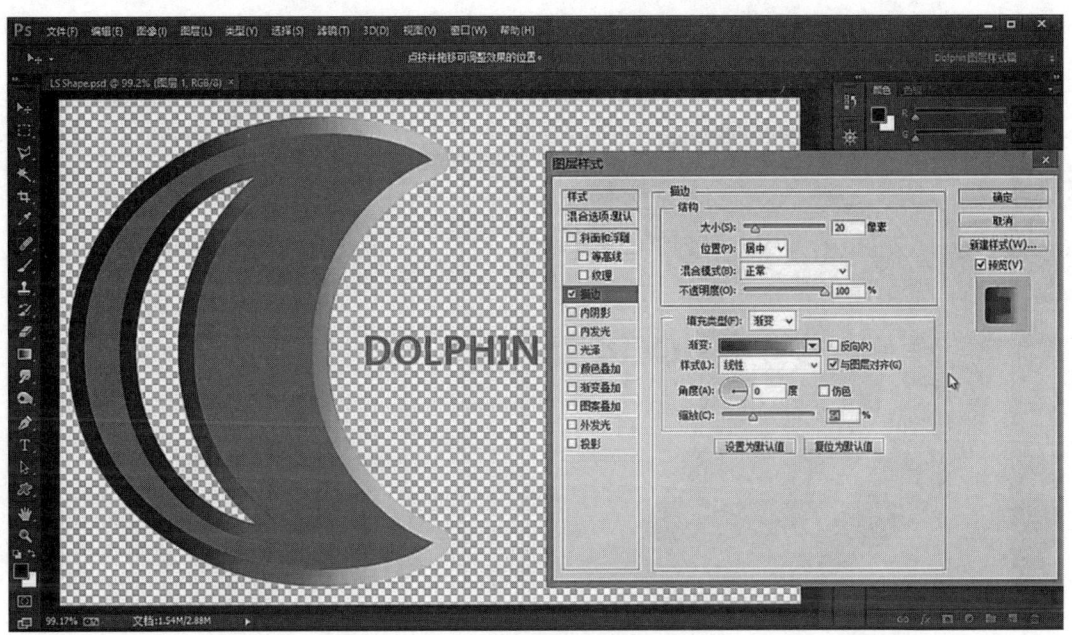

图 5-10　图层样式描边示例

叠加：Photoshop 中图层样式叠加有三种模式，即颜色叠加、渐变叠加、图案叠加，可单独使用，也可叠加使用，如图 5-11 所示。

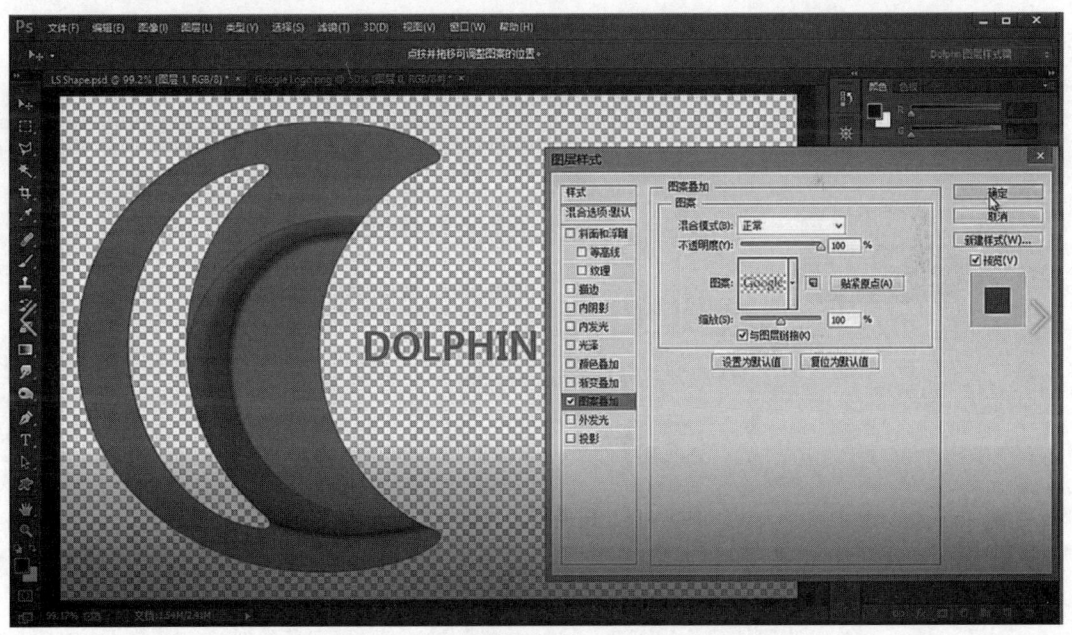

图 5-11　图层样式自定义图案叠加示例

投影：可调整投影角度，直接拖动投影进行距离移动。参数扩展和大小通常一起使用，模拟影子的距离远近。等高线调节影子的角度、亮度和距离，如图 5-12 所示。

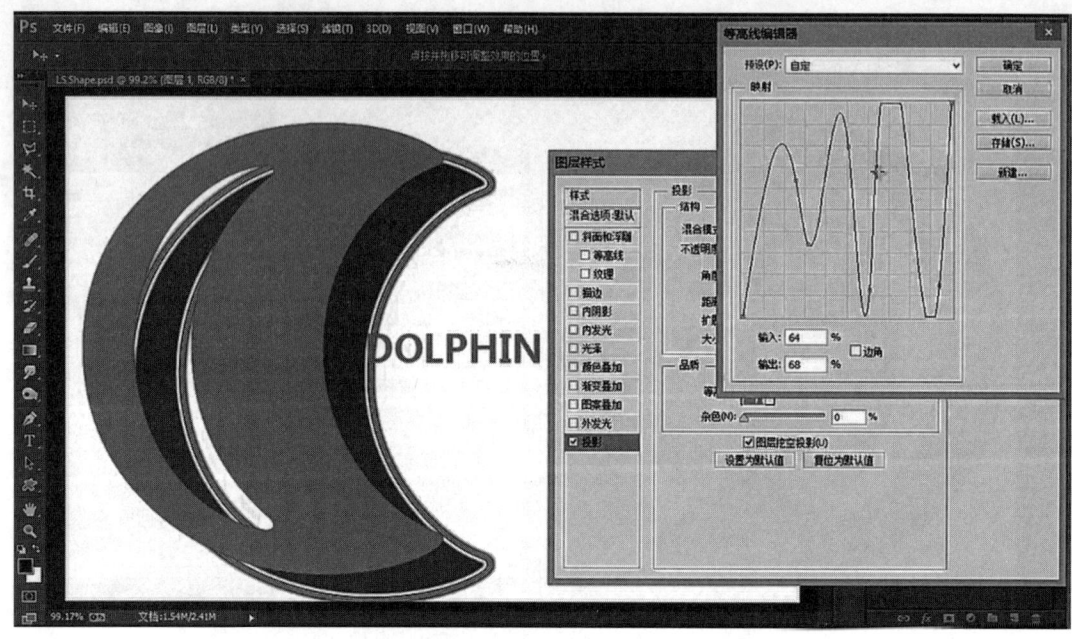

图 5-12　图层样式等高线自定预设投影效果示例

内阴影:相当于投影的反向,也可进行透明度、角度等参数的变化。光泽、内外发光、斜面和浮雕等图层样式在后续案例中会详细讲解。

此外,每类图层样式都有混合模式选项,混合模式共 6 模块 27 种(如图 5-13 所示)。

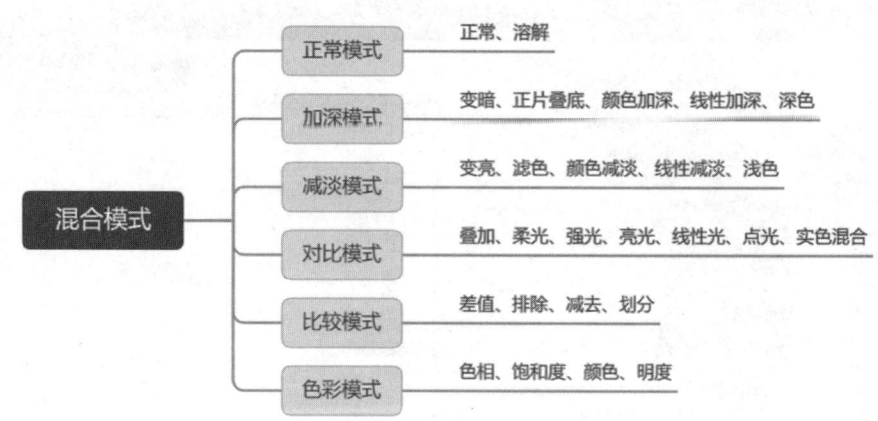

图 5-13　图层样式混合模式分类

3. 玩转图层样式

【案例 5-1】立体文字

【学习目标】了解图层样式,灵活运用图层样式,设计立体效果文字。

【步骤详解】

(1)先对平面图形文字进行斜面和浮雕的图层样式操作,调整深度,关闭全局光,调整大小产生立体效果。由于效果不够真实化,通常我们还需进行软化参数调节。

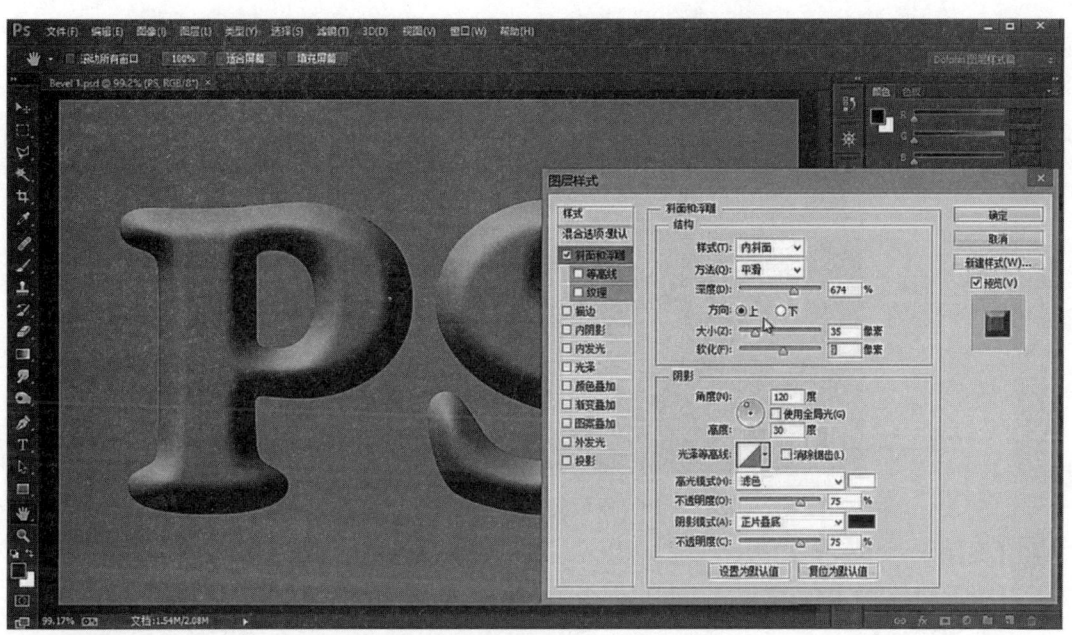

图 5-14　平面图形文字立体化操作步骤一

（2）正片叠底模式下，选择字体本身颜色。为文字图层添加投影，添加渐变叠加，降低不透明度。

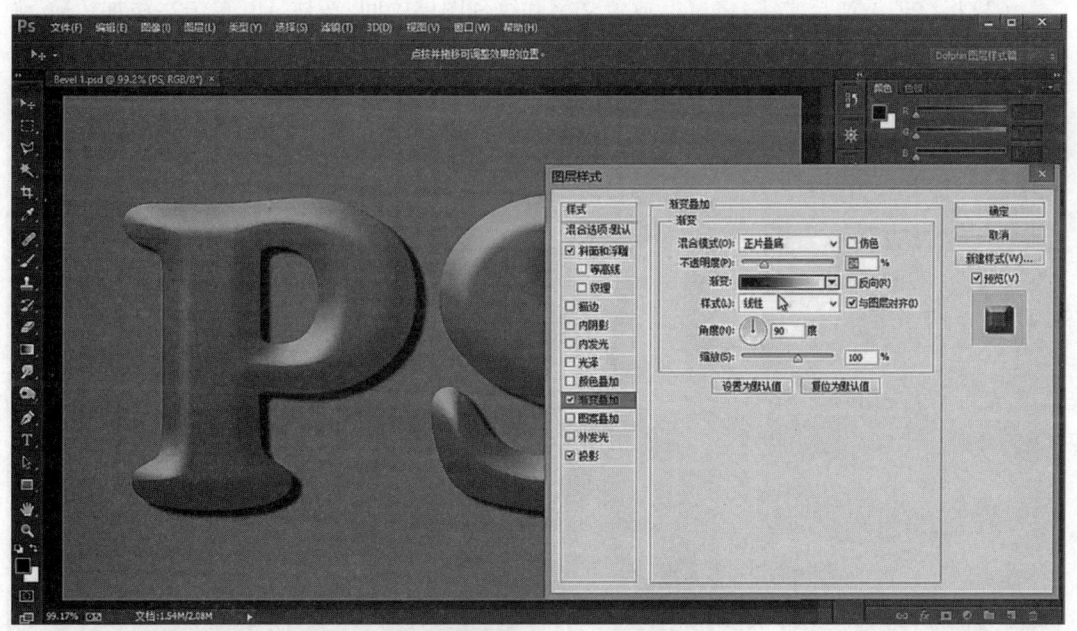

图 5-15　平面图形文字立体化操作步骤二

（3）可以看到已经形成初步效果，接下来对高光部分进行强化。设置前景色为文字颜色，复制颜色数值。右下方添加纯色，添加蒙版，翻转蒙版。用椭圆选区工具选中文字高亮部分，在蒙版上填充白色。重置前景色和背景色分别为白色和黑色，添加图层样式渐变叠加，透明渐变，降低不透明度。

【效果图】

图 5-16　平面图形文字立体化效果图

【案例 5-2】发光文字

【学习目标】了解图层样式,灵活运用图层样式,设计发光效果文字。

【步骤详解】

(1)先制作发光材质。新建图层,滤镜、渲染、云彩,进入滤镜库,选择扭曲中的玻璃。扭曲度调整至最大,纹理设置为小镜头,调整平滑度和缩放,点击确定。

(2)将纹理添加至文字,将鼠标放置文字和纹理图层中间,按住 Alt,单击。添加色阶,调整明暗。

图 5-17　发光材质制作和文字纹理添加

(3)为文字添加图层样式。添加描边,设置渐变(按住 Alt 拖动色标,如图 5-18 所示)。

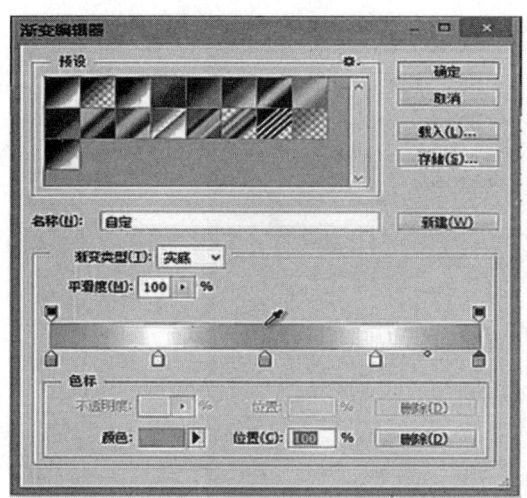
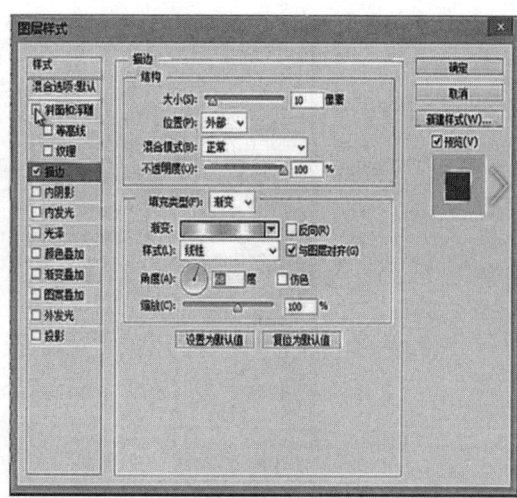

图 5-18　描边图层样式参数

（4）添加斜面和浮雕，选择描边浮雕，增加深度，调整浮雕大小。打开等高线，修改浮雕轮廓，如图 5-19 所示。

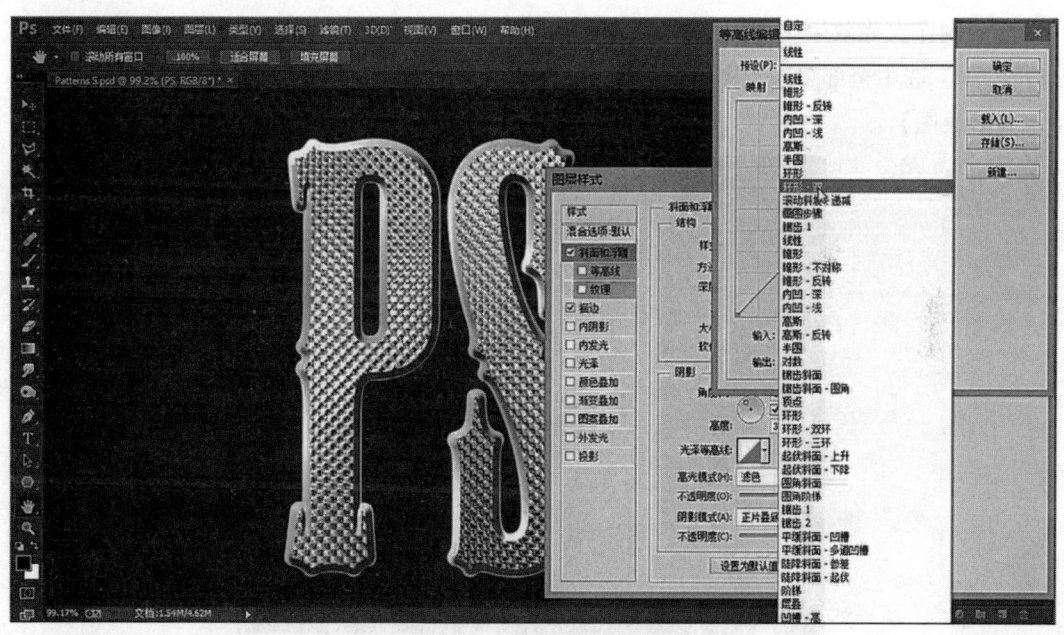

图 5-19　斜面和浮雕的添加

（5）添加投影，调整大小。添加内阴影，阴影颜色选用文字中相应颜色，调整大小，添加等高线，如图 5-20 所示。

155

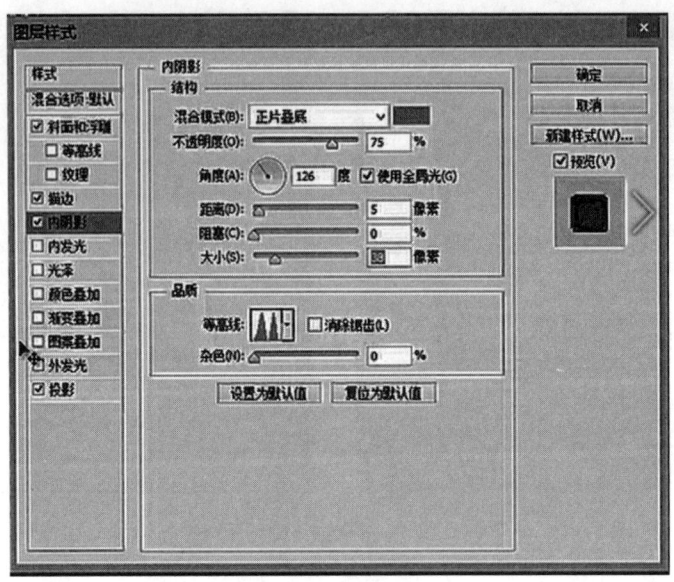

图 5-20　添加投影

(6) 关闭背景,单独调整文字投影。

(7) 制作发光效果。切换至多边形工具,填充颜色设置为白色,边设置为4,在适当位置进行绘画。选中全部多边形图层,移动至所有图层最上方。

【效果图】

图 5-21　发光文字效果图

5.1.3.3　通道蒙版篇

1. 认识通道蒙版

蒙版有四种形态,即图层蒙版、剪切蒙版、矢量蒙版、快速蒙版。通过蒙版可以进行画面局部颜色的修改,按住 Shift,点击蒙版,可以将蒙版关闭。

RGB 代表红、绿、蓝。使用加色模型,这三种颜色的光可以在可见光谱中产生任何颜色。

与加色(RGB)相反的是减色(CMYK),它用于印刷,涉及使用油墨。CMYK 代表印刷上的四种颜色,C 为青色、M 为洋红色、Y 为黄色、K 为黑色。使用红色和绿色作为添加颜色的示例,结果是红色+绿色=黄色。使用减色法,红色+绿色=紫色。这也是为什么我们在电脑上看到的颜色可能与打印出的不同。

多通道转换下,定位到图像、模式、多通道,默认合并所有图层。

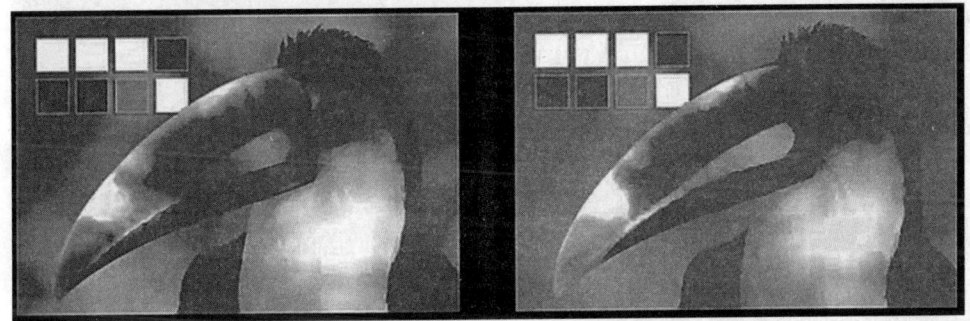

图 5-22　多通道青色(左)　CMYK 青色(右)

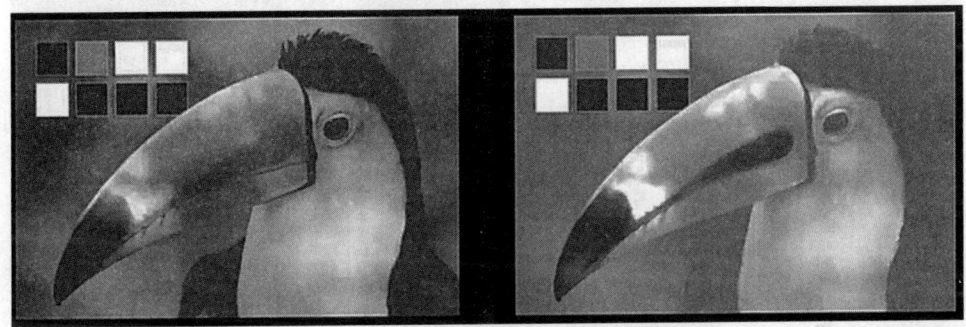

图 5-23　多通道洋红(左)　CMYK 洋红(右)

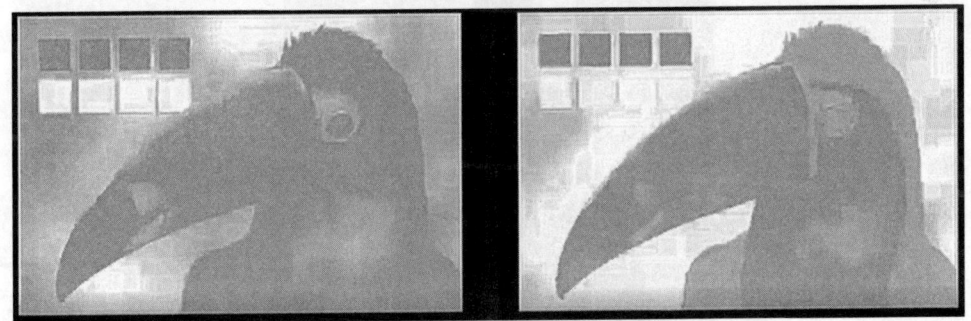

图 5-24　多通道黄色(左)　CMYK 黄色(右)

2. 玩转通道蒙版

【案例 5-3】通道抠图

【学习目标】了解通道原理,灵活运用通道,实现通道抠取复杂人物效果。

【步骤详解】

(1)打开人物图片,进入通道面板,显示红、绿、蓝三个通道,每个通道都有不同的颜色信息。其中红色通道展示更多的是人物的肤色,绿色通道是大致细节,包括嘴唇、眼睛和头发等细节,蓝色通道展示更多细节。

(2)选择细节展露更多的通道,即蓝色通道,进行复制。对该复制的通道图层进行反相操作。选中图层图像,调整,选择反相。

图5-25 通道复制和图层反相操作

(3)图像,调整色阶。调整过程中,尽可能地将白色进行显示,同时保留通道中的细节。当参数调整过高或过低,其细节可能会丢失,调整后如图5-26所示。

图5-26 调整色阶

(4)在图像中还能看到很多灰色,进行画笔柔光处理,调整画笔不透明度50%,画笔大小400左右,用前景色黑色进行绘画,将灰色部分涂抹至黑色。同样,利用前景色白色,将人物内灰色进行填充(如图5-27)。

图 5-27　画笔柔光处理

（5）开启 RGB 通道，在通道内部进行画面涂抹，将柔光改为正常模式，将人物下半身进行蒙版绘画。

（6）绘画好后进行蒙版加载，回到图层通道，点击蒙版，看到我们抠取的人物。注意，通道抠图可能存在边缘缺陷，通过调整蒙版的方式进行修正，设置参数，进行画笔涂抹。

【效果图】

图 5-28　通道蒙版效果图

【案例5-4】蒙版混合使用

【学习目标】了解蒙版原理,灵活运用蒙版,实现矢量蒙版和图层蒙版的混合使用效果。

【步骤详解】

(1)菜单栏选择,利用色彩范围对图像进行抠取,按住 Shift 在选择范围的背景上进行滑动(如图5-29),然后点击反相,得到选区。

图5-29 图像选区

(2)利用工具栏的快速选择工具,将未选中的部位进行相加。

(3)右下方图层工具栏添加调整图层,渐变映射,切换一种颜色,当前预设可以很明显地看到图像的变化。

图5-30 图层调整

(4)点击反相,改变背景。此时再点击蒙版,会在当前蒙版后方添加一个矢量蒙版。这里我们选择一个图形,对矢量蒙版进行绘画。选中一个图案,定位至矢量蒙版,按住鼠标绘画图标。点击路径选择工具,移动图标至合适位置。菜单栏编辑,自由变换路径,对图标进行调整变换。

图 5-31　矢量蒙版

(5)对比图层蒙版和矢量蒙版的属性(如图 5-32),明显看出,图层蒙版中三个调整选项可以使用,而矢量蒙版中无法使用。图层蒙版是对背景进行改变,当添加矢量蒙版后,其又对图层蒙版进行改变。

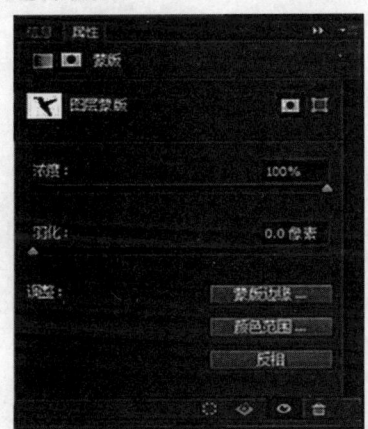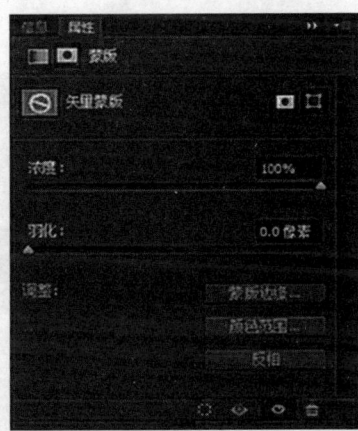

图 5-32　图层蒙版和矢量蒙版属性

【效果图】

图 5-33　蒙版混合使用效果图

5.1.3.4 肖像美容篇

【案例 5-5】人像脸部快速磨皮

【学习目标】了解污点修复工具、修补工具、仿制图章工具的使用,学会调节滤镜参数,实现脸部细节的磨皮美化。

【步骤详解】

(1)打开图片,放大画布,明显看出脸部细节问题,包括发丝等。

(2)点击污点修复工具/修补工具,在明显的斑点处进行点击/自由选取,即可进行简单修复。也可使用仿制图章工具,按住 Alt 键,选择一个正常区域,回到所需去除部位,点击替换瑕疵。(修复工具通常处理一些小细节,图章工具用来处理大的部分)

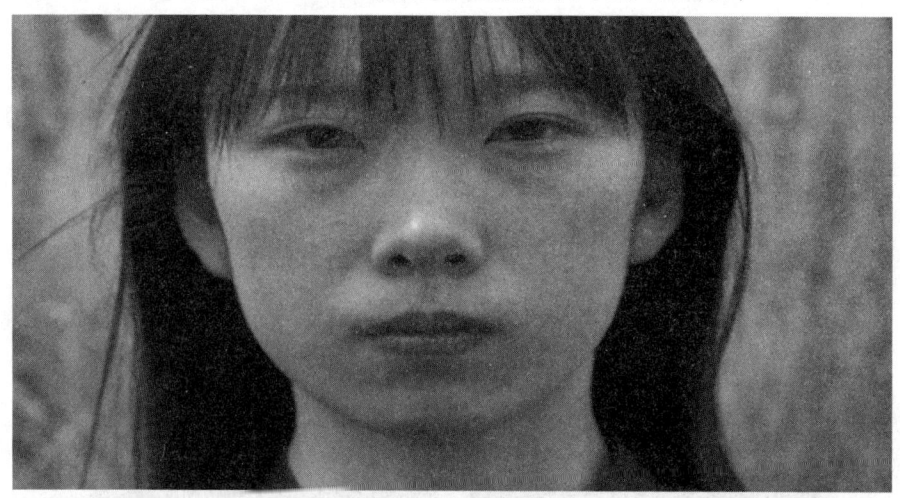

图 5-34 人像脸部原图

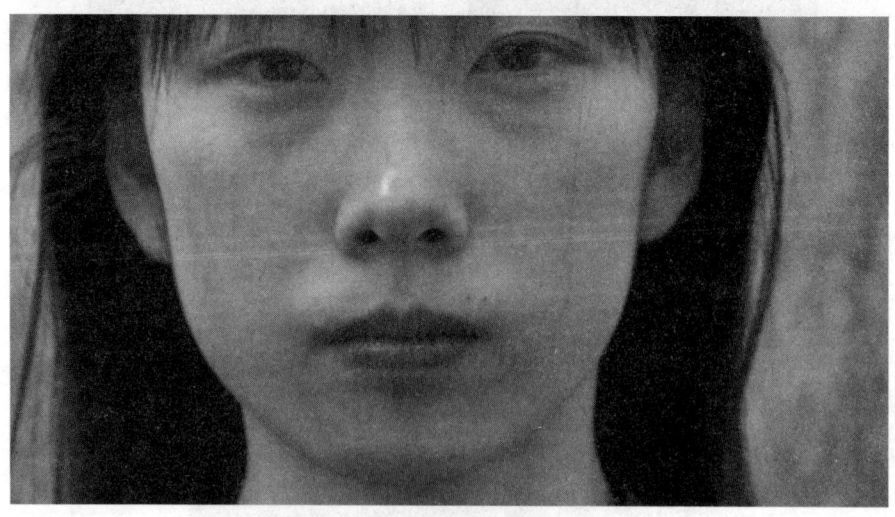

图 5-35 修复后人像脸部图

(3)处理发丝。对于较复杂的部分,新建图层处理。

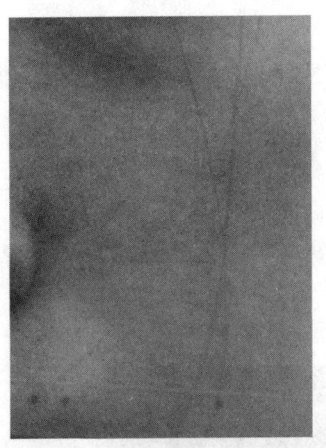 

图 5-36　脸部发丝未处理图像　　　　图 5-37　脸部发丝已处理图像

(4)选中新建处理发丝的图层,进行盖印,Ctrl + Shift + Alt + E。对盖印图层进行进一步处理。选择滤镜中 CameraRaw 滤镜,调整参数。降低清晰度,调整不透明度,添加柔和效果。

图 5-38　发丝盖印处理

【效果图】

图 5-39　发丝处理效果图

【案例5-6】修复曝光

【学习目标】了解污点修复工具、修补工具、仿制图章工具的使用,学会调节滤镜参数,实现脸部细节的磨皮美化。

【步骤详解】

方法一:使用阴影/高光修复曝光

(1)打开曝光图片,右键转换为智能对象。点击菜单栏图像—调整阴影/高光,展开更多选项,调整数量、色调宽度颜色校正等参数。

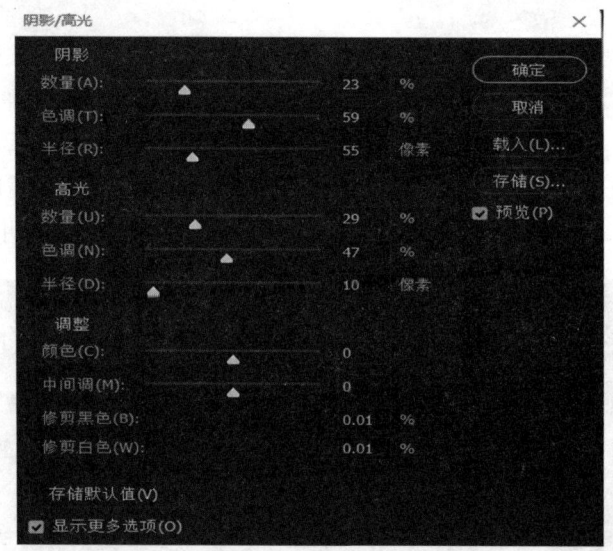

图5-40 调整阴影/高光参数属性

(2)展开阴影/高光的混合选项,选择模式明度,此时调整曝光的位置,则不会改变原始图像颜色。或选择正片叠底模式,调整不透明度。

方法二:使用曲线调整修复曝光

(1)打开曝光图片,添加曲线,鼠标拖动进行调整。

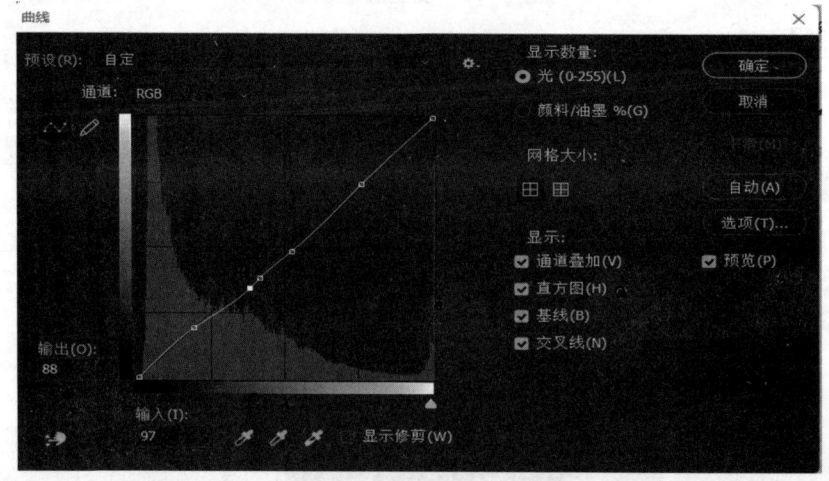

图5-41 调整曝光

（2）点击蒙版，打开反相。切换至画笔工具，参数不透明度为 30%，对面部曝光部分进行涂抹。

（3）复制曲线和蒙版效果图层。选中两个图层，将混合模式改为明度，这样可以恢复色调。

（4）选择拷贝曲线图层蒙版属性，调节红色通道曲线偏高，调节蓝色通道曲线降低，最后回到 RGB 通道进行整体调整。

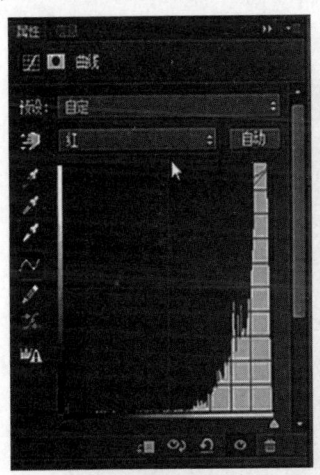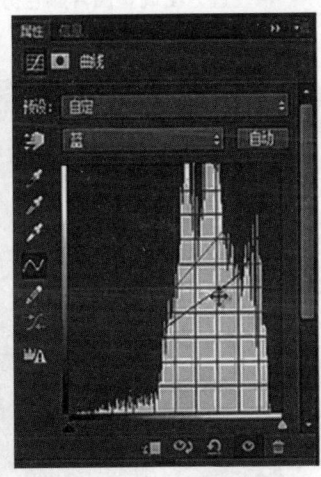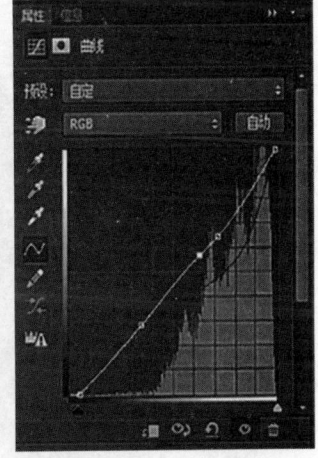

图 5-42　调节通道曲线

（5）进入蒙版，添加羽化 7.3 像素。

（6）调整细节后对图层进行整体曝光调整。盖印一个图层，添加色阶，依次调整红、蓝、绿三个通道。

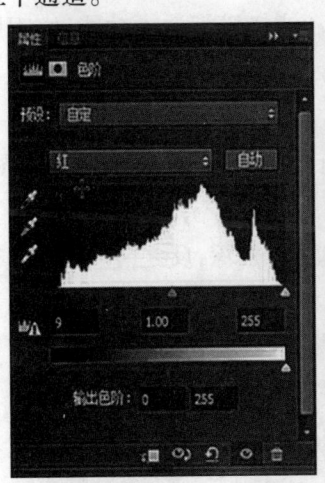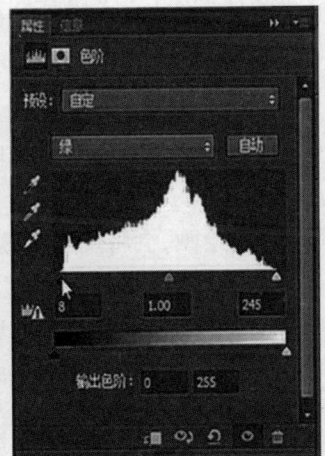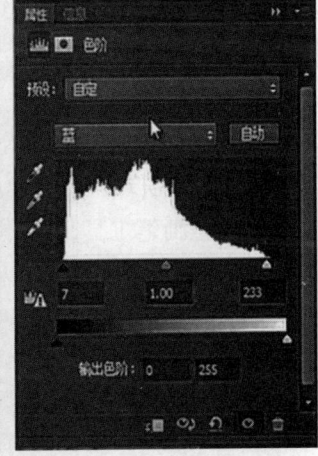

图 5-43　添加色阶，从三通道调整整体曝光

（7）菜单栏窗口，打开直方图，可以看到图片的颜色信息的分布，左侧阴影、右侧高光。调整中间调，可以看到直方图和颜色分布的变化。

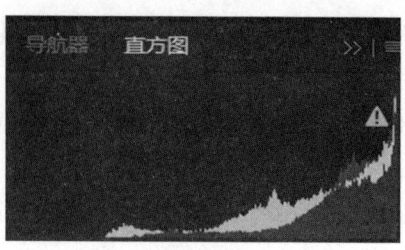

图 5-44　直方图调整图片颜色分布

【效果图】

图 5-45　曝光修复效果图对比(左原图,右效果图)

【案例 5-7】美化脸部肤色

【学习目标】了解不同混合模式的使用,灵活运用画笔和滤镜模糊选项功能,实现脸部美白。

【步骤详解】

(1)最常用的美白肤色方法是直接使用白色在脸部进行叠加。打开需美白的人物图片,新建图层,将混合模式改为柔光。

(2)切换至画笔工具,若用黑色进行绘画,会将皮肤颜色进行加深,反之白色可以进行减淡。注意画笔参数的不透明度需要进行减弱,否则绘画后减淡效果过度。

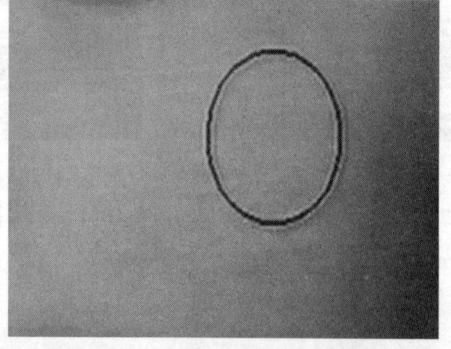

图 5-46　美化脸部肤色效果图(左黑色画笔加深肤色,右白色画笔减淡肤色)

（3）对画笔减淡部分进行调整，使其看起来更加自然。将混合模式改为正常，看到之前画笔涂抹的白色区域。新建图层2，填充为黑色。

（4）选中图层1，右键转化为智能对象。点击菜单栏滤镜—模糊—高斯模糊。设置半径，使高亮产生一种柔和的感觉，显得不是那么生硬。

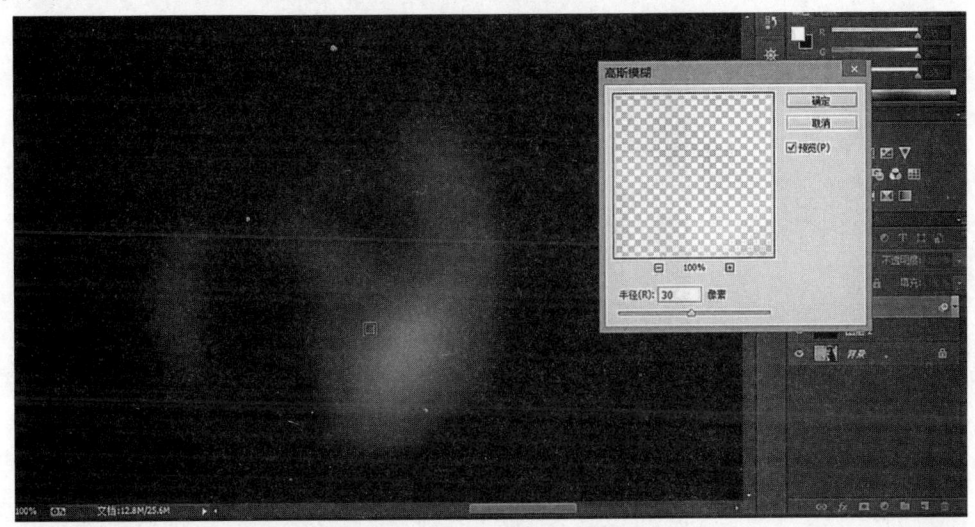

图5-47 高斯模糊改变生硬效果

（5）不显示填充的黑色图层，将图层1混合模式改为柔光。再次打开高斯模糊设置，调整半径值，观看脸部动态变化，调至合适即可确认。

【效果图】

图5-48 调整肤色效果图对比（左原图,右效果图）

【案例5-8】脸部祛皱

【学习目标】了解不同修复工具的使用方法，根据需求选择合适的修复画笔工具进行面部皱纹修复,实现脸部皱纹或鱼尾纹修复。

【步骤详解】

(1)打开需操作图片,新建图层,选择污点修复画笔工具,勾选对所有图层取样选项,鼠标按住选择祛皱部位,进行修复。调整不透明度,显得修复不突兀。

图 5-49　污点修复画笔工具修复皱纹

(2)或选择修复画笔工具,样本选项选择所有图层,按住 Alt 键取样没有皱纹的皮肤,然后对有皱纹的皮肤进行涂抹替换。

(3)利用仿制图章工具,调整不透明度 60%,同样按住 Alt 键取样没有皱纹的皮肤,然后对有皱纹的皮肤进行涂抹替换。

(4)复制图层,选择修补工具,选中所需修复部位,拖动鼠标,用下方正常的皮肤替换瑕疵皮肤。

图 5-50　修补工具替换瑕疵

(5)替换后的皮肤显得比较生硬,需进行处理。编辑—渐隐修补选区,调整不透明度。

【效果图】

图 5-51　修复人像效果图对比(左原图,右效果图)

【案例 5-9】人物的瘦脸瘦身

【学习目标】了解套索工具的使用方法,实现人物的瘦脸瘦身效果。

【步骤详解】

(1)打开图片,观察面部。选择多边形套索工具,框选脸部轮廓。图层—新建,通过拷贝图层复制该选区。

图 5-52　多边形套索修改轮廓

(2)选中拷贝图层,Ctrl+T 进行自由变换,右键选择变形,放大图像画布,拖动各点,注意调整过程中保持鼻子和嘴部不要过于扭曲。变换完成后按回车键进行应用。

图 5-53 变形变换操作

（3）应用后会产生一些瑕疵，利用蒙版进行修整。为选区图层添加蒙版，点击画笔工具，选择黑色，设置不透明度 30%，涂抹弱化瑕疵。

（4）瘦脸的第二种方法。人物图层右键转换为智能对象。滤镜，液化，调整显示大小，画笔压力调至 50，对面部进行挤压。勾选显示背景选项，拖动不透明度，就可以看到我们进行操作挤压面部的全过程。左侧菜单栏第二个是恢复工具，可以进行挤压恢复。

图 5-54 液化面板操作参数及效果

（5）接着进行瘦身操作。图片图层右键转换为智能对象，滤镜液化。进入液化工具面板，选择第一个变形工具，按键盘中括号调整其大小，根据所需对身体轮廓进行挤压。

（6）选择冻结保护工具，将手臂部分进行保护，以防在对身体进行瘦身操作过程中将手臂挤压变形。利用下方的解冻蒙版工具可将绘画多余部分擦除。再次利用变形工具进行挤压。绘画完成后，将蒙版擦除。

【效果图】

图 5-55　人物瘦脸瘦身效果图对比(左原图,右效果图)

5.1.3.5　高级调色篇

1. 亮度

最简便快捷的亮度调法是通过色阶进行的。先打开直方图画框,观察图 5-56,图 5-56 的左侧是阴影部分,右侧是高光部分。

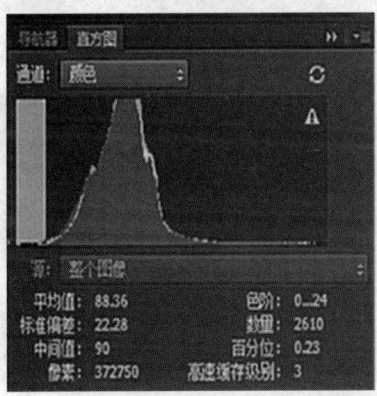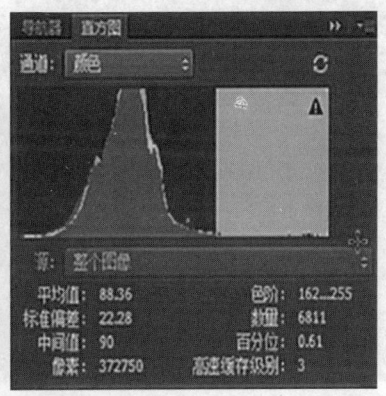

图 5-56　直方图呈现导入图片的阴影和高光部分

利用色阶进行亮度明暗的调整。将左侧阴影对齐,右侧高光对齐,中间根据所需进行调整。同时对输入输出条进行调整,降低输出可以对亮度进行减暗。

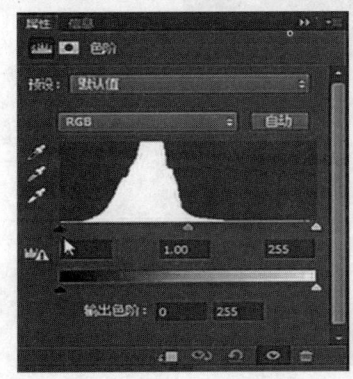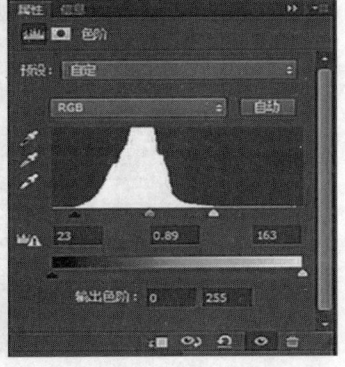

图 5-57　色阶明暗的调整

对比效果如图 5-58 所示。

图 5-58　调整亮度效果对比图(左原图,右效果图)

2. 色调

Photoshop 中一般利用曲线调整图像的色调。调整面板点击曲线,最简单的方法是直接选择自动。操作完毕后可能会发现图像偏亮或偏暗,此时按住 Alt 键点击自动,可以开启自动颜色校正选项,选择进行自动调整的算法。这里我们选择增强每通道的对比度。

图 5-59　自动颜色校正选项

也可直接采用预设的方式,比如强对比度、较亮等。

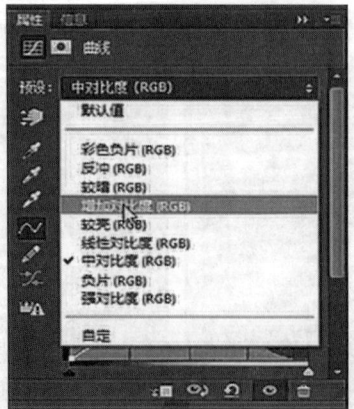

图 5-60　增强对比度效果设置

曲线属性面板的图表与直方图相似(如图 5-61),左侧是阴影,右侧是高光,左侧调整是对比度。默认调整后,打开直方图进行检查,阴影和高光部分有没有丢失。丢失部分需要进行填补。

图 5-61　曲线属性面板调节

首先调整蓝色通道,然后是绿色通道,最后是红色通道。之后对整体的中间调进行调整,按住 Alt 键,点击网格面板,将显示切换为 10:10 显示,在曲线上任意添加两个点,降低阴影,增加高光。

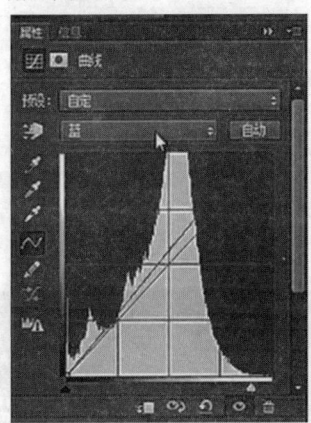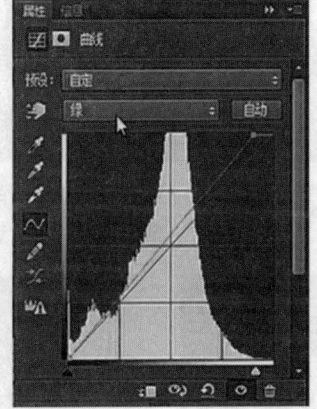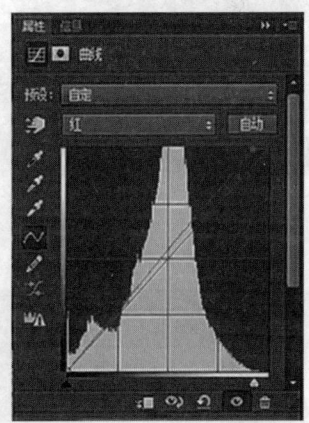

图 5-62　三大通道调节

最终色调调节效果如图 5-63。

图 5-63　色调调节效果对比图(左原图,右效果图)

3. 阴影和高光

进行操作前需将图层转化为智能对象，方便进行二次修改。菜单栏图像调整，阴影/高光，显示更多选项，根据所需对各参数进行调整。选择图层蒙版，切换画笔工具和前景色黑色，进行细微调节（对天空和地面进行还原）。更改阴影/高光的混合选项，选用叠加或柔光，调整其不透明度。

图 5-64　阴影/高光的混合选项操作步骤

图 5-65　阴影/高光的混合选项不透明度调整效果对比（左原图，右效果图）

4. 饱和度

通过菜单栏的图像—复制，也可以进行图层的复制，生产图像的副本。窗口—排列—双联垂直，可以将两个文件放在一个窗口中。

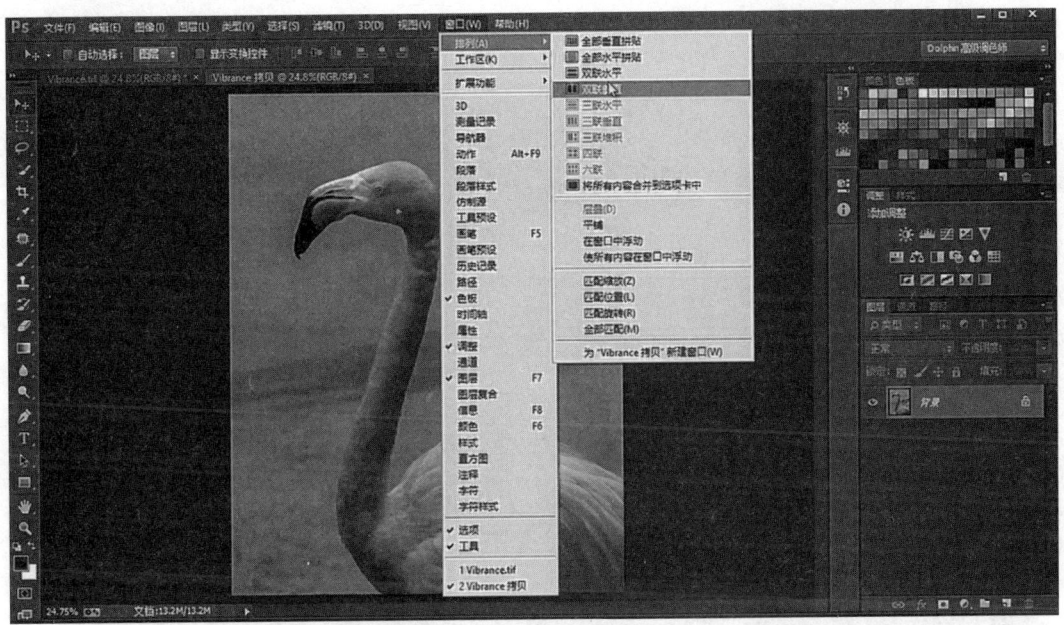

图 5-66 双联垂直窗口

对比图 5-67 左右两侧图像,发现右侧图像没有进行过多的失真。

图 5-67 色相/饱和度的调节(左侧图像添加色相饱和度,右侧图像添加饱和度)

适当地降低自然饱和度,复制该图层,再次调整自然饱和度和饱和度的参数。

图 5-68　自然饱和度的调节

再添加些渐变效果,渐变类型改为径向、反向,调整缩放效果,拖动改变范围。

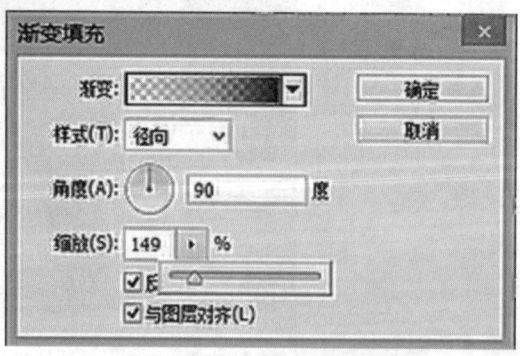

图 5-69　渐变填充效果面板

5. 锐化

同样需要先复制图层,在复制图层上进行调整。图像—调整—色调均化,此时图像变得更加清晰。可以根据所需,通过调整不透明度增强或减弱其效果。

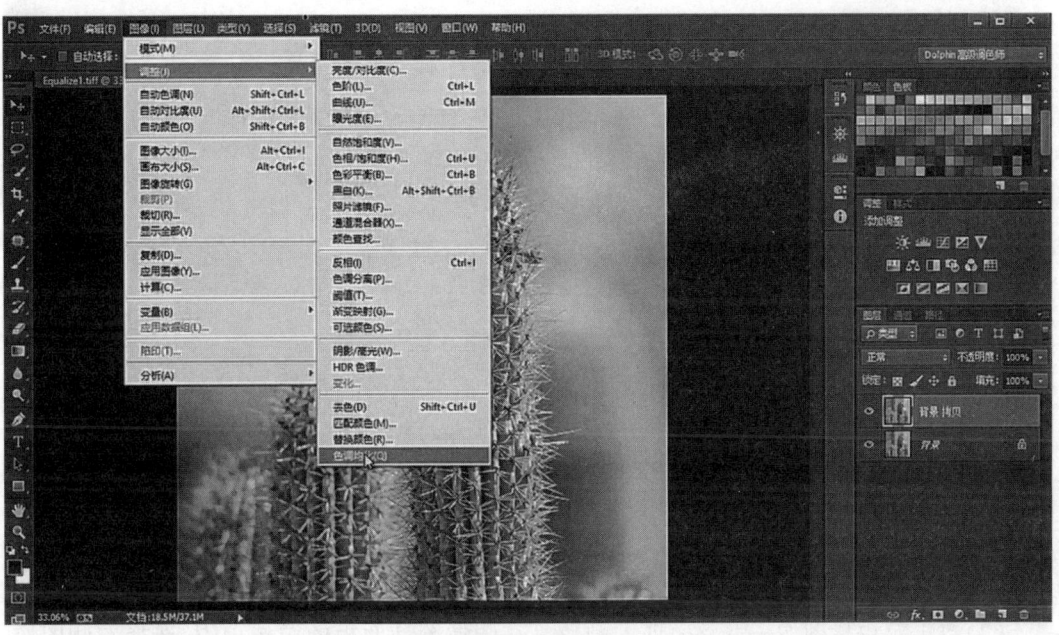

图 5-70　锐化操作步骤

图 5-71　锐化效果图(左原图,右效果图)

【案例 5-10】匹配不同图像间的色调

【学习目标】了解不同修复工具的使用方法,根据需求选择合适的修复画笔工具进行面部皱纹修复,实现脸部皱纹或鱼尾纹修复。

【步骤详解】

(1)观察图 5-72,左侧图色调偏暖,右侧图偏冷。

图 5-72　原图色调

（2）点击菜单栏图像—调整—匹配颜色。在图像统计面板的源选项中，选择右侧图像，可以看到左侧图片发生了颜色变化。

（3）还有另一种方法，可利用部分选区进行匹配。点击快速选择工具，对两个图像分别进行选区，这里选择动物头部。

图 5-73　选取匹配

（4）点击菜单栏图像—调整—匹配颜色。这里同样选择右侧图像作为源，勾选使用源选区，计算颜色选项和应用调整时忽略选区选项。

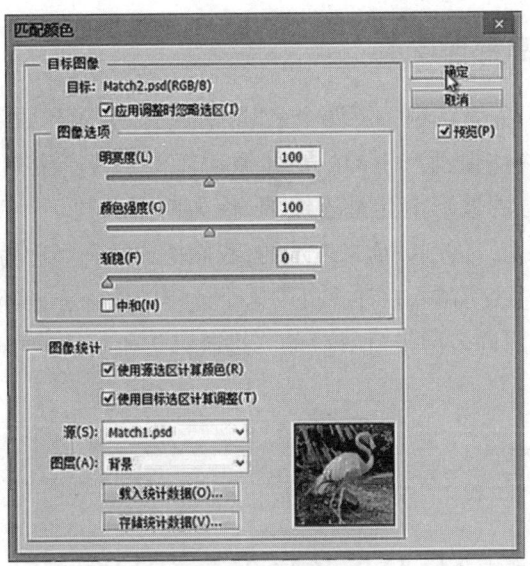

图 5-74 匹配颜色

【效果图】

图 5-75 匹配后图片色调

5.2 数字音频处理技术

数字音频编辑、合成、MIDI 序列、合成、甜美化、声音设计和特效都可能非常复杂,尤其是在专业水平上。部分复杂性来自将模拟音频技术和数字音频技术"连接"在一起的需要,因为现代设备使用数字音频,但在我们的生活中,汽车、家庭音响、家庭影院、电影院、现场音乐会、体育场馆、广播电台、现场影院、俱乐部等仍然有模拟音频。本节将会从数字音频信息处理的技术、设备、工具及案例展开对数字音频处理技术的相关学习。

5.2.1 数字音频信息处理技术

在学习技术前,我们先来认识一下两个名词——模拟音频和数字音频。自然界中存在的各种声音,都是由于物体振动产生的。物体振动使得空气产生振动波,再由人体内耳接收,形成听觉。这种声音的波形变化是连续的,称为模拟音频。计算机中所存储的任何信息,包括声音信息,都是用二进制数值来表示的,我们把这类音频称为数字音频。

将模拟音频转换为数字音频,在计算机中这个过程叫作采样,实际上就是将通常的模拟音频信号的电信号转换成许多称作"比特"的二进制码 0 和 1,这些 0 和 1 便构成了数字音频文件。

5.2.1.1 数字音频采样

1. 分辨率

数字音频采样分辨率由 8 位、12 位、16 位、24 位或 32 位数据定义。在数字成像和数字视频中,数据分辨率由 8 位彩色通道的数量量化;在数字音频中,分辨率由用于定义所采集的每个音频样本的数据字节数量化。

除了数字音频的 12 位分辨率(实际上很少使用)外,8 位、16 位、24 位和 32 位数据包分辨率在数字图像编辑和数字音频编辑之间完全匹配。最常用的音频数据分辨率是低质量音效或音轨中的 8 位、音乐中的 16 位和高清音频(同样是音乐)中的 24 位。与数字图像一样,颜色越多,图像质量越好。在数字音频中,更高的采样分辨率总是能产生更好的声波再现。因此,更高的采样分辨率,或使用更多数据来再现给定的声波样本,以更大的数据占用为代价,能够产生更高的音频播放质量。

2. 频率

数字音频行业的常见音频采样率包括 8 kHz、11.25 kHz、22.5 kHz、32 kHz、44.1 kHz、48 kHz、96 kHz、192 kHz,以及最近的 384 kHz。

采样率是指在数字音频波形的频率维度上,一整秒钟音频数据中分辨率数据采样的数量,定义了在任何给定采样分辨率下,在采样时间的 1 秒内采集的数据采样数。在数字图像中,采样频率类似于数字图像中包含的像素数。

较低的采样率(如 8 kHz 或 11.25 kHz)对于采样"基于语音"的数字音频以及声音效果(如游戏音效、对话曲目或音频电子书叙述曲目)来说应该是最佳的。中等质量的音频采样率,如 22.5 kHz 或 32 kHz,更适合于游戏中的背景音乐循环和一些声音效果,如隆隆雷声,这绝对需要具有高动态范围,以确保更高保真的数字音频再现。在高质量人声中使用 22.5 kHz 的音轨也是如此。更高的音频采样率,如 44 kHz 或 48 kHz,更适合音乐,这通常需要最高保真度的再现。

5.2.1.2 数字音频压缩及格式

1. 数字音频压缩

对音频进行采样后,可以将其压缩为数字音频文件格式,以便在网络上进行流式传输,或在应用程序中捕获音频文件进行播放。

2. 数字音频格式

音频格式即音乐格式。音频格式是指要在计算机内播放或是处理的音频文件,是对声音文件进行数、模转换的过程,其每一量化步长都具有相等的长度。

(1) *.CD

CD 格式音质是比较常见的音频格式。因此,要讲音频格式,CD 自然是打头阵的先锋。在大多数播放软件的"打开文件类型"中,都可以看到 *.cda 格式,这就是 CD 音轨了。标准 CD 格式是 44.1K 的采样频率,速率 88K/秒,16 位量化位数。由于 CD 音轨可以说是近似无损的,因此它的声音基本上是忠于原声的。

(2) *.WAV

*.WAV 格式支持 MSADPCM、CCITTALAW 等多种压缩算法,支持多种音频位数、采样频率和声道,标准格式的 WAV 文件和 CD 格式一样,也是 44.1 kHz 的采样频率,速率 88 K/秒,16 位量化位数。

(3) *.MP3

MP3 全称是动态影像专家压缩标准音频层面 3(Moving Picture Experts Group Audio Layer III)。它是当今较流行的一种数字音频编码和有损压缩格式,它设计用来大幅度地降低音频数据量,是一种有损压缩。

(4) *.WMA

WMA(Windows Media Audio)格式是来自微软的重量级选手,后台强硬,音质要强于MP3 格式,更远胜于 RA 格式,WMA 的压缩率一般都可以达到 1∶18 左右,WMA 的另一个优点是内容提供商可以通过 DRM(Digital Rights Management)方案如 Windows Media Rights Manager 7 加入防拷贝保护。

(5) *.REAL

RealAudio 主要适用于网络上的在线音乐欣赏,现在大多数的用户仍然在使用 56Kbps 或更低速率的 Modem,所以典型的回放并非最好的音质。

5.2.2 数字音频信息处理设备和工具

1. 键盘采样器

在一个完全集成的仪器中有一个 MIDI 控制器和一个采样播放硬件架构。机架式采样器硬件的成本显著降低,它只有采样器播放硬件,除了一些旋钮、刻度盘、滑块和 LCD 读数外,几乎没有其他运动部件。

2. 示例播放软件

使用计算机处理器作为样本处理硬件来播放样本,样本数据存储在 CD-ROM 或 DVD-ROM 上,并加载到硬盘上,在仪器样本加载到系统内存后,由采样器软件使用 MIDI 控制器播放。

3. 滤波器和均衡器

通过不同频率或频段的信号分别进行提升、衰减或切除,以达到加工、美化音色和改进传输信道质量的目的,并可以对扩声环境的频率特性加以修正。

4. 电子分频器

这是一种有源分频器,其作用与音箱中的分频器相似,它将宽频带音频信号分成高、中、低等不同的频段,通过不同的音箱达到分频段扩声的目的。

5.2.3 数字音频信息处理案例

5.2.3.1 Adobe Audition

先对 Adobe Audition 界面进行简单认识,上方菜单栏前五项的文件、编辑、多轨混音、素材、效果是常用选项。下方显示波形与多轨混音,其中波形是针对单个文件进行音频剪辑的,多轨混音是针对多个文件操作的(如图 5-76)。媒体浏览器用于打开音频文件,鼠标拖动至上方文件栏,添加进音频,拖动至编辑器中即可进行编辑(如图 5-77)。媒体浏览器右侧是效果夹,点击效果可以对音频进行效果处理,该处的效果处理属于无损处理,不会破坏音频原始文件。效果组右侧是标记,后期加工时,可以对所需标记点进行命名,便于查找。标记的右侧是属性,属性中显示音频所有属性,包括持续时间、采样率、声道、位深度、格式、文件位置等(如图5-78)。同样,在多轨道状态下,属性区就会显示一些高级设置,包括基本设定和伸缩设定。该模块下方是历史记录,便于处理过程中回到某一步。历史右侧是视频选项,用于配合音频进行背景音乐的合音和制作。

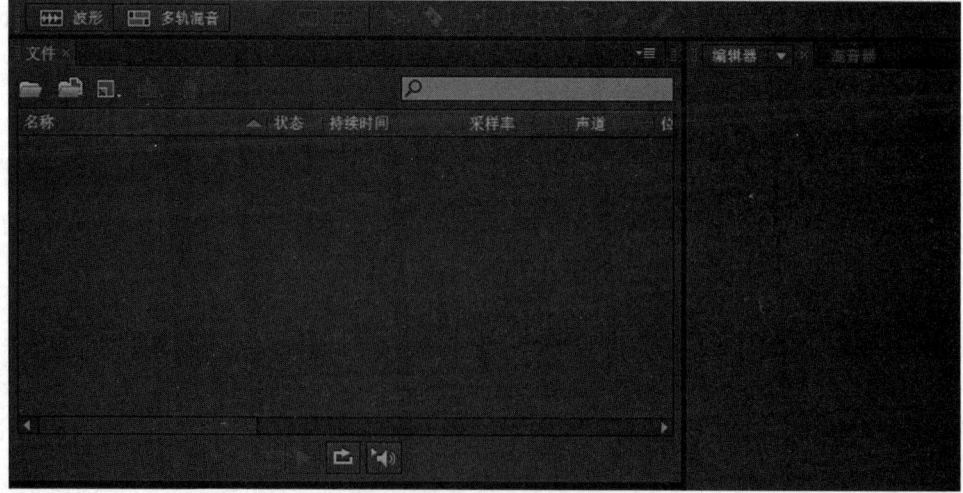

图 5-76 Adobe Audition 菜单栏和文件面板

第 5 章 数字媒体信息处理与案例

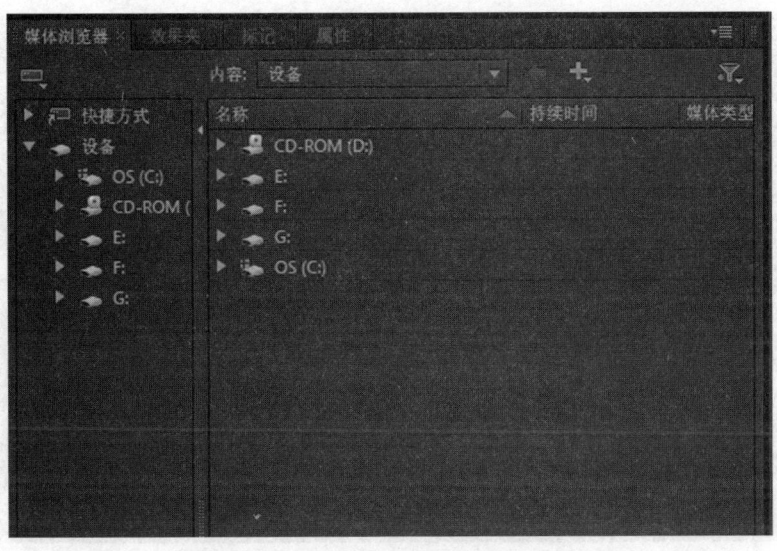

图 5-77 Adobe Audition 媒体浏览器面板

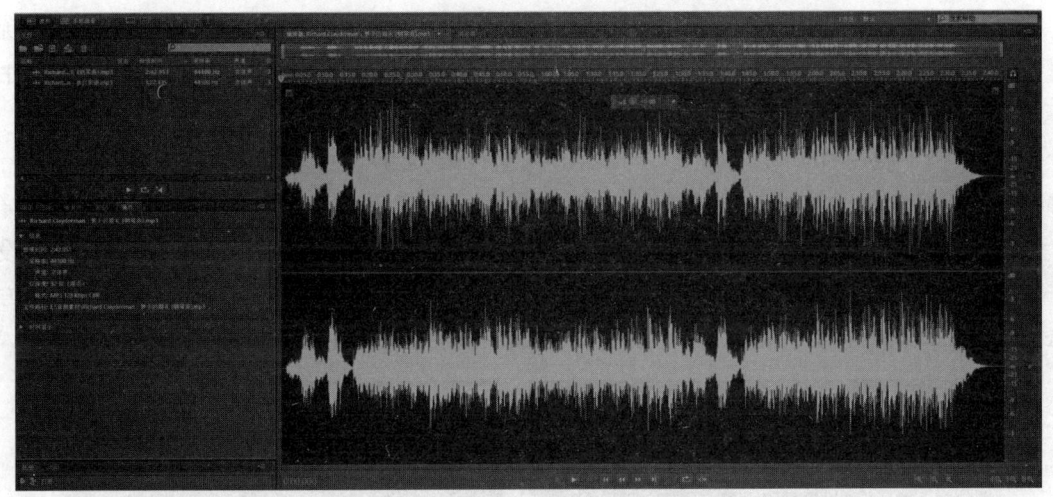

图 5-78 音频文件导入的基本面板

此外，音频处理有很多预设工作区，在处理之前应根据需要进行选择，单轨道音频通常选择传统模式。

1. 音频的简单编辑

（1）新建和提取音频

导入单个音频文件，左侧是文件，右侧是编辑面板。编辑区最上方的是导航，鼠标拖动可以进行放大，按住可以进行中心移动，查看该片段音乐长短。下方最大的面板区域则为音频波形，以青色显示，音频强弱用分贝（dB）进行显示，再下方是音频频谱（如图 5-79）。

183

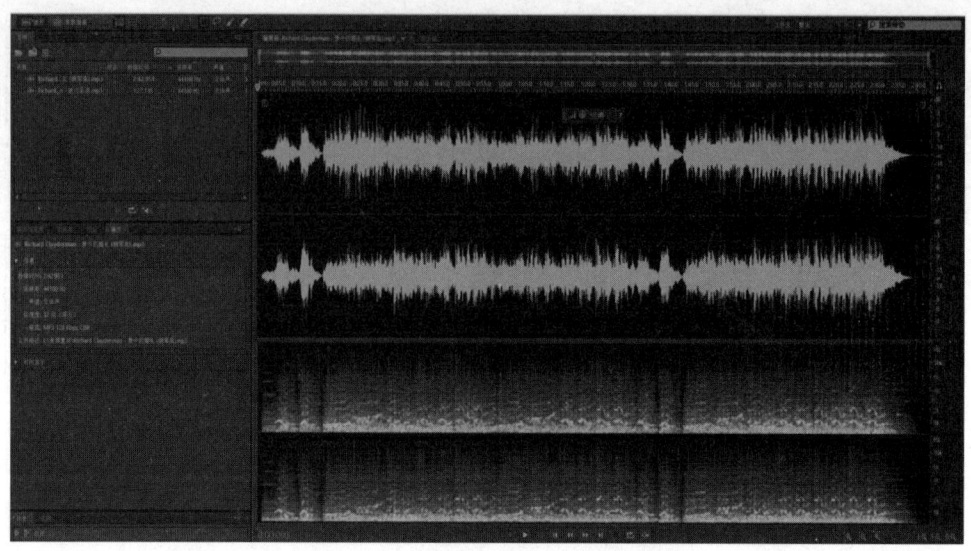

图 5-79　单个音频文件的导入界面

可从 CD 中提取音乐文件,点击菜单栏文件,从 CD 中获取音频,选择 DVD 驱动器,系统将自动读取专辑名称,唱片的作者、专辑和年代。注意此信息不一定读取得正确,可进行手动修正,点击导入即可抓取音乐。

当我们不使用所导入的其他音频时,需要自行新建音频文件。点击新建音频文件,进行命名,选择采样率(48000 Hz 是数字电影和数字音乐的采样率,44100 Hz 是音乐 CD 的采样率,Hz 越高,其采样率越精确)。声道选择立体声,设定比特率,通常设定为 16 位,更高的设置为 24 位和 32 位(如图 5-80)。点击 Ctrl + S 进行文件的保存(如图 5-81)。新建文件方式有三种,即菜单栏文件新建,文件面板新建按钮,文件面板空白处右键新建。

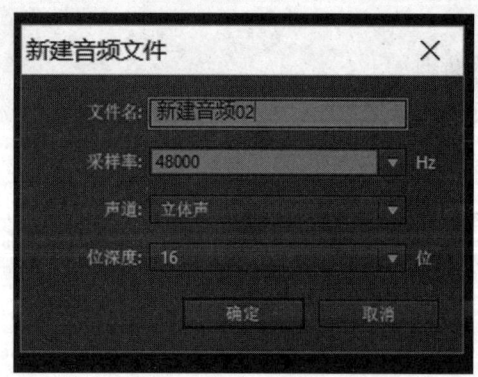

图 5-80　声道采样率

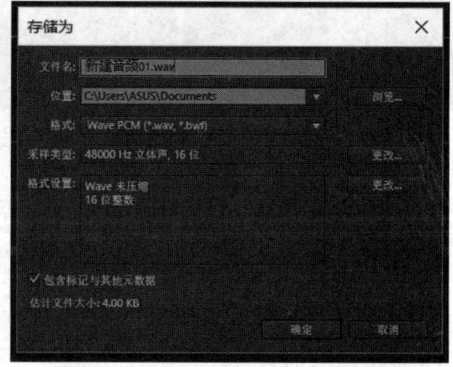

图 5-81　音频文件的新建及存储

录制音频:

点击下方录制音频按钮,显示新建音频文件,设定基本信息,单击确定后自动开启录音(如图 5-82)。右键电平面板,可以进行多项面板的显示,如分贝范围、峰谷、颜色渐变、LED 表、动态峰值等。

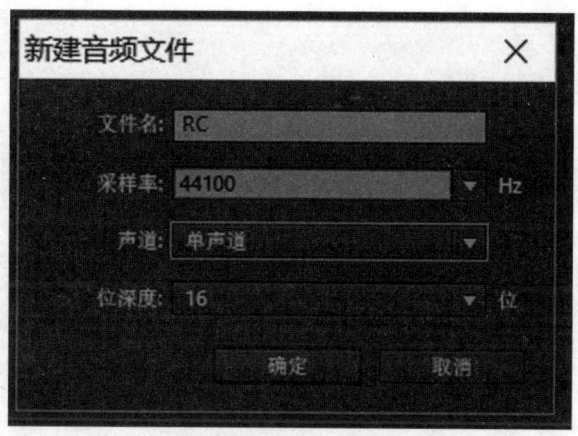

图 5-82　新建录制音频文件

视频文件的导入：

同音频文件一致，点击打开文件，选择所导入视频格式，选择文件，点击导入。打开之后，看到文件面板上，有视频文件本身，也有对应视频创建的音频文件，需要进行另外的保存。（注意：若要对视频文件进行编辑，需要创建多轨道）新建多轨道文件，拖动编辑轨道在下方视频面板中可以预览视频。

2. 音频的简单处理

学会调整音频分贝与振幅。插入一段音频（如图 5-83），调整 dB 的显示并不会改变音频的大小。波形上方浮动面板，可以在此调节音频的整体分贝，不断降低分贝，其频谱中高频将被不断减弱。

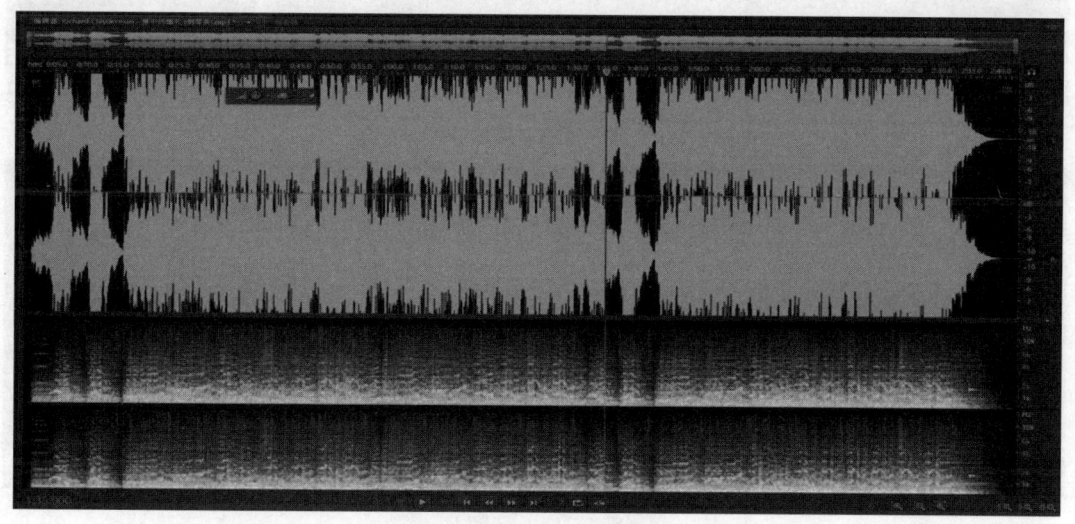

图 5-83　原始音频波形及频谱

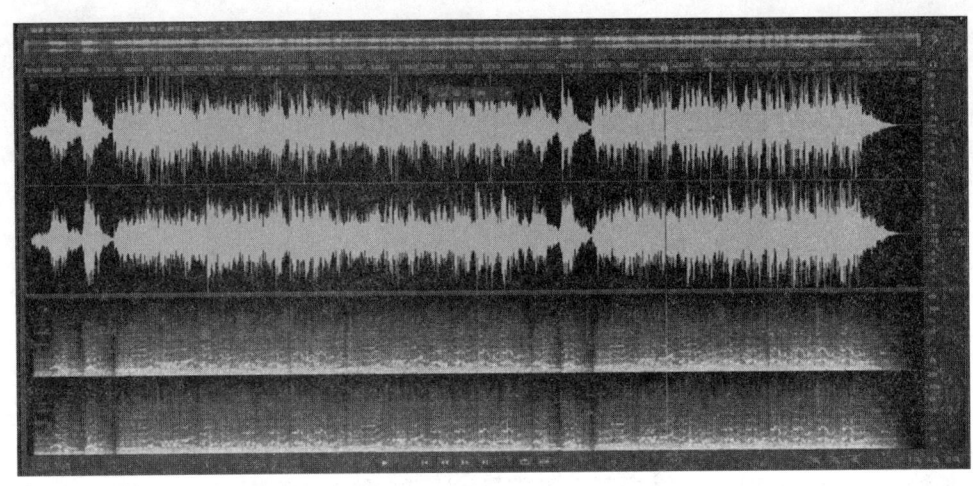

图 5-84 调节后音频波形及频谱

【案例 5-11】匹配多个音频音量

【学习目标】熟悉音频编辑面板,了解频谱及波形原理,灵活运用选区工具,实现多个不同音频音量的匹配。

【步骤详解】

(1)导入两段音频,波形及频谱显示其音量相差较大(如图 5-85 和图 5-86)。

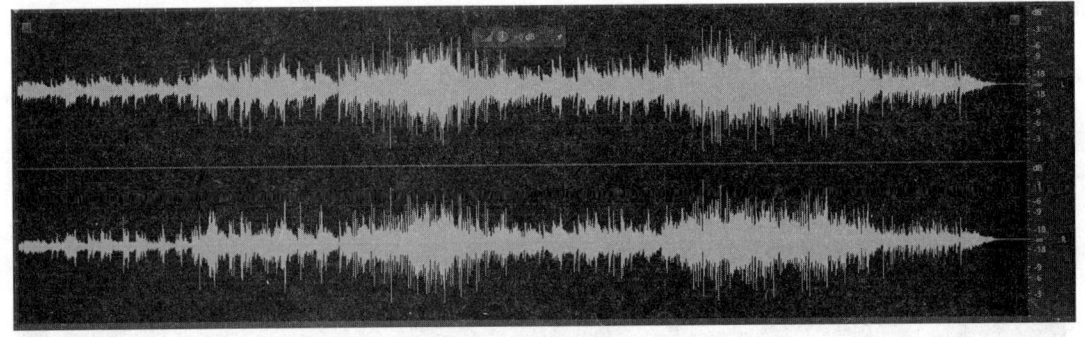

图 5-85 音频 A

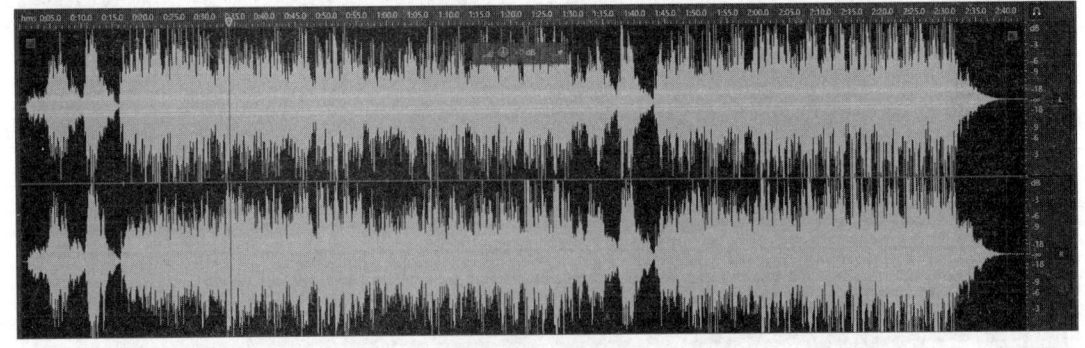

图 5-86 音频 B

(2)菜单栏窗口的匹配音量,将需要匹配的两段音频拖入匹配音量面板,点击按钮,计算每个文件的平均音量,感知平均音量和峰值(如图 5-87)。

图 5-87　匹配音量

(3) 计算好各值,进行匹配音量设置(默认匹配为 ITU 响度)。切换至峰值,即分贝的匹配选项,设置为 0 dB,是标准化最大的音量。默认不勾选使用限幅(当放大音量后,某些样本可能会扩展到剪切点以外,勾选后可以强制限制,阻止部分峰值被剪切)。预测时间通常设置为 5 ms 以上,数量太小可能听觉会发生扭曲。预设时间通常设为 200 ms,若数值偏高或偏低,则音频中的重低音频率可能会被破坏。

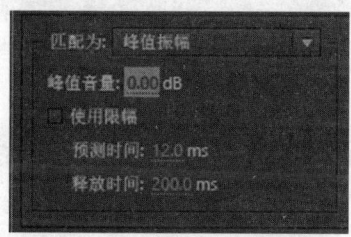

图 5-88　匹配音量设置值

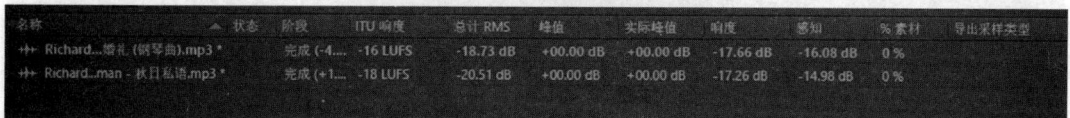

图 5-89　匹配后数值变化

(4) 进行导出,设置各参数(如图 5-90)。

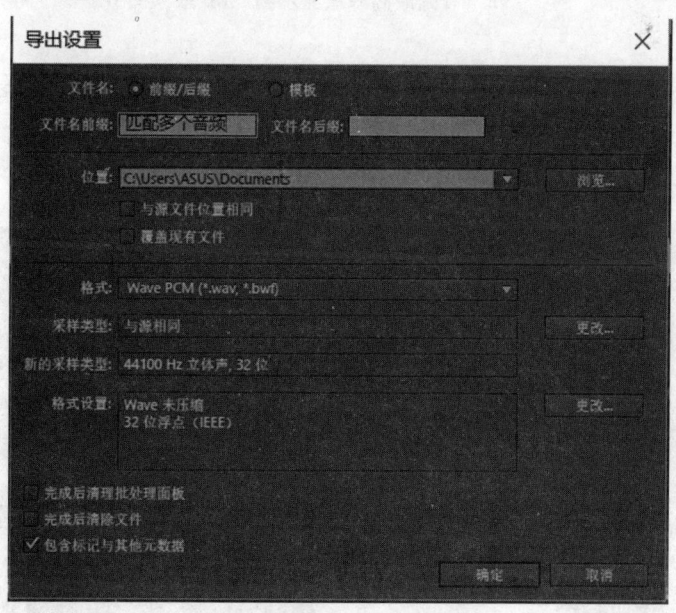

图 5-90　各导出参数设置

【效果图】

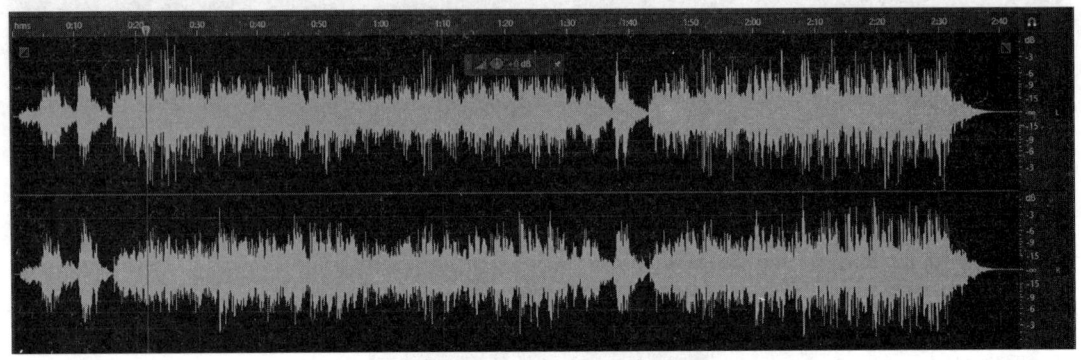

图 5-91　音频最高峰值显示到 0 dB 效果图 A

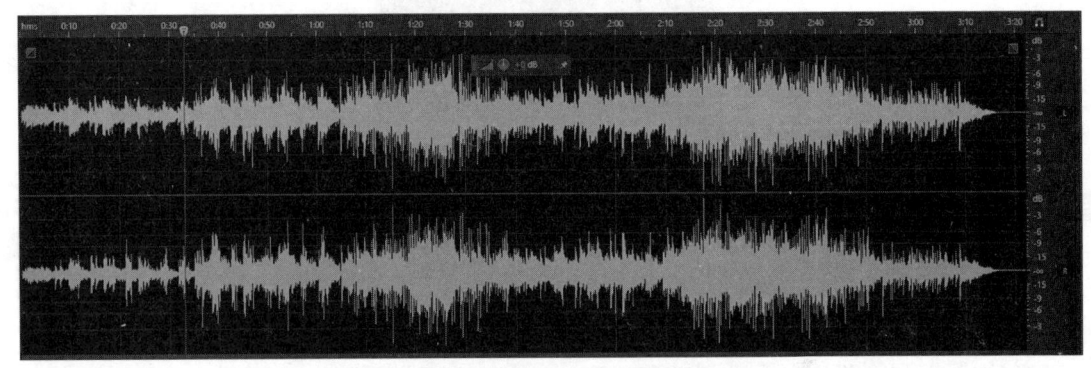

图 5-92　音频最高峰值显示到 0 dB 效果图 B

(5)音频的复制粘贴。导入音频后,利用选区工具进行所需复制的音段选择(如图 5-93),选中后点击菜单栏编辑,复制到新文件(如图 5-94)。若无需复制到新文件,可直接利用快捷键 Ctrl + C 进行复制,放至所需处 Ctrl + V 进行粘贴。

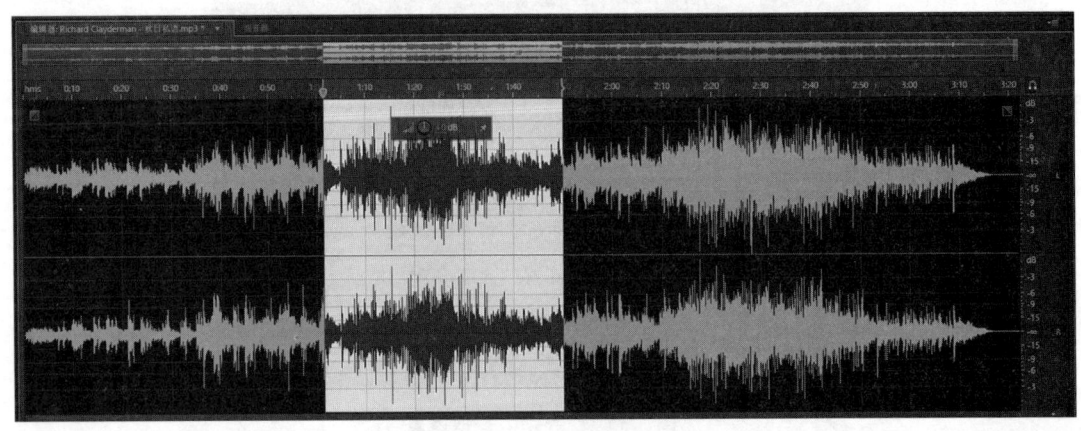

图 5-93　音频复制选择

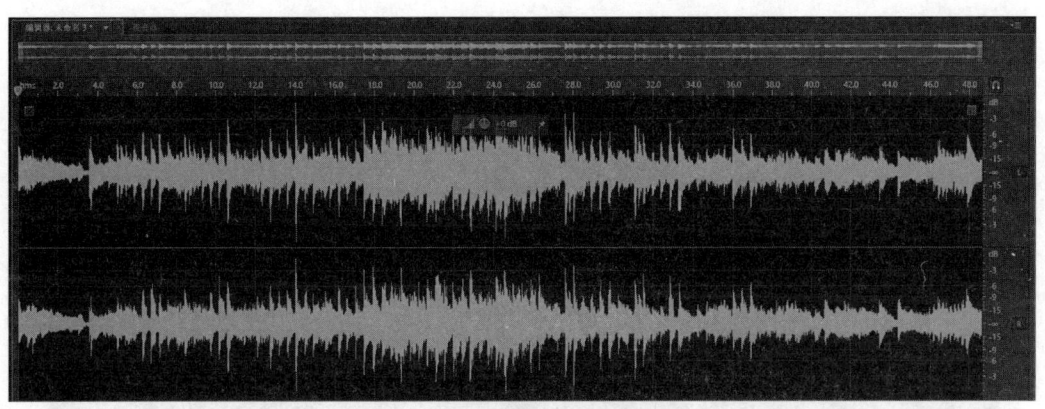

图 5-94 所选音频复制到新文件

另外,Adobe Audition 可以对剪贴板进行混合设置。菜单栏编辑中,设置当前剪贴板,默认选择剪贴板一,当进行一次复制粘贴操作后,剪贴板一中默认存储下剪贴内容。当切换至剪贴板二,再进行复制粘贴操作,又会存储进新的剪贴内容(如图 5-95),方便进行重复的混合剪贴操作。

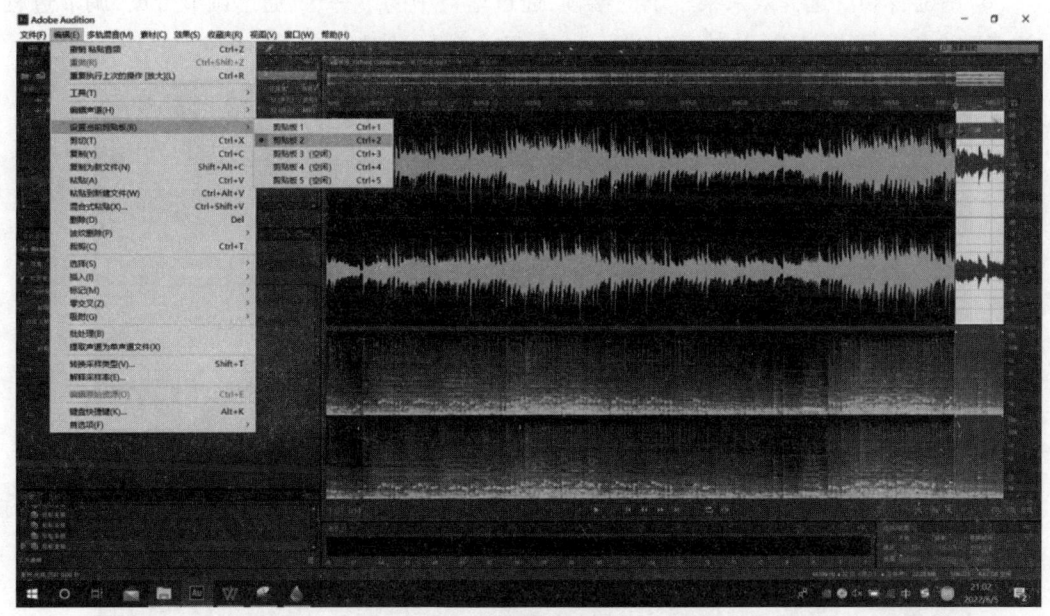

图 5-95 剪贴板的多重使用

当两段完全不同的音频呈现,需要进行混合粘贴。选中其中一段音频所需部分复制,回到所需粘贴音频轨道,编辑菜单栏混合粘贴。弹出混合式粘贴对话框,设置参数,选择粘贴类型、音量、是否循环粘贴或交叉淡化(如图 5-96)。

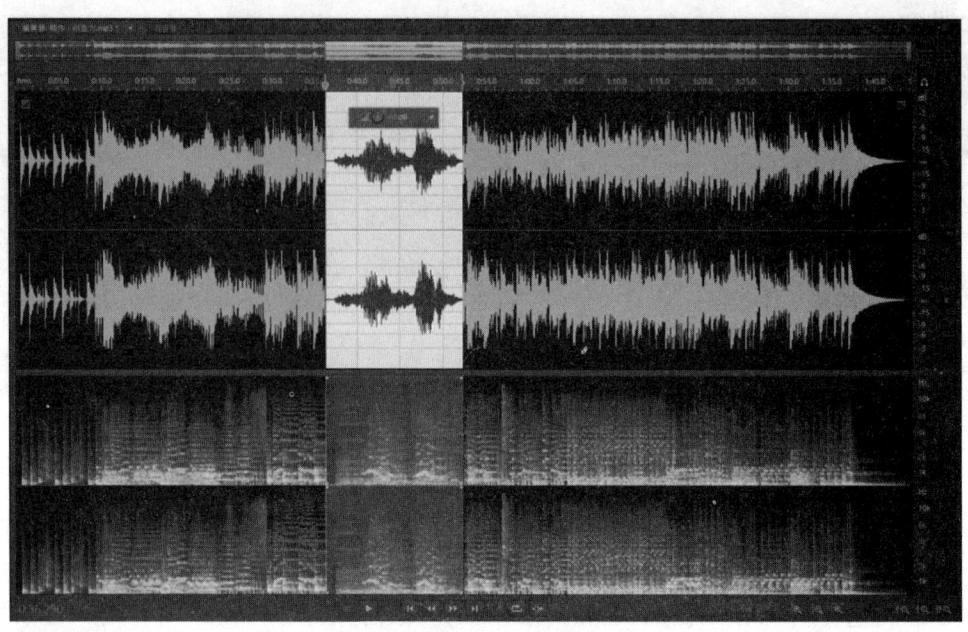

图 5-96　插入式粘贴音频

(6)调制音频。选择效果菜单下的增幅,通过增益中的第一、二通道调节分贝,调节过程中注意配合电平面板,边播放效果边进行调节,防止分贝过曝(如图 5-97)。

图 5-97　增幅后分贝过曝效果图

另外,可以在效果夹面板中为同一段音频添加多重效果,包括振幅与压线、延迟与回声、滤波与均衡、调制、混响、特殊效果等,进行叠加和组合处理,同步应用(如图 5-98)。混合干声和湿声百分比表示混合效果应用于音频的效果度,当混合百分比为 0%,表示混合效果使用为0。

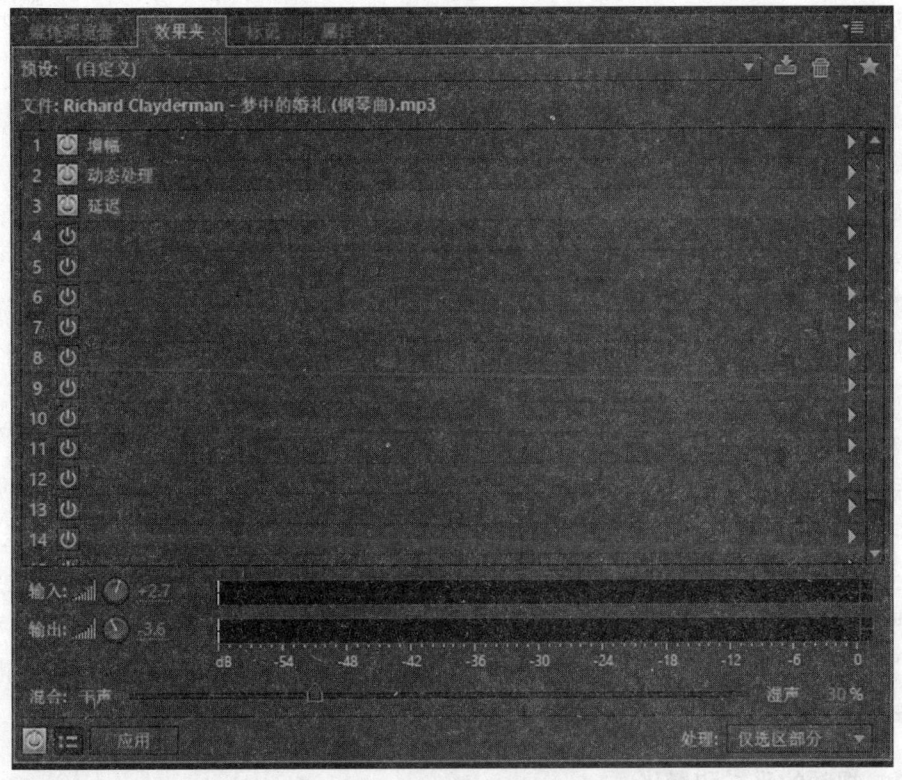

图 5-98　多重组合效果处理音频

3. 音频的复杂处理

(1) 音频去噪。在波形上，很难看出噪声的变化，通常从频谱来看。放大频谱显示，定位至噪声位置，放大频率调整分辨率(如图5-99)。

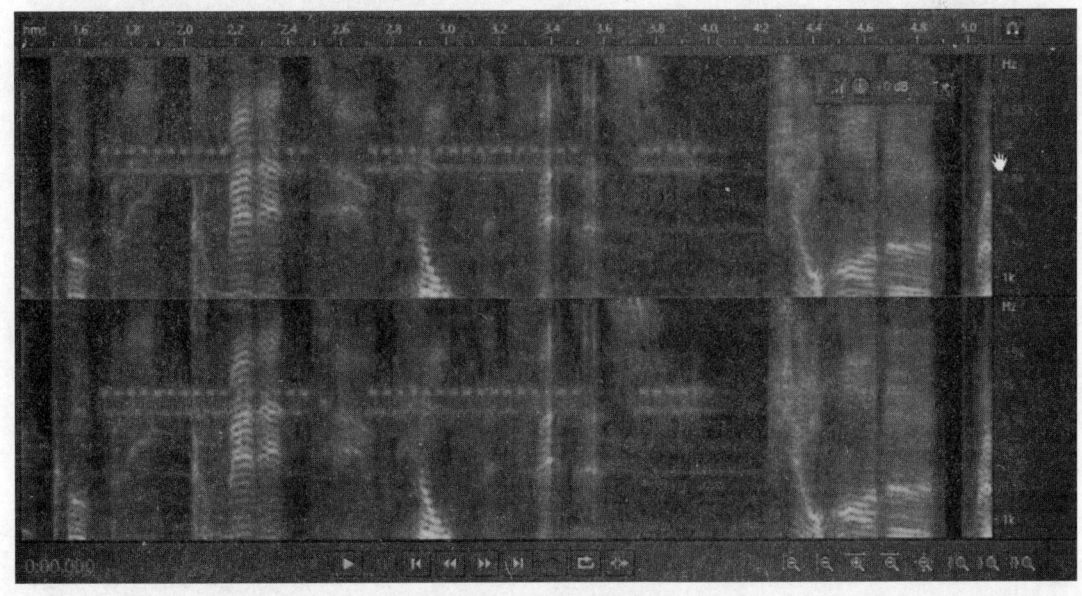

图 5-99　杂音频谱显示

利用框选工具进行去噪处理,选中频谱中杂音处,直接点击 Delete 键进行删除,软件会自动将边缘进行平滑处理。

5.3 数字视频处理技术

我们使用电脑上运行的现代软件编解码器进行视频电话会议,实时观看心脏运动的过程,坐在数字影院里享受电影的魅力,数字视频的应用已经深入我们的生活。我们已经进入了一个数字视觉数据在教育、娱乐、个人通信、广播、互联网和日常生活的许多其他方面发挥重要作用的新时代。

5.3.1 数字视频处理技术

数字视频是被转换成计算机可读的由逻辑 0 和 1 组成的二进制格式的活动图片或电影。数字视频处理是研究以数字格式表示的运动图像的处理算法。由于视频是动态的,视觉内容会随着时间而演变,通常包含移动和/或变化的对象。视频所包含的信息自然要比静态图像所包含的信息丰富得多,因为我们的世界由于人、动物、车辆和其他物体的运动而不断变化。事实上,视频的丰富性导致了大量的数据过剩,这一点直到最近都很难克服。然而,随着更快的传感器和记录设备的出现,获取和分析数字视频数据变得越来越容易。

5.3.1.1 视频的采样和量化

数字视频通常是三维的函数——二维在空间上,一维在时间上,如图 5-100 所示。与静态图像一样,视频的数字处理要求视频流是数字格式,这意味着必须对视频流进行采样和量化。视频量化本质上与图像量化相同。然而,视频采样涉及沿着一个新的和不同的维度(时间)进行采样。

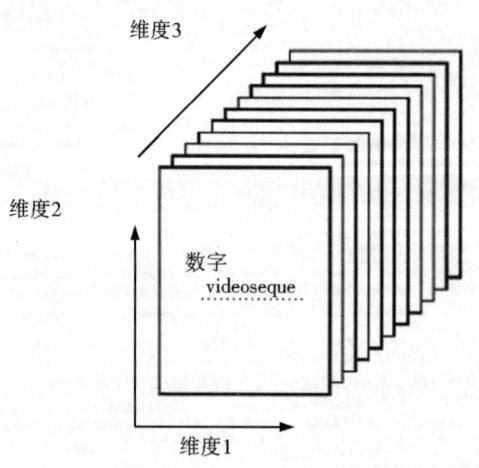

图 5-100 视频的维度

原则上,模拟视频信号 I(x,y,t)(其中 x,y 表示连续的空间坐标,t 表示连续的时间)在空间和时间维度上都是连续的,因为入射到视频传感器上的辐射通量在正常尺度上是连续的。然而,在显示器上显示的模拟视频并不是真正的模拟视频,因为它是沿着一个空间维度和时间维度采样的。实际的所谓模拟视频系统,如电视和监视器,将视频表示为一维电信号 V(t)。数字视频可以通过对模拟视频信号 V(t) 进行采样或直接对入射到传感器上的三维时空强度分布进行采样来获得。

初始采集和扫描尤为关键,因为它决定了原始数据中包含哪些信息。采集过程可以模拟一个连续的空时预滤波,然后在给定的采样结构上进行理想采样。采样结构决定了采样信号可以携带的时空信息量,而预滤波则用来限制混叠的数量。在系统的最后阶段,所期望的显示特性与人类视觉系统的特性密切相关。显示器的目标是将采样信号转换为连续的时变图像,当呈现给观众时,尽可能接近原始连续场景。特别是,抽样所造成的影响应该被充分地衰减,使之低于可感知的阈值。

5.3.1.2 视频的压缩和传输

数字视频的数据量通常用带宽或比特率来描述。数字视频可以非常有效地压缩,这是因为数据中固有的冗余,以及对视频流中哪些组件实际上是可见的理解的提高。

5.3.1.3 视频的简单构成

颜色与非线性编辑。视频由颜色构成,颜色由像素构成。通常相机拍摄并不是 RGB 模式,而是 YUV 模式。现代彩色电视系统采用的通常为三管彩色摄像机或彩色 CCD 摄像机进行摄像,然后把摄得的彩色图像信号分色,分别放大校正后得到 RGB,再经过矩阵变换电路得到亮度信号 Y 和两个色差信号 R-Y(即 U)、B-Y(即 V),最后发送端将亮度和色差三个信号分别编码,以同一信道发送。

由于设备及拍摄过程中要素不同,生成的视频通常具有不同的参数和标准。

5.3.2 数字视频信息处理设备和工具

Premiere Pro CC 界面简洁,最上方拥有两个监视器,有相关的效果控件和音频控件,正下方是素材面板,可进行素材的选定和预览。右侧是非线性编辑面板,对视频的编辑操作主要在该面板中进行。

5.3.3 数字视频信息处理案例

5.3.3.1 认识 Premiere Pro CC

1. 视频的简单编辑

在素材面板中导入所需素材,包括视频及音频文件。文件新创建一个序列,根据帧率等需求创建所需序列。通常我们需要创建素材箱来便于剪辑,如视频素材箱、音频素材箱和图片素材箱,按照类别将素材归类。将素材拖入时间线中进行编辑,利用不同的工具进行粗剪优化,如裁剪不需要的部分。之后再对视频进行精剪,精剪前建议做备份处理,即复制一份原始素材保存。素材面板的效果菜单栏可以对素材进行调整和校正,切换效果控件,可以看到详细参数进行微调。另外,也可对素材进行图形和字幕的添加,进行音频的处理,最后导出。

2. 视频面板简介

Premiere Pro CC 启动后由四个面板构成。当我们需要某个窗口或对窗口进行编辑时,使用选择工具。各窗口均可点击右键,做更多功能编辑。左下方为项目面板,左上是原窗口,即原视频的显示,右上为节目窗口,可以进行剪辑预览。窗口默认工作区为编辑工作区,也可切换至颜色、音频等工作区。

图 5-101　Premiere Pro CC 面板构成

3. 新建项目和使用预设。启动 Premiere Pro CC,窗口左侧是打开原有项目,右侧为新建项目。新建项目后是项目名称和保存位置设置,以及视频的参数设置,如渲染方式、视频帧和时间码、音频采样、不同捕捉。项目创建后可进行视频音频的素材导入和序列创建。双击素材面板导入素材,拖动素材至新建序列按钮,软件会自动根据素材参数创建序列,也可手动操作新建序列,在弹出的新建序列对话框中进行操作。序列预设中包含多种预设,如单反预设,选择某一预设,可在右边框看到基本信息预览,包括视频轨道和音频轨道。设置中可以对预设进行修改,轨道中可以修改轨道类型、名称等。

5.3.3.2　学习 Premiere Pro CC

1. 视频的导入

有三种导入方法。第一,菜单栏文件导入;第二,项目面板双击,直接导入;第三,项目面板右键导入。项目面板左下角是导入素材的预览方式,有图标型、列表型等。关于图片导入,其支持 psd 格式,导入有类型选择,可进行不同图层和序列的导入。其中素材尺寸有两种,即文档大小和图层大小。文档大小导入的图片与文档大小保持一致,多余的部分以黑色进行填充;图层大小导入方式,图层有多大,导入即多大。

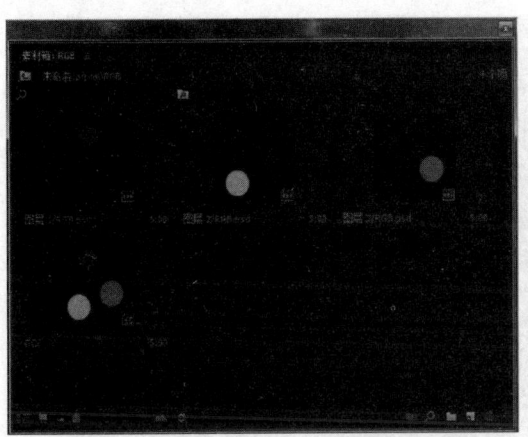
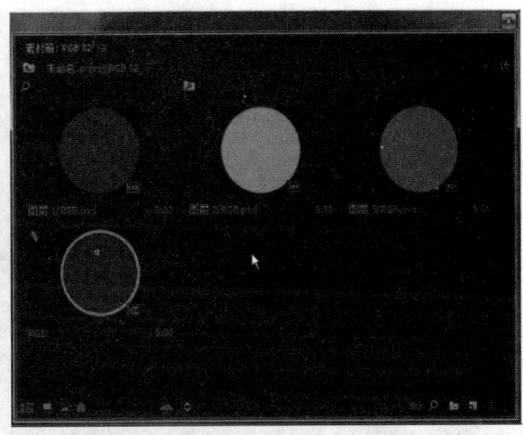

图 5-102　两种素材尺寸导入效果(左为文档大小,右为图层大小)

另外,关于项目文件的导入。在导入时有两种类型,即导入整个项目和导入所选序列。导入整个项目是将项目包含的所有文件,如项目中的图片、视频、音频等全部导入。导入所选序列即根据所需序列进行项目的导入。Premiere Pro CC 还可进行非编系统文件的导入,如 xml、aaf 等文件,同样,这样的文件也可以导出。

2. 视频的简单操作

首先是关于工具栏的全面学习。

选择工具,可用于拖动素材,对序列上不同的素材进行圈选,或拖动其他剪辑至时间线,选中某些剪辑等的操作。如需对多段素材进行选取,可框选,右键新建项目,一次性对素材进行整体操作。

轨道选择工具分为向前选择轨道工具和向后选择轨道工具,即鼠标位置向前的所有素材均能被选中,向后亦同。另外,按住 Shift 键可单独选择一个轨道,反之选择所有轨道。

波纹编辑工具,利用波纹编辑移动和剪辑素材,素材中间不会产生间隙。使用此工具可在两个素材间移动其入点和出点。

比例拉伸工具,可调整素材的速度。

剃刀工具,可任意切割剪辑,切割时按住 Shift 键可对整条轨道进行切割,所有的视频和音频进行同步切割。

钢笔工具,用于控制关键帧,可通过点击添加关键帧,拉伸移动其位置,也可圈选这些点,从而进行整体移动。

手形工具,可移动时间线。放大镜可以进行缩放。

其次是关于项目面板的操作。导入多项素材,显示为图标模式,适量放大,可以在视频框对视频进行预览。单击素材,下方会出现时间轴,可用快捷键 J、K、L 对视频做操作,J 是后退,L 是前进,K 是暂停,连续按两下 L 是快进,两下 J 是快退。

图 5-103　项目面板图标模式显示

将素材放入元监视器，可以根据需要调整画面显示大小，标尺长短，拖动视频或音频。元监视器右下方有一个视频回放分辨率，默认是 1/2，即采用视频质量的 1/2 对其进行播放。可根据电脑性能进行显示选择。在更多菜单选项中，可显示丢帧指示器，初始为绿灯，点击播放视频，若绿灯一直未变化，则说明视频并未丢帧；若出现丢帧现象，则会显示黄灯或红灯。元监视器下方有一排按键。第一个是标记，可在视频中添加标记，方便查看。第二和第三是添加入点和出点，在监视器所需处添加相应的出入点，光标放置两点，可以对视频长短进行拉伸。右键选项中即可清除出入点。

图 5-104　元监视器面板

倒数第三个为插入按钮,即把出入点范围截段的视频插入到时间轴。倒数第二为覆盖按钮,将标放置于所需覆盖的时间轴处,点击覆盖,所选出入点范围截段的视频就会覆盖在该位置上。这种三点式替换法常用于将某段失帧或模糊的视频进行替换。

最后一个按钮是将截段视频导出为图片,可根据所需进行格式和路径的选择,并导入至项目中进行使用。

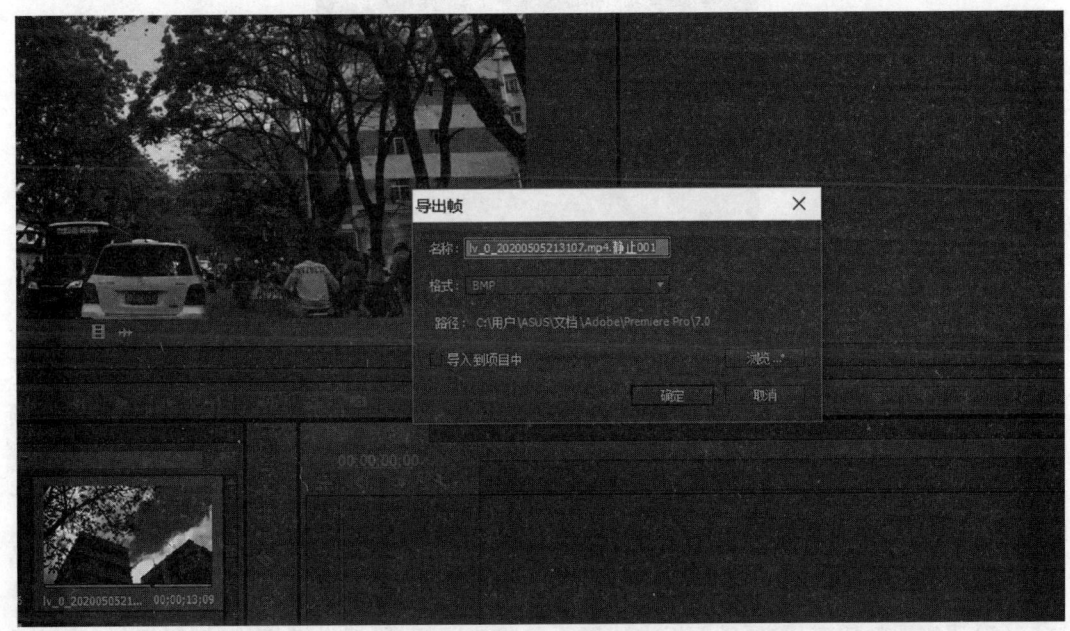

图 5-105　导出帧对话框

5.3.3.3　Premiere Pro CC 案例

1. 简单剪辑 01

【案例 5-12】剪辑的基本操作

【学习目标】熟悉视频编辑面板,了解时间轴及序列原理,灵活运用元监视器面板、序列面板、素材面板,实现多个不同视频的简单剪辑。

【步骤详解】

(1)在素材面板中导入多段视频,并创建一个序列。

(2)将各段视频拖至元监视器,进行所需截段处理,同时显示其波形,对视频配音进行统一调节,然后按顺序插入序列面板。若需插入整段视频,可以直接从素材箱中拖入。若需同时将多段视频导入,在素材面板选中后点击自动匹配序列,弹出序列自动化框,可设置其排列的顺序、放置的顺序,覆盖或插入方式,设置视频和音频的转换过渡,根据所需设置确定。

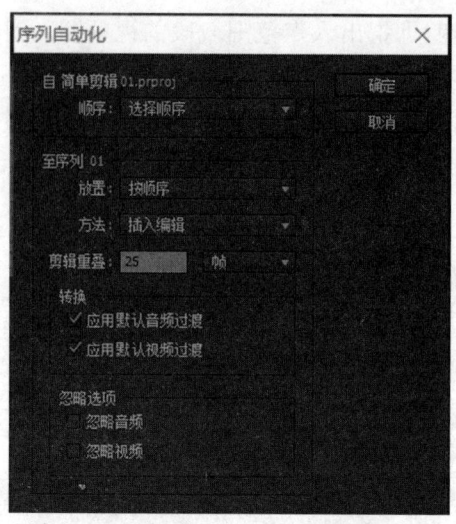

图5-106　序列自动化弹框

（3）在序列面板中，也可直接对导入素材进行处理，如拖动选择片段，移动各片段放置顺序。按住Ctrl键再拖动素材，就不会覆盖原始时间轴上的素材，而是将其插入到两段视频中间。

（4）如添加的视频重复，或需删除视频，点击Delete键，此时会发现删除后时间轴产生了空隙。若需删除该段视频，并不产生空隙，可按住Shift键，再点击删除键，也可框选部分点击删除。

（5）调整视频速率，在项目面板中选择所需调整视频，鼠标右键修改，解释素材，可以通过修改帧速率的方式控制视频速度，降低帧速率延长视频时间或加快帧速率缩短视频时间，如图5-107左边图。最常用的是直接右键时间轴上的视频，选择剪辑速度/持续时间，修改视频速度，如图5-107右边图。右方的锁定按钮，能够保持速度和持续时间的同步增长。此外，也可根据所需倒放或保持原有视频的音频。

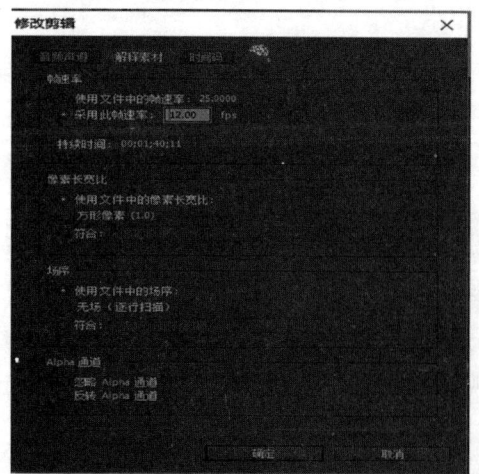 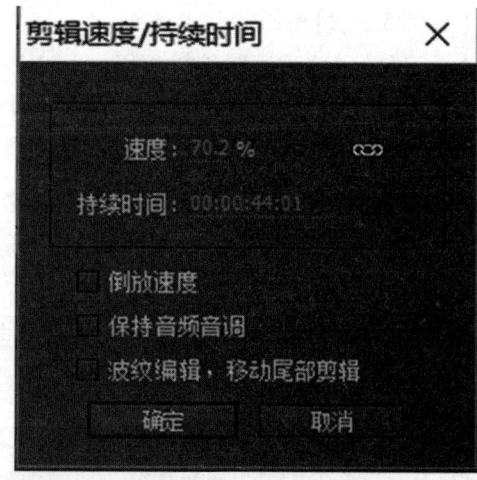

图5-107　视频速度/持续时间的修改方法

【效果图】

图 5-108　多段素材基本剪辑操作

2. 简单剪辑 02

认识节目面板按钮。以出入点在时间轴上截取一段视频，点击轴左边的 V1 或 A1，轴会以高亮的形式显示，勾选同步锁定选项。取消勾选 V1，点击节目面板的提取按钮，此时，时间轴上的音频截取部分，即 A1 的部分被删除了，而 V1 部分正常保留，且后续音频会接续上来。同理，若取消勾选 A1，则其他部分被删除，取消勾选部分保留。

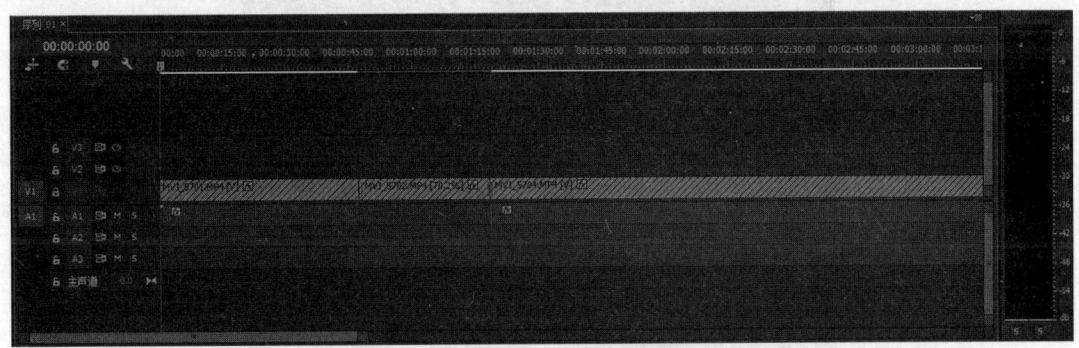

图 5-109　节目面板提取功能展示

关于时间线上不同颜色的区域。红色区域表示未被渲染的区域，黄色区域是可以直接进行播放的，绿色区域表示渲染完成。对未进行的渲染区域进行截取，点击菜单栏序列，选择渲染工作区域内效果，或者直接点击键盘上的回车，即可进行渲染。完成后红色区域将会变为绿色，渲染后会产生一个预览视频文件，在文件项目设置的解存盘中，可以查看视频预览和音频预览的文件位置。

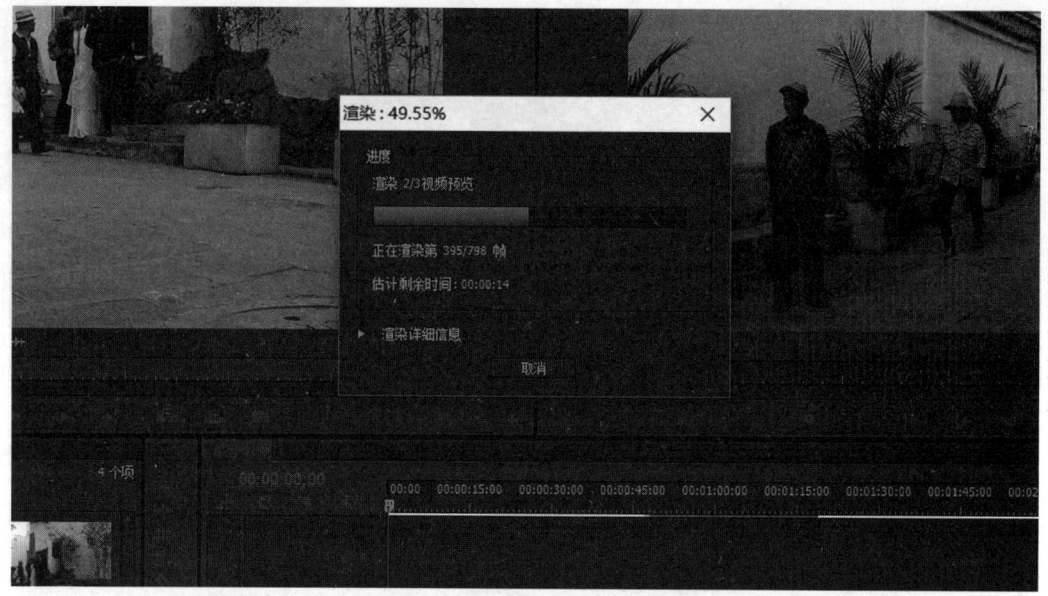

图5-110 渲染工作区域内效果

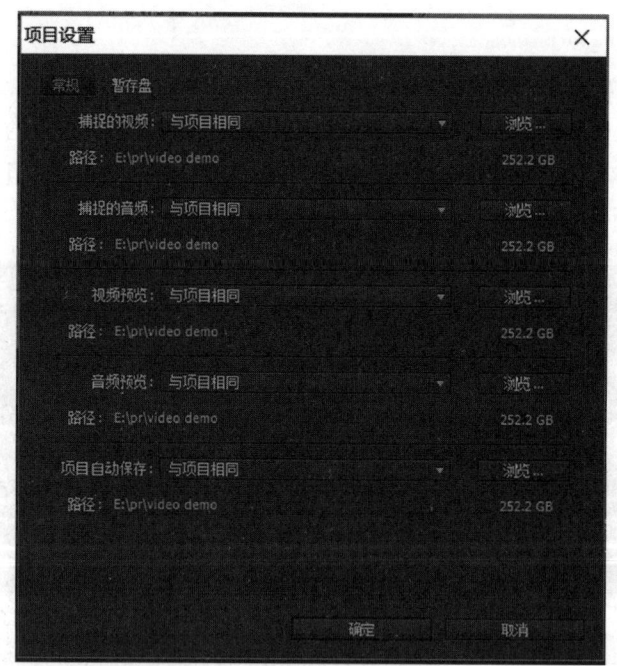

图5-111 视频预览文件所在位置查询

前面案例中提到了视频速率更改,当需要填补与下一个视频间的空隙进行速率调整时,应该如何做呢?

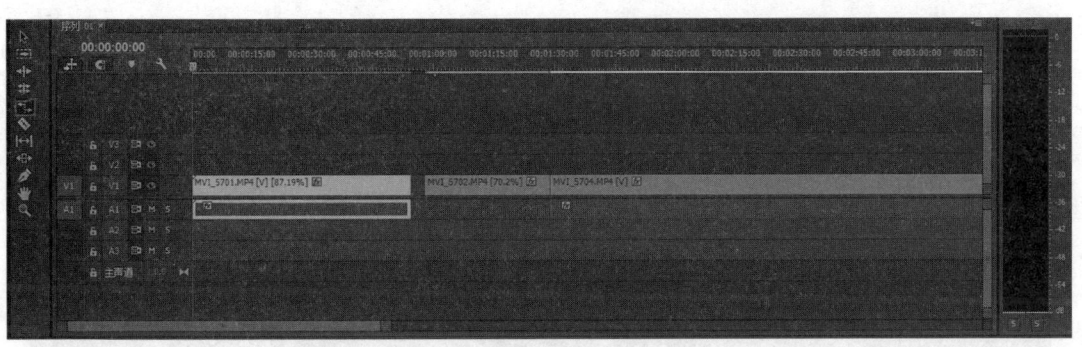

图 5-112　更改前序列面板所示

利用序列面板的比率拉伸工具,直接拖动视频,修改速度,直接匹配到后面衔接的视频上。假如需要对视频中某部分镜头的速率进行处理,此时就涉及时间线的运用。放大序列面板 V1 的预览图,时间轴显示设置点击显示视频关键帧,可以看到视频中间有一条白线,默认显示是不透明度。点击左上角 fx 按钮,选择时间重映射中的速度,此时白线速度显示为 100%。选择所需设置镜头前后,按住 Ctrl 点击鼠标,设置关键帧,通过上下拉伸白线改变镜头速度。

图 5-113　时间重映射视频速度的调整

当白线为默认值时,上下拖动,视频将会呈现不同透明度。新建一个颜色遮罩,此时会根据序列自动生成一张图片,将其放置序列中,随着不透明度的降低,会呈现图片颜色。不透明度同样可以添加关键帧,按住 Ctrl 键点击即可。

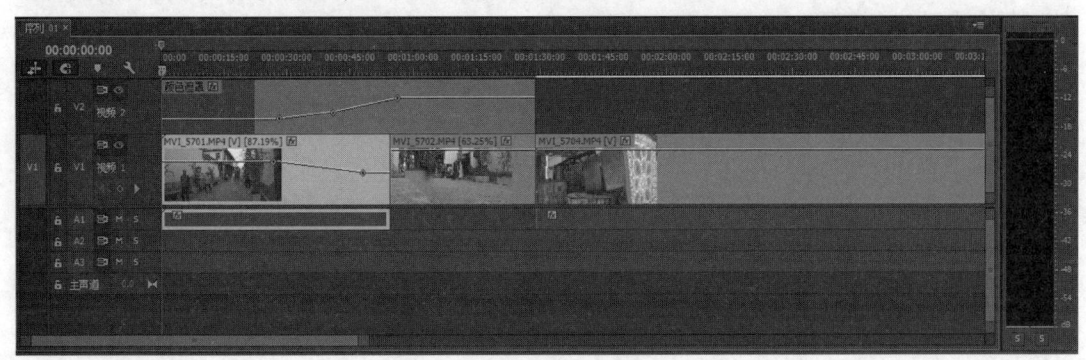

图 5-114　视频不透明度的调整

视频的抖动处理。拍摄过程中,会出现不可避免的画面抖动现象。在项目面板中选择效果,视频效果中的扭曲,选择变形稳定器,运用于该段视频。同时,可在效果控件面板看到该稳定器的相关设置,如结果、平滑度、边界。

图 5-115　变形稳定器的处理展示

结果可能会使画面裁剪或失帧,如需要更优化的效果,可在效果控件中使用高级设置。

【案例 5-13】剪辑的复杂操作

【学习目标】熟悉视频编辑面板,了解视频出入点的截取,灵活运用编辑面板的工具,实现多个不同视频的复杂剪辑。

【步骤详解】

(1)在素材面板中导入多段视频,并创建一个序列。

(2)将各段视频拖入元监视器,进行所需截段处理,选择所需出入点,将修改过的剪辑放到时间线中。(注意:当序列面板的视频片段为最大长度时,四个角会显示白色三角)

(3)选择序列面板左列的波纹编辑工具,拖动所需编辑的视频前后,所编辑视频的前后段视频会自动进行匹配。

(4)选择序列面板左列的选择工具,单击视频左端,为红色状态,可以看到修剪控制,利用该功能完成多段视频的选择修剪。

3. 简单剪辑 03

直接拼凑的多段视频,其衔接会显得非常生硬,此时需要添加视频过渡和音频过渡。项目面板中的效果选项,有很多过渡效果预设。如 3D 运动、擦除、溶解、滑动、缩放等,其中每一项又包含多种效果。定位至时间轴上的两个视频之间,如不便定位,可按住 Shift 键进行帮助,添加效果。通常在对视频进行初步处理后再进行过渡效果的添加,此时效果即可添加至两段视频中间,也可添加至前后两段视频左右,其效果时长根据原视频效果时长自动增减。选中效果,按 Delete 键即可删除。特别说明,效果前的蓝色标记是默认添加效果,快捷键 Ctrl + D 是直接添加默认效果。选中所需添加的所有视频片段部分,可多段同时添加同一效果。

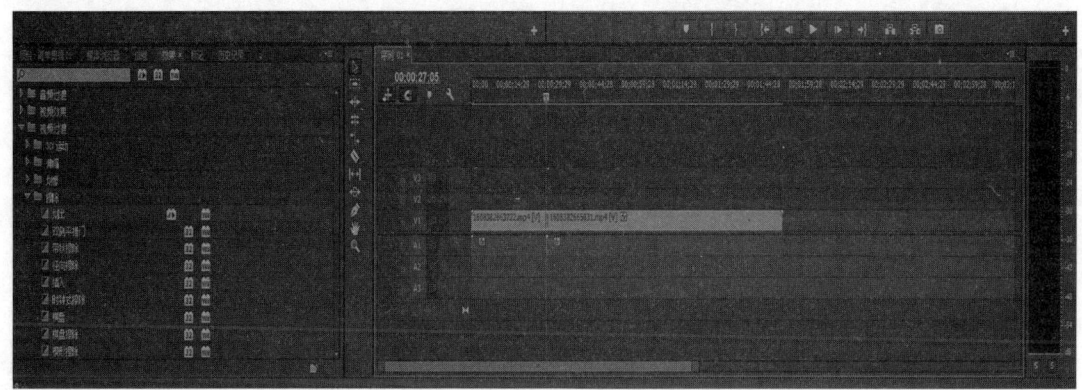

图 5 - 116　视频过渡效果演示

当需要对多段视频同时添加相同效果时,引入嵌套。

【案例 5 - 14】视频效果和画中画

【学习目标】熟悉时间轴、工具栏和序列面板的相关操作,了解画中画原理,灵活运用视频效果变换,实现多个不同视频间的衔接和处理。

【步骤详解】

(1) 新建序列,将所需素材拖动至序列上。

(2) 在原窗口中打开所需处理素材,在节目面板进行初步调整。如根据效果控件中的锚点进行视频的旋转,拖动蓝色线框进行扩大和缩放,上下左右移动。另外,可以调整不透明度和混合模式。

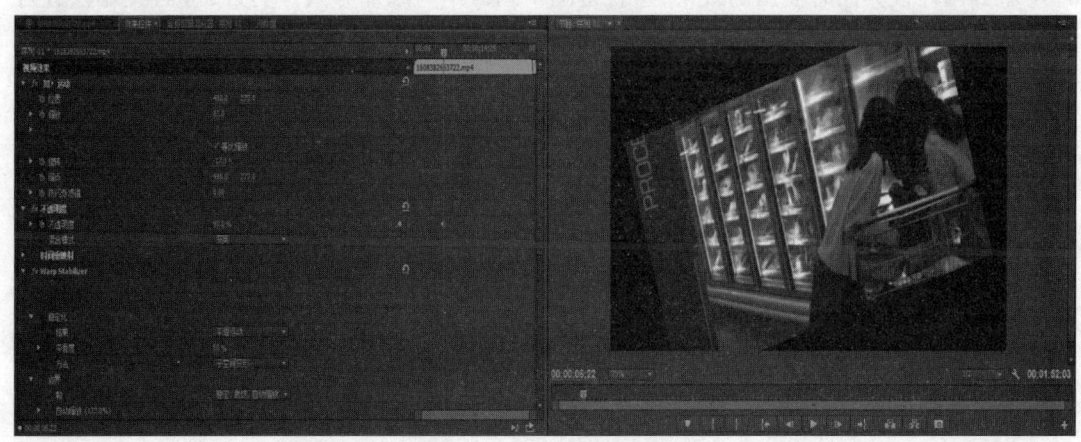

图 5 - 117　视频的调整界面

(3) 效果控件的视频效果面板中,每个效果前都有一个 fx,是切换效果开关,可根据需要开启或关闭。各栏前方都有一个秒表图标,代表该参数可以做关键帧。开启秒表后即可设置关键帧。可添加或删除关键帧,或转到上一个关键帧、下一个关键帧,或关闭帧,通过这些设置视频的运动动画。

(4) 右键时间轴上的视频,来显示不同的大小尺寸,如缩放为帧大小,则视频会自动匹配

203

为帧大小。开启位置和缩放的秒表图标。将两个关键帧拖动至视频起始位置,接下来通过蓝框设定视频动画的路径。根据所需每移动一次画面(旋转、缩放等)就拖动一次时间轴,视频效果面板则会自动添加一个关键帧,生成动画路径,实现运动效果。

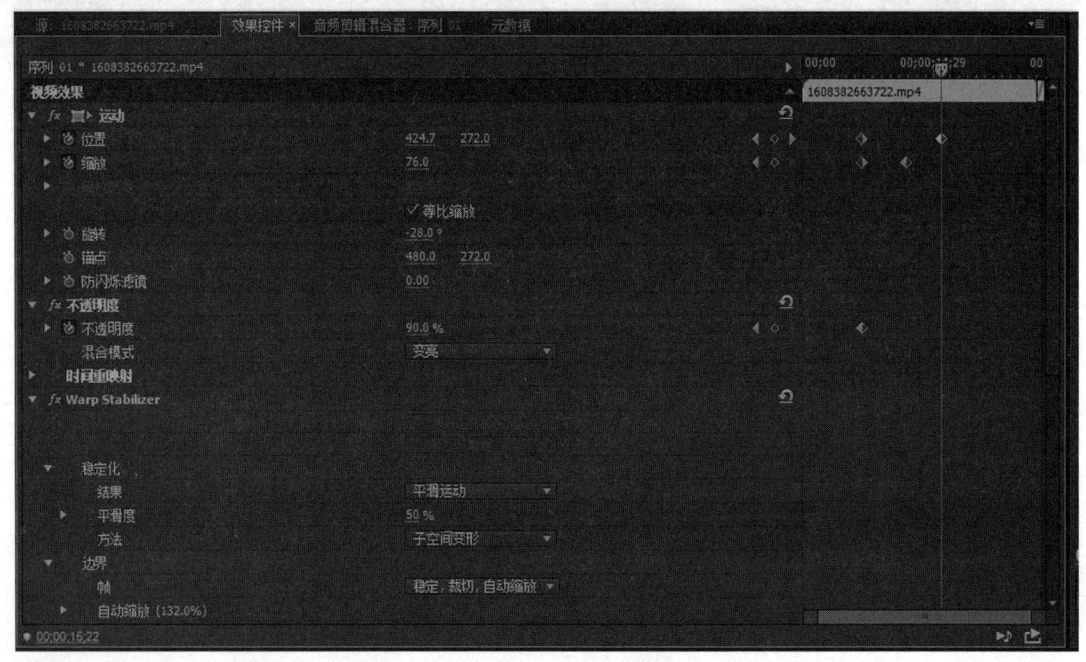

图 5-118　视频运动效果路径展示

（5）再导入一段视频,可放置在已有视频的任意位置,对其进行缩放和调整。点击播放,即可看到两段视频同时展出的效果,这就是画中画常用的添加方式。另外,可对关键帧进行算法设置,常见的有临时插值中的贝塞尔曲线、线性、定格等。

【案例 5-15】视频中的绿屏抠像与合成

【学习目标】掌握绿屏抠图技法,理解图层的关系,实现不同图层和图像视频间的简单合成。

【步骤详解】

(1)打开一段绿布背景的视频,用其新建序列,将所需素材拖动至序列上。

(2)在项目面板切换至效果,选择键控中的超级键。

(3)在原窗口面板,可以看到当前效果控件超级键的默认输出,为合成,可选项有 Alpha 通道和颜色通道,设置中有强效、弱效、自定义,通常设置不做修改。主要颜色,可用吸管工具对当前画面中所需抠除的图像颜色进行选取。接下来是遮罩生成和遮罩清除,就是对视频的透明度、高光、阴影、容差、基值等进行细微调整。注意,遮罩清除中的抑制和柔化是对边缘的修改。

(4)绿屏抠像中主要颜色选项吸管工具选择绿色背景,将输出切换至合成,即可看到背景已经被抠除。

(5)为画布添加一张背景,预览效果。若视频边缘有一些杂物,可使用项目面板效果下视频效果变换中的裁剪,根据所需选择左侧或右侧。

4. 进阶剪辑 01

关于视频中字幕的添加通常有两种方式。第一种方法,在项目面板中点击新建字幕。第二种方法,菜单栏字幕中新建字幕,有静态字幕、滚动字幕、游动字幕三种选项。点击新建后,弹出新建字幕弹框,可对字幕名称、高度宽度、像素等参数进行设置。点击确定弹出字幕面板,中间是视频预览区域,在上方可以选择是否隐藏视频背景,也可以拖动时间观看视频,右侧区域是字幕面板的属性,如填充背景,有实底、线性渐变、径向渐变、四色渐变、斜面、消除等。左侧是字幕工具栏,有选择工具、文字工具等。其中区域文字工具是书写用于制作滚动字幕,路径文字工具是根据所画路径滚动字幕,后续是一些形状工具。

【案例5-16】字幕的多种形式

【学习目标】了解字幕的添加方式、字幕的多种展现形式,掌握字幕添加技能,熟悉字幕属性效果。

【步骤详解】

(1)新建字幕,在字幕面板中选择形状工具,绘画长方体,填充颜色设置各种属性,降低不透明度,做线性渐变的填充,调整角度,重复,添加光泽。如需图片,可利用 Photoshop 进行导入。

(2)利用文字工具输入文字,选中文字,可在上方选择字体、加粗、倾斜、行距等,右侧更多为字幕属性,如不透明度、位置、宽度、旋转、字体样式、行距等,可对字体进行描边、填充,制造阴影的效果。

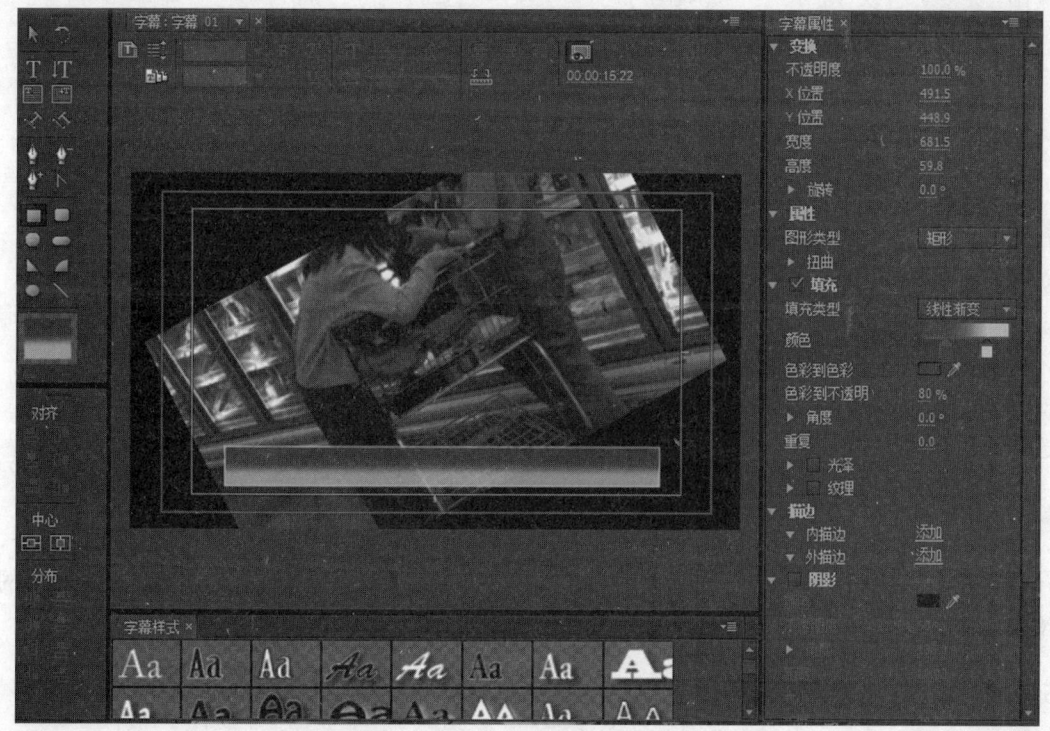

图5-119 字幕属性面板的设置

(3)选中字幕右键,可在排列中调整字幕所在层,后移前移等。
(4)在项目工程中,将制作的字幕拖入时间轴,放置适当位置。
(5)双击字幕,将其设置为滚动字幕。字幕面板上方滚动选项,可设置字幕类型为滚动、向左向右游动等。这里更改为滚动字幕,定时开始于屏幕外,结束于屏幕外。

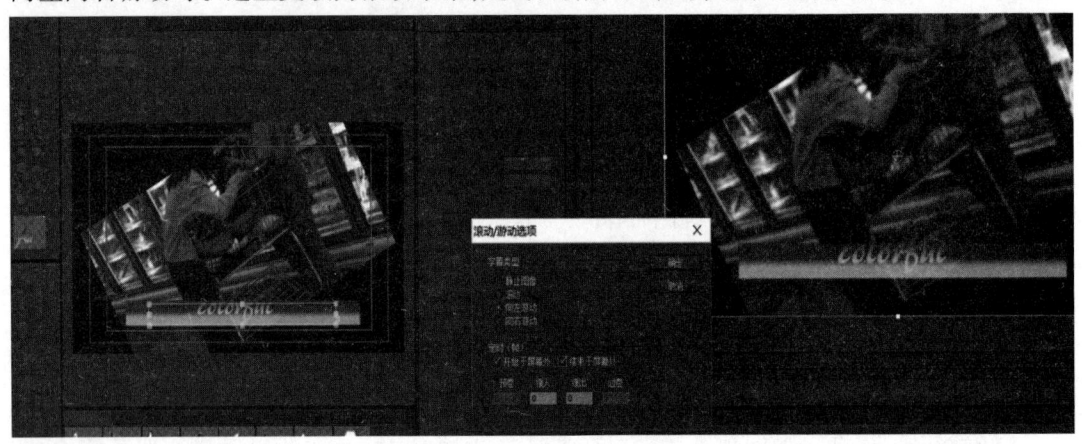

图 5-120 字幕滚动设置

5. 进阶剪辑 02

Vlog 是博客的一种类型,全称是 Videoblog 或 Videolog,意思是视频记录。视频博客、视频网络日志,源于 Blog 的变体,强调时效性,Vlog 作者以影像代替文字或相片,写个人网志,上传与网友分享。以下案例通过对多段视频的剪辑,运用多种工具,实现旅行 Vlog 的视频输出。

【案例 5-17】旅行 Vlog 的制作
【学习目标】熟悉软件的使用,了解微电影制作全流程,掌握基本工具的使用。
【步骤简介】
(1)整理和导入素材。
(2)初步剪辑。
(3)添加音乐和字幕。
(4)片头片尾的制作和花絮的剪辑。
(5)调色和特效修饰。

5.4 计算机网络处理技术

计算机网络是一个术语,指任何一组相互连接的计算机,允许它们之间进行通信网络,还允许成员计算机共享应用程序、数据和其他网络资源(文件服务器、打印机等)。计算机网络组件包括计算机、电缆、网络接口卡(NIC)、交换机、调制解调器、集线器和路由器。

5.4.1 网络技术简介

网络技术是从 20 世纪 90 年代中期发展起来的新技术,它把互联网上分散的资源融为有机整体,实现资源的全面共享和有机协作,使人们能够透明地使用资源的整体能力并按需获取信息。资源包括高性能计算机、存储资源、数据资源、信息资源、知识资源、专家资源、大型数据库、网络、传感器等。当前的互联网只限于信息共享,网络则被认为是互联网发展的第三阶段。

5.4.2 网络设备和工具

网络设备及部件是连接到网络中的物理实体。网络设备的种类繁多,且与日俱增。基本的网络设备有集线器、交换机、网桥、路由器、网关、网络接口卡(NIC)、打印机和调制解调器、光纤收发器、光缆等。

不论是局域网、城域网还是广域网,在物理上通常都是由网卡、集线器、交换机、路由器、网线、RJ45 接头等网络连接设备和传输介质组成的。

服务器是计算机网络上最重要的设备。服务器指的是在网络环境下运行相应的应用软件,为网络中的用户提供共享信息资源和服务的设备。中继器是局域网互联的最简单设备,它工作在 OSI 体系结构的物理层,接收并识别网络信号,然后再生信号并将其发送到网络的其他分支上。网桥包含了中继器的功能和特性,不仅可以连接多种介质,还能连接不同的物理分支,如以太网和令牌网,能将数据包在更大的范围内传送。路由器通过在相对独立的网络中交换具体协议的信息来实现这个目标。网关把信息重新包装的目的是适应目标环境的要求,网关能互连异类的网络。广义的交换机就是一种在通信系统中完成信息交换功能的设备。硬件防火墙是指把防火墙程序做到芯片里面,由硬件执行这些功能,能减少 CPU 的负担,使路由更稳定。

5.4.3 信息处理案例

5.4.3.1 Access

Microsoft Office Access 是由微软发布的关系数据库管理系统。它结合了 Microsoft Jet Database Engine 和图形用户界面两项特点,是 Microsoft Office 的系统程序之一。利用 Access 完成数据库中基本表、表间关系的定义操作,理解关系数据库模式定义(数据库结构定义)、三级模式结构的概念。完成数据的插入、修改、删除,理解关系数据库中数据操纵的概念,理解 DBMS 的概念、功能、应用。

【案例 5-18】选修课管理应用 Teaching

【实验步骤】

(1)启动 Access—创建—表设计—输入字段名称(Student 表里分别为学号、姓名、性别、年龄、所在系)—为每个字段设置数据类型(分别为文本、文本、文本、数字、文本)。设置过程中要对它们的字段大小、掩码、默认值、有效性规则等进行针对性设置。

图 5-121　字段名称和数据类型

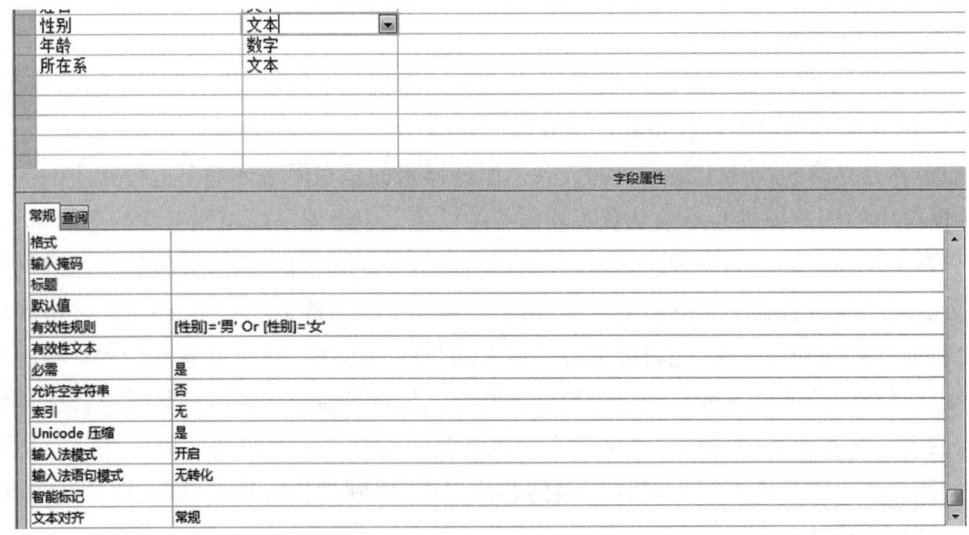

图 5-122　性别的字段属性设置

（2）设置该 Student 表的主键为学号（主键）——保存表名为 Student。

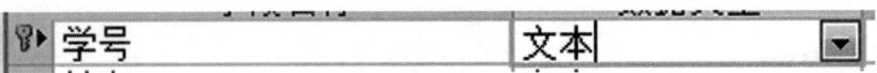

图 5-123　主键设置

（3）点击右下角返回数据表视图—依次向表中输入数据—输入完毕后设置所有数据居中显示。

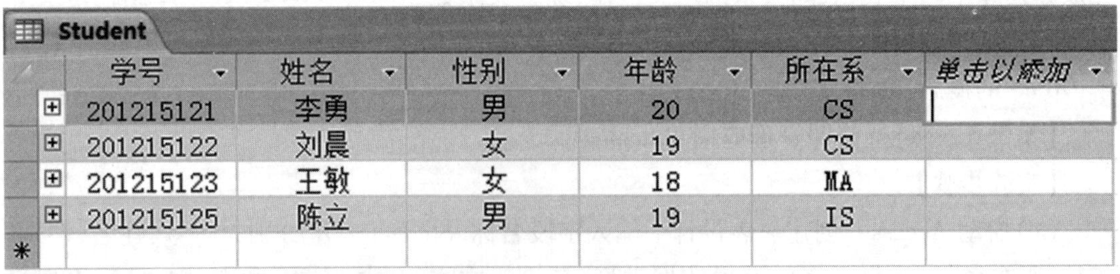

学号	姓名	性别	年龄	所在系
201215121	李勇	男	20	CS
201215122	刘晨	女	19	CS
201215123	王敏	女	18	MA
201215125	陈立	男	19	IS

图 5-124　输入数据显示

（4）按照（1）—（3）的步骤依次完成表 Course 和表 SC。

Student　SC　Course

	课程号Cno	课程名Cnam	先行课Cpno	学分Ccredi
⊞	1	数据库	5	4
⊞	2	数学		2
⊞	3	信息系统	1	4
⊞	4	操作系统	6	3
⊞	5	数据结构	7	4
⊞	6	数据处理		2
⊞	7	PASCAL语言	6	4

图 5 - 125　图表 Course

Student　SC　Course

学号	课程号	成绩
201215121	1	92
201215121	2	85
201215122	2	90
201215121	3	88
201215122	3	80

图 5 - 126　图表 SC

(5)观察三个表的相关关系后为以上三个表建立关系—数据库工具—关系(比如从 SC 表中查询课程号为 1 的课程是什么,学分多少,这个时候应该到 Course 表里进行查阅,因此在 SC 表和 Course 表之间建立关系)。

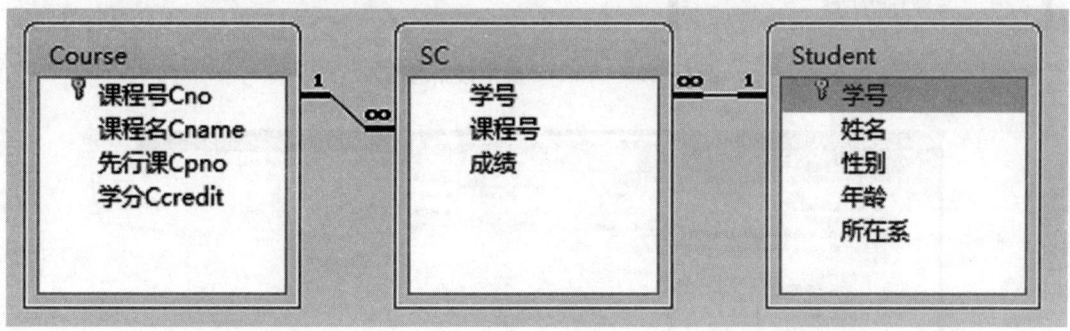

图 5 - 127　关系图

5.4.3.2　SQL Server

SQL Server 是 Microsoft 公司推出的关系型数据库管理系统,具有使用方便、可伸缩性好、与相关软件集成程度高等优点,可跨越从运行 Microsoft Windows 98 的膝上型电脑到运行 Microsoft Windows 2012 的大型多处理器的服务器等多种平台使用。

【案例 5 - 19】选修课管理应用 Teaching

【实验图】

在 SSMS 中交互完成选修课管理应用 Teaching:

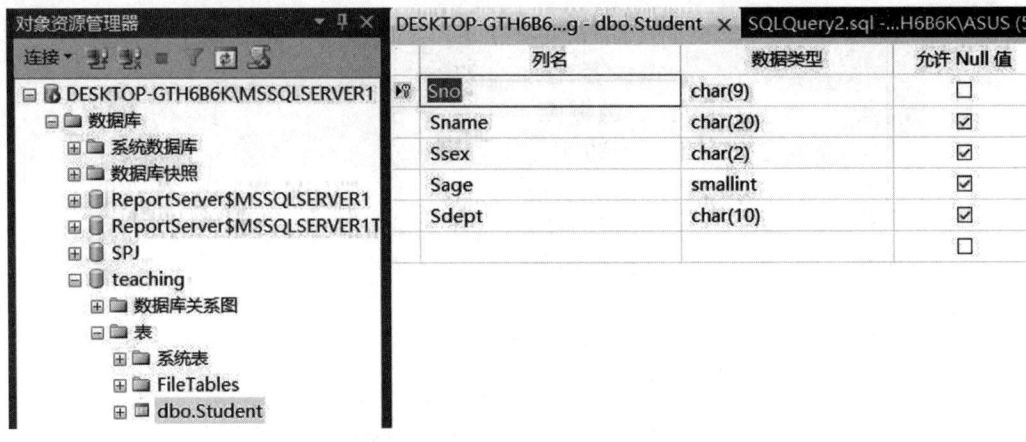

图 5-128　数据库 Teaching 下新建表 Student

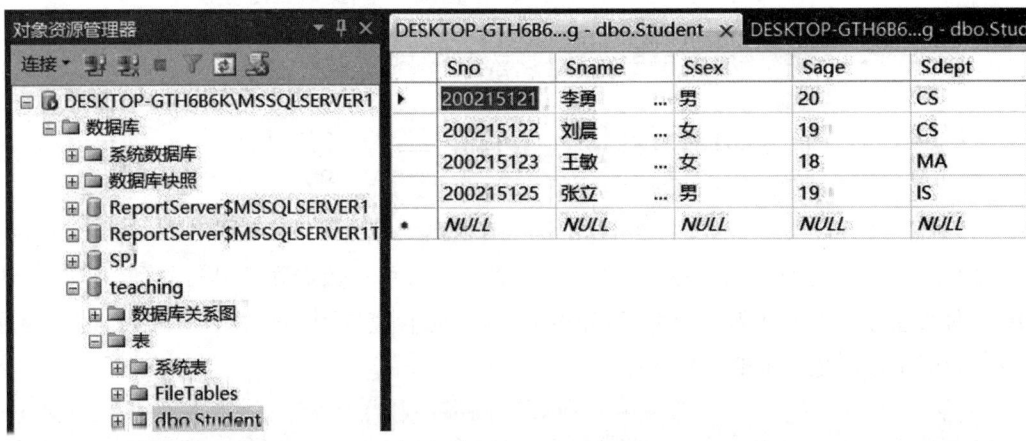

图 5-129　Student 表中数据的输入

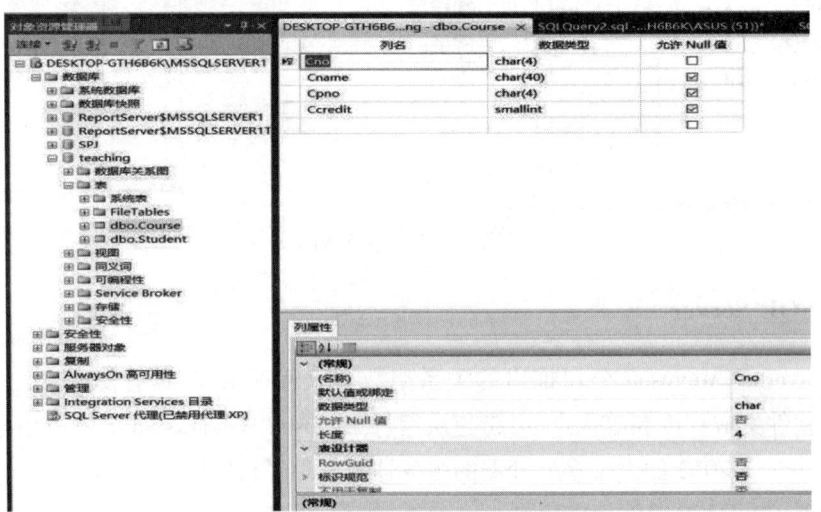

图 5-130　数据库 Teaching 下新建表 Course

第 5 章 数字媒体信息处理与案例

图 5-131 Course 表中数据的输入

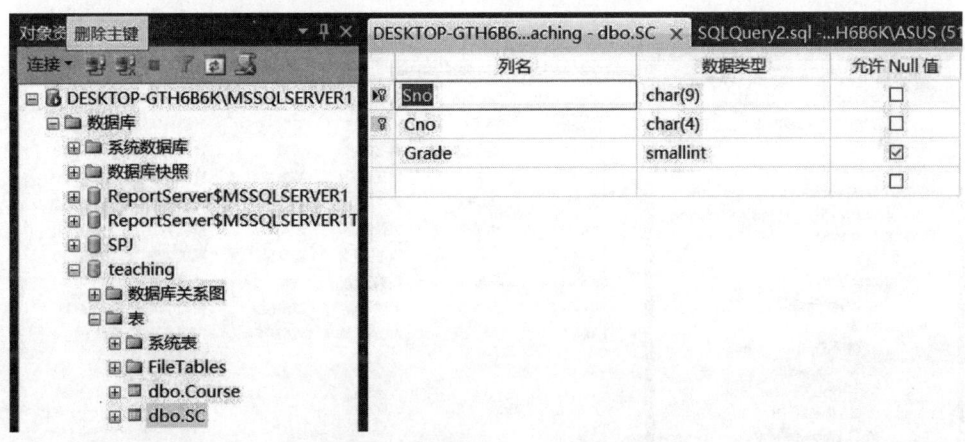

图 5-132 数据库 Teaching 下新建表 SC

图 5-133 SC 表中数据的输入

211

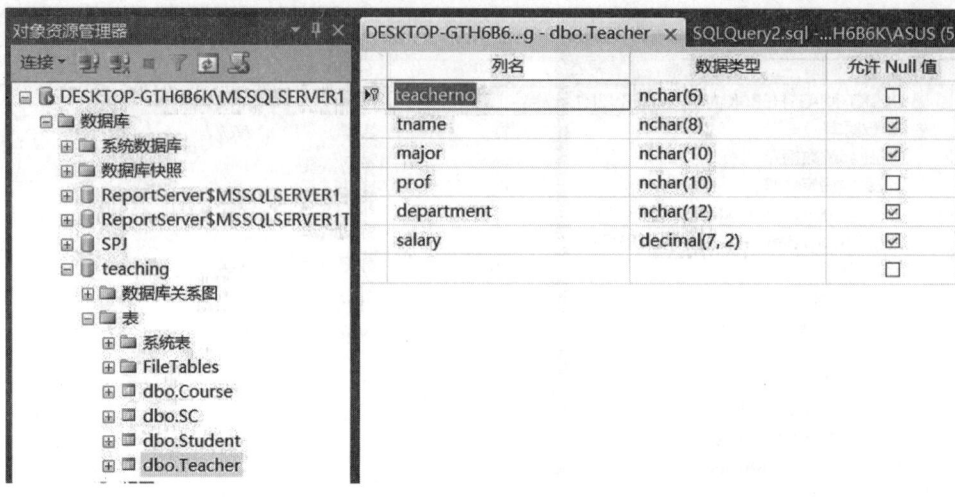

图 5–134　数据库 Teaching 下新建表 Teacher

图 5–135　Teacher 表中数据的输入

5.4.3.3　Linux

Linux 操作系统是基于 UNIX 操作系统发展而来的一种克隆系统,是一个基于 POSIX 和 UNIX 的多用户、多任务、支持多线程和多 CPU 的操作系统。它能运行主要的 UNIX 工具软件、应用程序和网络协议。利用 Linux 进行用户管理,可实现用户账户的增加、用户口令的设置和修改、创建等。

1.添加、删除用户账号

添加用户账号:

useradd［-ccomment］［-dhome_dir］［-eexpire_date］［-finactive_time］［-ginitial_group］［-Ggroup［,］］［-m［-kskeleton_dir］］-M］［-n］［-o］［-ppasswd］［-r］［-sshell］［-uuid］name

删除用户账号:

userdel［-r］name

```
[root@centos65 ~]# userdel -r user01
```

图 5-136　删除用户账号 user01

2. 修改账号密码

passwd[name]为用户 name 设置密码,如果没有给出用户名称,则设置当前登录用户的密码。只有对新建的用户设置了密码,该用户才能登录访问系统。

一般来讲,Linux 的账号信息存放在 passwd 文件中。账号信息的内容为:(1)有效的用户名和口令(出于安全考虑,实际上,口令存放在不同的文件中);(2)主目录;(3)shell 访问。当用户试图登录时,Linux 会核对 passwd 文件,以确定是否允许登录。

```
[root@centos65 ~]# passwd user01
更改用户 user01 的密码 。
新的 密码:
重新输入新的 密码:
passwd:    所有的身份验证令牌已经成功更新。
```

图 5-137　修改账号为 user01 的密码

3. 创建账户

A. 在图形界面方式下,作为系统管理员以 root 注册,并输入相应的口令,进入 root 窗口。

B. 在 root 窗口中,单击"系统"—"管理"—"用户和组群"—"用户管理器",弹出用户管理器窗口。

C. 在弹出的用户管理器窗口中,选中"用户"选项卡,单击菜单"文件"的子菜单"添加用户"或"添加用户"按钮,弹出创建新用户窗口。窗口中包括:用户名、全称、口令、确认口令、主目录、用户 ID 等信息。

```
[root@centos65 ~]# useradd -d /home/user01 -s /bin/bash user01
```

图 5-138　创建一个用户账号 user01

```
CentOS release 6.5 (Final)
Kernel 2.6.32-431.el6.x86_64 on an x86_64

centos65 login: user01
Password:
[user01@centos65 ~]$ pwd
/home/user01
[user01@centos65 ~]$ _
```

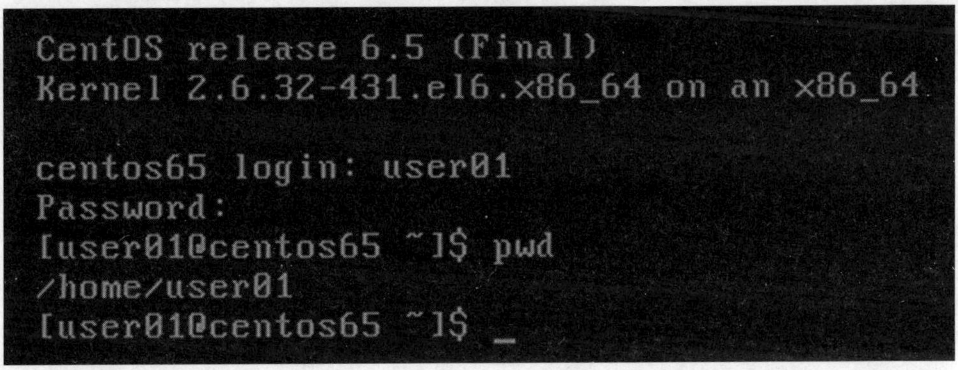

图 5-139　登录 user01,查看所在目录

4. 查看创建用户和用户账号

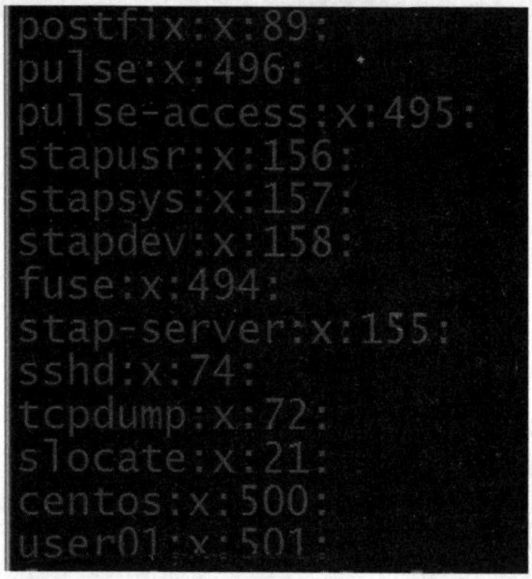

```
postfix:x:89:
pulse:x:496:
pulse-access:x:495:
stapusr:x:156:
stapsys:x:157:
stapdev:x:158:
fuse:x:494:
stap-server:x:155:
sshd:x:74:
tcpdump:x:72:
slocate:x:21:
centos:x:500:
user01:x:501:
```

图 5-140　查看创建的用户 user01 是否存在

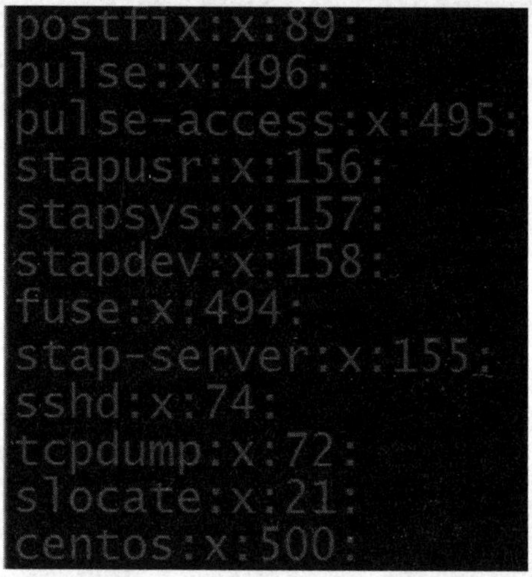

```
postfix:x:89:
pulse:x:496:
pulse-access:x:495:
stapusr:x:156:
stapsys:x:157:
stapdev:x:158:
fuse:x:494:
stap-server:x:155:
sshd:x:74:
tcpdump:x:72:
slocate:x:21:
centos:x:500:
```

图 5-141　查看是否已删除用户账号

参 考 文 献

[1] WU Y, HIRAKAWA S, REIMERS U H, et al. Overview of digital television development worldwide[J]. Proceedings of the IEEE, 2006, 94(1):8-21.

[2] O'LEARY S. Understanding digital terrestrial broadcasting[M]. Massachusetts: Artech House, 2006.

[3] ONG C, SONG J, PAN C, et al. Technology and standards of digital television terrestrial multimedia broadcasting[J]. IEEE communications magazine, 2010, 48(5):119-127.

[4] RHODES C W. Some recent improvements in the design of DTV receivers for the ATSC standard[J]. IEEE transactions on consumer electronics, 2002, 48(4):938-945.

[5] MOYAL A. The feminine culture of the telephone: people, patterns and policy[J]. Prometheus, 1989, 7(1):5-31.

[6] HASEBRINK U, LIVINGSTONE S, HADDON L, et al. Comparing children's online opportunities and risks across Europe: Cross-national comparisons for EU kids online[M]. EU Kids Online, 2009.

[7] SCHROCK A, BOYD D. Online threats to youth: solicitation, harassment, and problematic content[J]. Retrieved march, 2008, 25:2009.

[8] PALFREY J, BOYD D, SACCO D. Enhancing child safety and online technologies: final report of the internet safety technical task force[M]. Durham, NC: Carolina academic press, 2010.

[9] WOLAK J, MITCHELL K J, FINKELHOR D. Escaping or connecting? Characteristics of youth who form close online relationships[J]. Journal of adolescence, 2003, 26(1):105-119.

[10] YBARRA M L, MITCHELL K J. How risky are social networking sites? A comparison of places online where youth sexual solicitation and harassment occurs[J]. Pediatrics, 2008, 121(2):350-357.

[11] COHEN S. Folk devils and moral panics: the creation of mods and rockers: 1972-2002[M]//Crime and Media. London: Routledge, 2019.

[12] SCOTT A J. Cultural-products industries and urban economic development: prospects for growth and market contestation in global context[J]. Urban affairs review, 2004, 39(4):461-490.

[13] TWENGE J M, ABEBE E M, CAMPBELL W K. Fitting in or standing out: trends in American parents' choices for children's names: 1880—2007[J]. Social psychological and personality science, 2010, 1(1):19-25.

[14] DEWALL C N, POND J R S, CAMPBELL W K, et al. Tuning in to psychological change: linguistic markers of psychological traits and emotions over time in popular US song lyrics [J]. Psychology of aesthetics, creativity, and the arts, 2011, 5(3): 200.

[15] TSAI J L, LOUIE J Y, CHEN E E, et al. Learning what feelings to desire: socialization of ideal affect through children's storybooks [J]. Personality and social psychology bulletin, 2007, 33(1): 17-30.

[16] SINGH N, ZHAO J, HU X. Analyzing cultural information on web sites: a cross-national study of web site from China, India, Japan, and the US [J]. International marketing review, 2005, 22(2): 129-146.

[17] LUNA D, PERACCHIO L A, DE-JUAN M D. Cross-cultural and cognitive aspects of web site navigation [J]. Journal of the academy of marketing science, 2002, 30(4): 397-410.

[18] CHENG H, SCHWEITZER J C. Cultural values reflected in Chinese and US television commercials [J]. Journal of advertising research, 1996, 36(3): 27-46.

[19] SIMON S J. The impact of culture and gender on web sites: an empirical study [J]. ACM SIGMIS Database: The Database for Advances in Information Systems, 2000, 32(1): 18-37.

[20] MEN L R, TSAI W H S. How companies cultivate relationships with publics on social network sites: evidence from China and the United States [J]. Public relations review, 2012, 38(5): 723-730.

[21] BOYD D M, ELLISON N B. Social network sites: definition, history, and scholarship [J]. Journal of computer-mediated communication, 2008, 13(1): 210-230.

[22] MA L. Electronic word-of-mouth on microblogs: a cross-cultural content analysis of twitter and weibo [J]. Intercultural communication studies, 2013, 22(3).

[23] RICHINS M L, ROOT-SHAFFER T. The role of evolvement and opinion leadership in consumer word-of-mouth: an implicit model made explicit [J]. ACR North American Advances, 1988.

[24] THORNTON A, YOUNG-DEMAECO L. Four decades of trends in attitudes toward family issues in the United States: the 1960s through the 1990s [J]. Journal of marriage and family, 2001, 63(4): 1009-1037.

[25] 上海社会科学院信息研究所. 智慧城市辞典 [M]. 上海: 上海辞书出版社, 2011.

[26] 国务院. 国务院关于积极推进"互联网+"行动的指导意见 [EB/OL]. (2015-07-04) [2022-08-20]. http://www.gov.cn/zhengce/content/2015-07/04/content_10002.htm.

[27] 黄楚新, 王丹. "互联网+"意味着什么: 对"互联网+"的深层认识 [J]. 新闻与写作, 2015(5): 5-9.

[28] 教育部. 教育部办公厅关于印发《2016年教育信息化工作要点》的通知 [EB/OL]. (2016-02-04) [2022-08-10]. http://www.moe.gov.cn/srcsite/A16/s3342/201602/

t20160219_229804.html.

[29]教育部.教育部关于印发《教育信息化"十三五"规划》的通知[EB/OL].(2016-06-07)[2022-08-16].http://www.moe.gov.cn/srcsite/A16/s3342/201606/t20160622_269367.html.

[30]国务院.国务院关于印发国家教育事业发展"十三五"规划的通知[EB/OL].(2017-01-19)[2022-08-16].http://www.gov.cn/zhengce/content/2017-01/19/content_5161341.htm.

[31]教育部.教育部关于印发《教育信息化2.0行动计划》的通知[EB/OL].(2018-04-18)[2022-08-16].http://www.moe.gov.cn/srcsite/A16/s3342/201804/t20180425_334188.html.

[32]HU H,LIN D. Feature analysis of the social media[C]//2013 international workshop on computer science in sports. Paris:Atlantis Press,2013:186-190.

[33]CHAN J M,ZHOU B. Expressive behaviors across discursive spaces and issue types[J]. Asian journal of communication,2011,21(2):150-166.

[34]ATKINSON J D. Towards a model of interactivity in alternative media:a multilevel analysis of audiences and producers in a new social movement network[J]. Mass communication and society,2008,11(3):227-247.

[35]冷伏海,李蕾.网络广告的类型及其法律调整[J].情报科学,2003(9):926-929.

[36]陈娜琦.移动端H5广告设计研究[D].武汉:湖北美术学院,2018.

[37]EASTMAN S T,FERGUSON D A,KLEIN R A. Promoting the media:Scope and goals[M]//Media promotion and marketing for broadcasting,cable,and the internet. London:Routledge,2012.

[38]KNIGHT J,YUEH L. The role of social capital in the labour market in China[J]. Economics of transition,2008,16(3):389-414.

[39]VALENZUEL S,PARK N,KEE K F. Is there social capital in a social network site? Facebook use and college students' life satisfaction,trust,and participation[J]. Journal of computer-mediated communication,2009,14(4):875-901.

[40]MATEI S,BALL-ROKEACH S J. Real and virtual social ties:connections in the everyday lives of seven ethnic neighborhoods[J]. American behavioral scientist,2001,45(3):550-564.

[41]WANG M R. Technological empowerment:the internet,state,and society in China[J]. Technology and culture,2008,49(4):1089-1090.

[42]朱永新.未来学校:重新定义教育[M].北京:中信出版集团,2019.

[43]金炳华.马克思主义哲学大辞典[M].上海:上海辞书出版社,2003.

[44]杨祥金,蔡庆生.人工智能[M].重庆:科学技术文献出版社重庆分社,1988.

[45]李成严,高峻.人工智能[M].哈尔滨:东北林业大学出版社,2009.

[46]李乔,郑啸.云计算研究现状综述[J].计算机科学,2011,38(4):32-37.

[47]孟小峰,慈祥.大数据管理:概念、技术与挑战[J].计算机研究与发展,2013,50(1):146-169.

[48]马皖雪.区块链技术在新媒体的发展路径研究[J].采写编,2020(6):11-12.

[49]方洁,蒋政旭.国际上区块链技术在媒体场景下的应用研究[J].新闻与写作,2020(1):21-26.

[50]陈嘉琪.区块链技术与媒介产业:现状与前景[J].新媒体研究,2020,6(3):31-32.

[51]闫佳琦,陈瑞清,陈辉,等.元宇宙产业发展及其对传媒行业影响分析[J].新闻与写作,2022(1):68-78.

[52]卞冬磊,张稀颖.媒介时间的来临:对传播媒介塑造的时间观念之起源、形成与特征的研究[J].新闻与传播研究,2006,13(1):32-44,95.

[53]向安玲,陶炜,沈阳.元宇宙本体论:时空美学下的虚拟影像世界[J].电影艺术,2022(2):42-49.